现代地质学十讲

王清晨　著

科学出版社

北京

内 容 简 介

现代地质学是在传统地质学基础上发展起来的，但有了全新的地球观，对地质作用有了全新的理解，已经被现代化技术武装，正在走向全面数字化。本书以讲义的形式写成，共分十讲，通俗易懂地介绍了现代地质学的特点和地质学的起源，对矿物、岩石、地质作用、构造地质学、地质年代学的关键知识点做了阐述，对中国地质做了简介，并介绍了地质学家的思维特点。

本书是中国科学院大学非地质学专业研究生的教材，又是一本现代地质学的入门读物，可作为普通高等院校地球科学专业的教学参考书，也可供地球科学大学生、专业技术人员和地球科学爱好者阅读。

审图号：GS（2022）2661号

图书在版编目（CIP）数据

现代地质学十讲 / 王清晨著. — 北京：科学出版社，2022.9
ISBN 978-7-03-072996-5

Ⅰ. ①现… Ⅱ. ①王… Ⅲ. ①地质学–研究 Ⅳ. ①P5

中国版本图书馆CIP数据核字（2022）第156381号

责任编辑：韩　鹏　崔　妍 / 责任校对：何艳萍
责任印制：吴兆东 / 封面设计：图阅盛世

科学出版社 出版
北京东黄城根北街 16 号
邮政编码：100717
http://www.sciencep.com
北京建宏印刷有限公司 印刷
科学出版社发行　各地新华书店经销
*
2022年9月第　一　版　开本：720×1000　B5
2024年1月第二次印刷　印张：20
字数：403 000
定价：228.00元
（如有印装质量问题，我社负责调换）

序

 王清晨老师邀我给他的新书《现代地质学十讲》写个序言，我本是不接受的，因为我没有那个资历，也没有那个水平能写出与该书匹配的序言。但无奈，他是我 2003 年从吉林大学调来中科院地质与地球物理所后的直接领导。那年，研究所科研单元重组，他任新组建的岩石圈演化研究室主任，我协助他工作，任副主任。巧合的是，我俩都属虎，他是大老虎，我是小老虎。四年工作期间，大老虎带领小老虎为研究室的同事们服务。更重要的是，大老虎对小老虎极为关心和提携，不仅教小老虎如何适应研究所的科研工作，还为小老虎未来的学术发展勾画蓝图。这样的昔日领导嘱我写几句话，我哪敢违抗，只能是恭敬不如从命了！

 这本书的起因确实与我有些关联。2007 年，作为朱日祥所长的助手，我开始管理研究所的研究生教育。但实际上，从 2000 年开始，中国科学院下属的研究所已没有学位授予权，研究所的研究生课程安排与教师选派基本上由当时的中国科学院研究生院负责。2012 年，中国科学院研究生院更名为中国科学院大学（简称国科大），并开始实行"科教融合"的办学方针，中科院地质与地球物理所也因此承办国科大地球科学学院。在时任校长丁仲礼院士的推动下，研究所对地球科学学院的研究生课程体系进行了大幅度改革，研究所一大批高水平科学家充实到了国科大教学的第一线。2017 年接任研究所所长后，我更是要考虑现阶段我国地球科学的教育与发展问题。我个人觉得，我国的固体地球科学（包括地质学、地球物理学和地球化学）未来的发展一方面体现在服务国家重大需求的能力上，另一方面也体现在拓展人类对自然界的认知上。就后一方面而言，地球系统科学和行星科学是两个未来应该特别值得注意发展的新兴学科。但要发展这两个学科，我们需要数学、物理、化学、生物学、计算机科学，甚至工程科学等方面人才的加入。由于这个原因，我们一方面于 2018 年将地球科学学院更名为地球与行星科学学院，并通过国科大向教育部申请设立行星科学一级学科；另一方面，学院加大了地球科学以外专业背景研究生的招收，以充实研究所未来的科研力量，并希望他们将来能够在研究所开辟更多的交叉和新兴学科方向。但由此带来的问题是，这些研究生多没有经历过地球科学的训练，甚至都没有学习过地球科学方面的课程。因此，我们希望能为这些学生提供初步的地球科学——特别是地质学的介绍。显然，能胜任这门课程的教师并不多，王清晨老师是我们当时考虑的首要人选。尽管那时已经退休，但他还是愉快地接受了邀请，这让我很是感动。

经过几年的教学实践，这门课程的体系逐渐成熟。王清晨老师把讲义全面整理并出版，以惠于更多的教学研究单位，不能不说是一件幸事。就我个人经历而言，国内本科生和研究生教材确有很大提升的空间。很多有经验或心得的教师或科技工作者由于忙于自己的科研工作而无暇编写高质量的教材。在学界，尽管我们把数、理、化、天、地、生列为六大基础学科，但时常有人质疑地学（又称地球科学）的基础学科地位。确实，包括地质学在内的地球科学有很强的应用性，但这并不能否认它在基础学科上的独立地位。因为地球科学有它自己的基本科学原理，更有它需要解决的重大科学问题，只是它的原理与通常的基础学科有很大不同，它的科学问题有时又是如此之难，从而导致很多人望"难"却步。

该书共分十讲，每讲自成体系，便于读者自学。作为第一个系统阅读该书全部章节的读者，我的最大感受是，该书通俗易懂，穿插的历史故事和事件又给该书增加了相当的趣味性。更重要的是，它充分体现了地质学在学科上的独立性。全书既没有拘泥于专业性而去介绍大量枯燥的地质学专业名词，也没有拘泥于系统性而去介绍庞杂纷乱的地质学分支学科知识，取而代之的是对地质学重要问题通俗易懂的介绍与逻辑延伸，这对于经历过本科生阶段训练的研究生来说，是完全可以接受的。读完此书你会发现，地质学对人类社会发展是如此重要，因为它与我们的生活是如此密切相关；你更会发现，地质学是如此引人入胜，因为它充分地满足了人类的好奇心。对于没学习过任何地球科学课程的研究生来说，该书无疑是一本难得的入门指导教材。因此，我也向读者们强烈地推荐这本书。

是为序。

吴福元

2022 年 5 月 20 日

前　　言

　　几年前，中国科学院大学准备给研究生们开一门课，讲讲地质学，让在大学没有学过地质学的学生们选修。中国科学院大学开设这门专业课的初衷有二：第一，21世纪的地质学早已经发展到现代地质学阶段，进入到大科学时代，每一个科学研究团队都需要配置多种专业人才，开展多学科综合研究，于是，吸收非地质专业骨干进入地质学研究团队成为新的发展趋势。第二，在一个研究团队中，所有专业骨干都应有共同语言，那些没有学过地质学的骨干如果了解了地质学的基础知识和研究思路，就能更顺畅地和他们的地质学同事进行学术交流，更快地融入其科研团队。

　　给大学没有学过地质学的研究生讲地质学基础知识，这是一种新的尝试。我有幸担任了这门课的首席教授。我给这门课起了个名字，叫"现代地质学概论"。"概论"就是概略性地介绍，而不是系统地讲授，因为研究生已经具备了很强的自学能力，而这门课的主要任务是答疑解惑。我认为，要讲好这门课，就必须充分考虑以下三点：

　　首先，要考虑听课的对象。听课人都是没有学过地质学的研究生，没学过，你就必须从地质学的基础内容讲起，而给研究生讲课，你就不能掰开嘴硬灌。研究生都是有思想的，他们每听到新知识，都会自然地问问这个有没有道理，逻辑通不通。比如，你告诉他，三角形三个内角的和是180度，他可能会想到，两条跟赤道垂直的直线会在北极或南极相交，这个大三角形的内角之和一定大于180度。因此，你必须讲明白，你说的是平面上的三角形，这个定理在球面上不适用。我在课堂上有句口头禅："你们都是研究生，我讲的要听，但是不要盲信。"我是在向学生们强调，听到任何论点或结论，都要问一问，论据是不是充足？逻辑是不是严谨？

　　其次，要考虑地质学的特点。从某种意义上说，地质学是一门历史性科学，它不仅仅研究岩石和矿物的组成，而且研究岩石和矿物的形成历史，并且研究一个地区的地质演化历史，进而研究地球的形成和演化历史。这是一个长期的研究过程，是由数代科学家持续进行的。地质学本身就是一部历史。实际上，早在"地质学"这个术语出现之前，对地质学的研究就已经开始了。这意味着，早期从事地质学研究的人都不是地质学家，而是医生、农场主、测量员、退伍军人，等等，按照现代语言，他们是"草根"地质学家。因此，我在课堂上尽最大的努力，向学生们介绍一些地质学的历史，穿插着讲一些科学家的名人轶事，讲他们是怎样思考和解决地质学问题的，一方面帮助学生们深入理解地质学，另一方面活跃课堂的气氛。学生们对此很欢迎，说我讲基本概念像讲故事，易懂易记。

最后，还要考虑现代地质学本身的特点。现代地质学一方面是在传统地质学的基础上发展起来的，在基本概念、专业术语及基础理论方面对传统地质学既有继承，又有批判和更新；另一方面，在地球科学大革命中诞生的板块构造理论仍在不断发展中，在不断补充新内容，修正旧概念。这就要求讲课时必须对那些重要的地质学术语和概念进行详解，讲清它们的来龙去脉，尽量做到正本清源。对那些发展中的观点要进行剖析，要给出评判的依据，同时，又不要以个人的主观评判去误导听众。

正是基于这些考虑，我精心编写了这门课的课堂讲义。

这门课一讲就是三四年。从近年来授课情况看，听课的研究生大多数在大学期间学习了物理学、化学、生物学、测绘学、计算机科学等，也有少数学过一些工程地质学、水文地质学、地理学等。导师们都希望这些研究生们能多了解一些地质学知识，最好能"恶补"一下，以便更好地融入他们的研究团队。几年讲下来，学生们的反映还不错，这门课的教学和讲义在中国科学院大学的考核中都被评为"优秀"。现在，这门课已经被提升为地质学的一级学科核心课。于是，我决心把课程的讲义整理出版。这本书就是在讲义的基础上撰写的，依然保留了课堂讲义的形式。我把课上所讲的内容重新整理，压缩成十讲，书名也就顺理成章地叫作"现代地质学十讲"。

既然印成书出版，读者的范围自然扩大了不少。我希望这本书不仅仅是写给非地质学专业研究生的读本，而且能成为那些刚开始学习地质学的大学一年级学生的辅助读物，更希望本书能成为一本高级科普读物，面向社会公众，普及一些地质学知识，对那些想深入地了解地质学的读者们有所帮助。为此，我力争把文字写得浅显一点儿，口语化一点儿，并且配上必要的插图。虽然这本书的内容曾经帮助研究生"恶补"地质学知识，但我不认为这本书是一本速成教材。我们中国有句古话，叫"师傅领进门，修行在个人"，我坚持认为，这本书只是一本地质学入门读物。入门并不难，渐修需时日。为了帮助读者们深入了解地质学，书后列出了少量比较重要的参考文献。

在讲义撰写过程中，我在以下几个方面下了些功夫：

1）对常用的地质学专业术语进行详细介绍

每个专业都有自己的专业术语，地质学的专业术语尤其多，而且近乎"暗号""黑话"，英文叫"argot"，是一种专门术语，其中有些术语如果不进行介绍，非地质学读者是读不懂的，甚至地质学不同分支的研究人员也相互难以读懂。岩石学和矿物学的名称数以百计，无论在汉语中还是在英语中，都属于生僻词汇。古生代、古生界、寒武纪、寒武系、侏罗纪、侏罗系等地层学里的名称，弯曲褶皱、剪切褶皱、正断层、逆断层、推覆体等构造地质学中的概念，都需要详细解释。语言是人类思维的工具，不了解这些专业语言，怎么和地质人员进行有效的沟通呢？

2）对重要概念介绍其出处和内涵

地质学中有不少重要概念，这些概念在已经发表的科研论文或教科书中都有介绍。然而，我在课堂互动环节中发现，不同的人对同一个概念往往会有不同的理解，不同的文献对同一个概念往往有不同的介绍，对初次接触地质学的人来说，很难正确地了解这些概念的科学内涵。因此，有必要从根儿上介绍这些概念的来源和内涵，尽量做到正本清源。对于那些有歧义的重要概念，有必要做些重点介绍。歧义是历史留下的，是客观存在的，我只想给出评判那些概念的依据，而不想以个人的主观评判去误导读者。

3）对重要观点介绍其来龙去脉

地质学在发展。地质学的文献浩瀚似海，其中充满了很多学术观点。实事求是地说，今天看来，这些观点有些仍然成立，有些经过了修正，还有些已经过时。对地质学初学者来说，稍不留意就会掉进"陷阱"。我在书中只是试图介绍这些观点的形成过程和支撑依据，相信读者们对这些观点有自己的评判能力。

在这本书完稿前，我一定要对所有在讲课和撰写书稿过程中帮助过我的人们表示感谢。首先要感谢中国科学院大学地球与行星学院院长吴福元院士，是他力荐我去讲这门课的，这本书的出版也算是对他的工作汇报吧。其次，要感谢中国科学院大学侯泉林教授和中国科学院地质与地球物理研究所林伟研究员，他们都是构造地质学专家，也都在中国科学院大学任教，我在和他们经常性的学术讨论中获益匪浅，我们还一起为中国科学院大学怀柔校区的"地质角"建设出谋划策，贡献力量。我特别要感谢中国科学院地质与地球物理研究所叶大年院士，他于我是亦师亦友，一直鼓励我写教材，把自己的所学倾囊相授，他还常和我聊起地质学中的创新问题，书稿第 10 讲"小议'科技创新'"一节就是受他的启发写成的。我还要感谢中国科学院古脊椎动物与古人类研究所裴树文研究员和尚庆华研究员，对书稿第 2 讲"地质学的起源"提出了重要的修改意见，并提供了相关的石器照片。再要感谢的就是我太太杨连华女士，她帮我调理饮食和营养，减免我的家务劳动，她的理解和帮助使我能全身心地投入书稿撰写。最后，要感谢中国科学院地质与地球物理研究所，从所领导到科研处领导都大力支持这本书的写作和出版，并全额资助了出版经费。

王清晨

2022 年 2 月于帙芸斋

目　　录

第 *1* 讲
什么是现代地质学

1.1 什么是地质学

"现代地质学"是相对于"经典地质学"和"近代地质学"而言的。经典地质学和近代地质学又被笼统地称为"传统地质学"（图 1-1）。

在《中国大百科全书》（第三版）中有一个条目，题为"地质学发展简史"（王鸿帧和杨静一撰，王清晨修订），其中把地质学的发展历程分为 5 个时期：①地质学萌芽时期（远古 ~ 1450 年），以认识的直观性和解释的猜测性为主要特征；②地质学奠基时期（1450 ~ 1750 年），其特征是随着自然科学的诞生，地质知识趋向系统化；对地质现象试作理性解释，并逐步建立了观察和推理方法；③地质学形成时期（1750 ~ 1840 年），这一时期的特点是地质知识得到较全面的概括和总结，人们将地质作用、过程和结果联系起来加以思考，给予解释，地质思想十分活跃，初步形成了地质学体系；④地质学发展时期（1840 ~ 1945 年），其特征是工业发展的需要促进了区域地质调查，地质学分支学科迅速建立，推动了地质知识积累，地质学理论方法体系得到全面发展；⑤现代地质学时期（1945年以来），以广泛应用现代化新技术、多学科交叉融合和全球性研究视野为特征，形成全新的现代地质学知识体系。

《中国大百科全书》	本书
地质学萌芽时期（远古~1450年）	萌芽地质学
地质学奠基时期（1450~1750年）	经典地质学
地质学形成时期（1750~1840年）	传统地质学
地质学发展时期（1840~1945年）	近代地质学
现代地质学时期（1945年以来）	现代地质学

图 1-1 现代地质学是地质学发展的全新阶段

地质学的发展是社会生产力不断进步的结果。远古时期，人类开始使用和改进以石器为主的生产工具，于是出现了"萌芽地质学"。欧洲文艺复兴运动代表了资产阶级反封建的新文化运动，带来了一场近代自然科学的大革命，"经典地质学"应运而生，与自然科学同步发展。第二次工业革命促进了工业先进国家的区域地质调查工作，地质学涌现出新的分支学科，地质学理论方法体系得以建立，进入了"近代地质学"的发展阶段。第二次世界大战之后，社会生产力有了稳定发展的环境，形成了全新的"现代地质学"知识体系。

经过 20 世纪 60 年代的地球科学大革命，地质学已经从近代地质学中彻底脱胎换骨。现代地质学相对于近代地质学既有继承，也有批判，更有发展，但没有改变地质学的基本内涵。地质学的英文是 geology，这个词是从希腊语来的，由希腊文 γη（地）和 λóγοσ（学说）组成。译成英文，geo- 就是 "earth"（大地、地球），-logy 是 "science"（科学），也就是说，地质学是研究地球的科学。

为什么要研究地球？一开始，不为什么，没有什么缘故，人类就是好奇，好奇是人类的天性，好奇是产生一切知识的原动力。

当地质学发展到一定阶段后人们才知道，我们人类生活在地球上，而人类又是在地球演变过程中的阶段性产物。地球的年龄已经有大约 46 亿年了，我们人类的年龄从智人算起，不过 30 万年，从能人（原始人类）算起，也不过 250 万年，大约相当于地球年龄的 1/228。迪拜塔，也就是哈利法塔，有 162 层，高 828m，是迄今为止人类在地球上建起的最高大厦。如果把迪拜塔的高度比作地球的年龄，我们来看一看地球上生命出现的时间（图 1-2）。你从迪拜塔的底层向上爬，当你爬到第 36 层酒店时，地球上出现了能进行光合作用的藻类；当你爬到第 138 层机械间时，地球上出现了早期蠕虫，大型多细胞动物开始演化；当你爬到第 142 层世界上最高的夜总会时，地球发生了寒武纪生物大爆发事件；当你爬到第 160 层的广播传送间时，地球上的恐龙灭绝了；当你爬到迪拜塔的第 162 层，也就是顶层塔尖时，古人类出现在地球上，如果你要想看到现代人类祖先的出现，你还需要顺着塔尖向上爬到接近最顶端的地方。现在，你可以想象到人类在地球上的出现有多么晚了吧？

人类是幸运的，当我们诞生时，地球上已经有了大量的石油天然气和矿产资源。这些能源和矿产资源都是很早的时候在地下形成的，支撑了人类生存的需要，使人类有本钱去当地球的"啃老族"。不过，自从第一次工业革命以来，人类对各种地下资源的需求量越来越大，开采速度越来越快，到今天，不少矿种的储量已经告急，直接威胁到人类自己的生存。这些地下资源会不会有开采完的那一天？要寻找剩余的地下资源，必须要了解：这些资源是怎么形成的？剩余资源

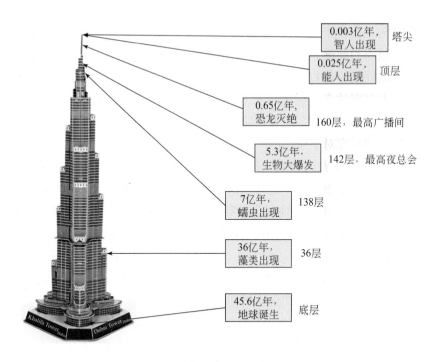

0.003亿年，智人出现 塔尖

0.025亿年，能人出现 顶层

0.65亿年，恐龙灭绝 160层，最高广播间

5.3亿年，生物大爆发 142层，最高夜总会

7亿年，蠕虫出现 138层

36亿年，藻类出现 36层

45.6亿年，地球诞生 底层

图 1-2　人类很晚才出现在地球上

分布在地下什么地方？要回答这些问题，必须学习地质学。因为这些地下自然资源都是在地质作用过程中形成的，寻找足够的地下自然资源既是人类可持续发展的需要，也是地质学家的历史使命。1980 年，第 26 届国际地质大会在巴黎举行，当时的法国总统德斯坦到会祝贺，大力赞扬了地质学家，说他们将是解决 21 世纪世界能源和矿产资源问题的"关键人物"。

地质学是一门自然科学。按照《中国大百科全书》的精细定义，"地质学是关于地球的物质组成、内部构造、外部特征、各圈层间的相互作用和演变历史的知识体系。"

地质学研究已经告诉我们，化学元素在地球上只有少数是呈单质产出的，多数都形成化合物，天然形成的单质或化合物被称为"矿物"。矿物在地壳中常成集合体产出，这些天然产出的矿物集合体被称为"岩石"。一层层沉积形成的岩石被称为"地层"，地球不同演化阶段生活的生物会在地层中留下实体或活动踪迹，成为"化石"。在地下深处还存在着一些熔融状态的岩石，被称为"岩浆"，冷凝后就形成"岩浆岩"等。所有这些天然形成过程和产物都是地质学的研究对象。

地质学还告诉我们，地球的内部可以分为地壳、地幔、外地核和内地核等四个圈层，地壳和地幔顶层的刚硬部分构成了"岩石圈"，岩石圈底下是一层具有塑性、可以缓慢流动的"软流圈"。地球的外部包绕着水圈和大气圈，在岩石圈和水圈、大气圈的交接带有生物圈。地球各圈层在不断地相互作用着，引发了各种地质作用，改变着地球的面貌，这些圈层结构和它们的演化历史及作用过程同样是地质学的研究对象。

地球在不断演化着，关于地球的知识体系也在不断发展。研究自然科学发展史的专家们指出，20 世纪爆发了四大自然科学理论革命，分别建立了四大理论模型，它们是：物理学中的夸克模型，生物学中的 DNA 双螺旋模型，宇宙学中的大爆炸模型和地质学中的板块构造模型。板块构造理论模型已经成为现代地质学的标志。有人把以板块构造理论为标志的现代地质学叫作"新地质学"，而把以前的近代地质学和经典地质学叫作"旧地质学"。那么，现代地质学有什么特点呢？或者说，新地质学和旧地质学有什么区别呢？

1.2　现代地质学有了新的地球观

1.2.1　关于地球的结构

在近代地质学中，人们已经根据地震波传播速度的差异把地球分成地壳、地幔、外地核和内地核等四个圈层。1909 年，克罗地亚地球物理学家 A. 莫霍洛维奇（Andrija Mohorovicic）发现在地下 30 ~ 60km 深处存在一个地震波速度突增的界面，他把这个界面作为地壳与地幔的界面。后人以他的名字命名这个界面，称为"Moho（莫霍面）"。1914 年，德国地球物理学家 B. 古登堡（Beno Gutenberg）发现在 2900km 深处存在一个地震波速突降的间断面，指出这就是地核与地幔的边界，后人把这个界面称为"古登堡面"。1936 年，丹麦地震学家 I. 莱曼（Inge Lehmann）发现，在被认为是液态的地核中存在着一个前人没有注意到的地震波速间断面，表明地核具有双层结构，外核为液态，内核为固态，内、外地核的分界面在地下约 5 200 km 深处，后人把这个界面称为"莱曼面"[①]。

---

① 需要注意的是，在文献中还可见到另一个"莱曼面"，也是 I. 莱曼发现的，但发现的时间是在 20 世纪 50 年代以后，这个地震波不连续面位于地下深处约 220km 的上地幔中，其成因仍在研究中。

现代地质学在对地球圈层结构的认识方面有了长足进展。根据地震波在地球内部传播速度的精细观测,对地球的结构进行了精细的划分,于 1980 年建立了"初步地球参考模型(PREM)"。在这一模型中,把地壳和地幔顶部的坚硬部分划分为"岩石圈",而把岩石圈之下的上地幔上部划分出一个"软流圈"。实际上,B. 古登堡已经于 1926 年发现了地表之下约 100 km 深处的上地幔中存在着一个地震波低速层,他认为这种低波速现象可能表明有一部分上地幔呈熔融状态,地震波低速层中可能有对流现象,于是就把它称为"软流圈"。不过,古登堡对软流圈的发现在当时并没有引起人们的特别关注,只是在现代地质学中软流圈才被纳入板块构造理论中。

现代地质学从行星演化角度审视地球,认识到地球今天的结构是长期演化中的一个阶段性结果。对太阳系类地行星的比较分析表明,它们的结构大致相同,都有一个铁质"核",外层是硅酸盐"幔",表层是刚性的"壳",都有陨石坑和火山。如果以地球去类比,可以把这些圈层分别称为"地"核、"地"幔和"地"壳。不过,它们地幔对流活动的形式和规模很不相同。我们的地球正值壮年,结构处于金星和火星、水星之间,既有地幔对流,也有岩石圈板块运动。金星的地壳很薄,地幔对流非常活跃,表现为地幔柱和团絮状地幔流形式,很像 40 亿年前诞生不久的少年地球的结构。火星和水星的刚性外壳很厚,如果可以叫"岩石圈"的话,已经没有了像地球岩石圈板块那样的大规模运动,岩石圈的变形以脆性断裂活动和极慢的蠕变为特征,岩石圈下面的地幔对流很不活跃,只有地幔柱活动,引起岩浆喷发。这可能就是地球将来演化到老年时的结构。

1.2.2 关于地球的成分

受时代和技术发展的限制,人们最早只是对位于地球最外层的地壳有所认知。例如,美国科学家 F. 克拉克(F. W. Clark)于 1889 年根据采自世界各地的五千多块岩石样品的化学分析数据,计算出地壳中 50 种元素的平均质量百分比。后人把这一百分比值称为"克拉克值"。

如果说,在传统地质学中地壳的成分可以靠直接观测,那么,对地球内部的成分只能靠猜测和推测。I. 牛顿(Isaac Newton)早在 1687 年就提出了万有引力定律,然而,由于确定不了引力常数,人们没办法确定地球的质量。H. 卡文迪什(Henry Cavendish)于 1798 年测定了引力常数,进而计算出地球的密度是 5.448 g/cm^3。E. 维歇特(Emil Wiechert)见到身边的岩石密度都不大,例如,花岗岩的密度是 2.7 g/cm^3,玄武岩的密度是 2.9 g/cm^3。他猜想,地球内部一定有密度在

8 g/cm³ 左右的物质，这样地球的平均密度才能到 5.5 g/cm³。铁陨石的密度为 8 g/cm³，这启发他提出，地球内部应该有一个铁质地核。1897 年，维歇特发表论文，提出地球有一个密度为 3.2 g/cm³ 的地幔和一个密度为 8.21 g/cm³ 的地核，并计算出地核的半径是地球半径的 77.9%，地幔和地核的边界在地下 1408 km 处。

现代地质学有了更先进的技术手段，对地球内部成分有了更多的认识。主要方法是根据地震波在地球内部传播速度来推算地幔和地核的密度，然后根据实验岩石学资料进一步推算它们的成分。当然，对地幔的成分还可根据被火山岩带到地表的地幔包体进行研究。这些研究结果表明，上地幔的平均密度为 3.5 g/cm³，相当于由橄榄石（55%）、辉石（35%）和石榴子石（10%）构成的岩石，这种人工设定成分的"岩石"被称为"地幔岩"；软流圈的成分也相当于地幔岩，但有少量水存在，使 10% 左右的组分发生了熔融；下地幔的平均密度为 5.1 g/cm³，总体成分虽然相当于地幔岩，但在巨大的静压力下，成分主要为铁、镁和硅的简单氧化物矿物相；地核的密度为 10 ~ 13 g/cm³，小于地核温度 - 压力条件下纯铁的密度，因此，地核的成分除了铁和镍外，还有 10% 左右为氧、硫、碳、硅等轻元素。

在探索地球成分的过程中，科学家们一直试图直接打个深钻井，直接获取深部岩石样品进行分析。1956 年美国地球科学小组提出"莫霍计划"，要用钻头穿透地壳，看看"莫霍面"。他们于 1961 年在墨西哥海岸外开钻，在 3600 m 深的海水之下钻穿 170 m 厚的沉积层，再钻进洋壳，取出 14 m 长的玄武岩样品。5 年后，由于资金不足，"莫霍计划"被迫终止。不过，科学家们对地球深部的探索并没有终止。1964 年，美国斯克里普斯海洋研究所等几个单位联合组成"地球深层取样联合海洋机构（JOIDES）"，1975 年后发展成国际性组织，在 JOIDES 主导下，先后实施了"深海钻探计划（DSDP）"（1968 ~ 1983 年），"大洋钻探计划（ODP）"（1985 ~ 2003 年），通过对深海浅层地壳钻探取得岩心去研究大洋地壳的组成、结构以及形成演化历史。在对深海进行科学钻探的同时，科学家们还在陆地上努力进行着科学钻探。苏联科学家于 1970 年在科拉半岛开工，计划钻穿那里 17 km 厚的地壳。他们用 23 年时间钻了一个深达 12262 m 的钻孔，终于因经费不足而停工。1987 年，"联邦德国大陆深钻项目（KTB）"科学探井开工，原计划钻探深度是 12 ~ 14 km，后因钻井技术问题，被迫于 1994 年在 9101 m 深处停钻。1996 年，由德国牵头，制定了"国际大陆科学钻探计划（ICDP）"，德国、中国和美国成为首批成员国，后扩展为 20 多个成员国。中国大陆科学钻探工程（CCSD）于 2001 年开钻，计划钻深 5 km，于 2005 年完成钻探目标，实际钻深 5158 m。从钻探深度来说，这些钻井中最深的也只不过是莫霍面深度的三分之一，从钻到的岩石来看，既有大陆地壳的结晶基底，又有造山带深部的超高压变质岩，虽然没有钻到莫霍面，但已经大大促进了人类对地球深部成分及深部过程的认识。今天，旨在研究地球动力学过程、地质灾害、地球资源和环境变化的国际大陆科学钻探计划（2020 ~ 2030 年）仍在进行中，新的"国际大洋钻探科学计划"也在紧锣密鼓地准备着。

1.2.3　关于地球的年龄

地球的年龄是多少？所有地球人都关心。《圣经》讲，上帝用 6 天时间创造了世界万物。具体是哪 6 天？根据爱尔兰天主教会的 J. 乌雪（James Ussher，又译为 J. 厄谢尔）大主教在 1654 年的推算，这 6 天的最后一天是公元前 4004 年 10 月 22 日（星期六），这一推算被印进了 1701 年英国出版的《圣经》，使"地球年龄是 6000 年"成了当时信奉的真理。

如果说，是 N. 哥白尼（Nicolaus Copernicus）的"日心说"把地球从宇宙中心解放出来，那么，把地球从上帝手中解放出来的是 J. 赫顿（James Hutton）的《地球的理论》，他于 1785 年在爱丁堡皇家学会会议上首次宣读了他的论文，提出地质进程不仅是缓慢的，而且是长期的，打破了"地球年龄是 6000 年"的框框。正是赫顿提出了"深时"的概念，他认为，现在的大陆是古代大陆剥蚀的碎屑在海底固结后再上升到海面之上才形成的，这一过程用了无限长的时间，而那个古代大陆的形成同样用了无限长的时间，并且，在那个古代大陆之前还存在着一个更古老的大陆，也是用了无限长的时间才形成的。他寻找到了能同时见到两个角度不整合面的地质剖面，形象地说明了他的观点。在传统地质学中，从赫顿到莱伊尔（Charles Lyell，又译为 C. 赖尔），再到达尔文（Charles Darwin），都坚信地质进程的缓慢性和长期性，强调"渐变论"。

然而，传统地质学只是阐述了"深时"的概念，却无法知道地质进程的具体时间跨度，地质学家们依据地层的上下叠置关系和地层中的化石逐步确定了地层的相对年龄，于 1841 年建立起第一个全球地质年表，把有生物化石的地层年代划分为古生代、中生代和新生代，并且把古生代细分为寒武纪、志留纪、泥盆纪、石炭纪和二叠纪，把中生代细分为三叠纪、侏罗纪和白垩纪，把新生代细分为第三纪和第四纪。1879 年，在古生代的寒武纪和志留纪之间增设了奥陶纪，新修订的地质年表经 1880 第二届国际地质大会讨论后，于 1881 年发表。

获取这些地层的"绝对年龄"一直是传统地质学的努力目标，然而，受科学技术发展程度的限制，这一目标没有实现。

现代地质学利用 20 世纪发展起来的放射性元素定年技术，精确地测定出地球的年龄是 45.6 亿年，并且进一步测定了古生代、中生代、新生代及其下属各纪的界线年龄（图 1-3）。地质年代测定结果表明，寒武纪开始的时间是距今 5.4 亿年前，前寒武纪的时间跨度竟占了地球年龄的 88%。前寒武纪被进一步划分为元古宙（5.4 亿年前～25 亿年前）、太古宙（25 亿年前～40 亿年前）和冥古宙（40 亿年前～46 亿年前），这几个"宙"的年代级别和寒武纪以来的显生宙（5.4 亿年前至今）相对应，但每个时间跨度都远大于显生宙，对地球这些"深时"的研究成为现代地质学的重要任务。

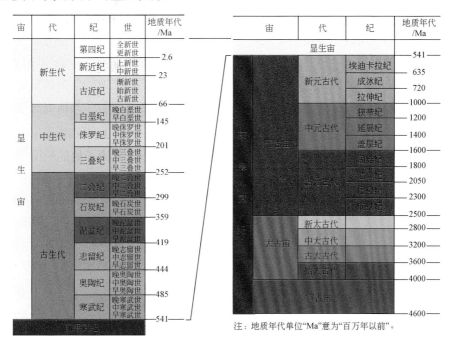

注：地质年代单位"Ma"意为"百万年以前"。

图 1-3　国际地质年表

1.2.4　现代地质学的行星地球视野

现代地质学有了新的视野，也就是行星地球视野。在纵深方面，不仅把关注目光从地壳向下延伸到岩石圈，而且进一步延伸到地核，强调地球各圈层间的相互作用，并把地球的所有圈层作为一个完整的地球系统进行研究，出现了"地球系统科学"这样的新领域，尤其注重对地球表层系统的研究。现代地质学明确指出是地球内部能量驱动着岩石圈的运动，引起了地震、构造位移和岩浆活动，控制着海陆格局的变化，进而影响了大气圈和水圈的变化，而地球外部能量驱动着水圈和大气圈的变化，控制着气候变化，进而影响了生物圈和岩石圈。地球内部能量和外部能量交织作用，驱动着地球深部、浅层的水循环和碳循环，导致了构造活动和气候变化的复杂关系。对于地球系统的研究已经成为现代地质学的前沿课题。

现代地质学的行星地球视野还表现在广度方面。板块构造理论建立以后，地质学的研究尺度开始从地域性扩展至全球性，一系列全球性地质研究计划开始实施，着眼于全球地质、全球地层、全球气候、全球构造的国际合作研究蓬勃开展。这些全球性研究计划都强调了研究技术的现代化，信息技术、航天技术、生物技术等新技术的应用进一步促进了地质学与其他学科的交叉融合，强有力地支撑着现代地质学的发展，使现代地质学成了名副其实的"地球科学"。20 世纪 80 年代以后，地质学的研究尺度进一步扩展到地外系统，不仅把地球作为行星研究，而且以地球为基础，开始对月球——这颗地球的卫星和太阳系的其他卫星进行对比研究，研究它们的物质组成、表面特征、物理场、内部构造和演化历史，借助航天技术的飞跃发展，和天文学研究相结合，发展出比较行星学这一新的地质学分支。

1.3　现代地质学对地质作用有了新的理解

1.3.1　关于地质作用的能量

近代地质学把引起地壳物质组成、结构、构造和地表形态等不断发生变化的各种作用称为"地质作用"，把地球上的地质作用划分为八种：风化作用、剥蚀作用、搬运作用、沉积作用、成岩作用、构造作用、岩浆作用和变质作用。按照能量来源，这些地质作用被归为两类。一类叫"外动力地质作用"，包括风化作用、剥蚀作用、搬运作用、沉积作用和成岩作用，它们的能量来自地球外部，称为"外能"，主要有太阳辐射热、位能、潮汐能和生物能等。由于它们都发生在地球表层，所以又叫"表层地质作用"。另一类叫"内动力地质作用"，包括构造作用、岩浆作用和变质作用，它们的能量来自地球内部，称为"内能"，主要有地内热能、重力能、地球旋转能、化学能和结晶能等。由于这些地质作用都发生在地球内部,所以又叫"内部地质作用",不过,虽然它们发生在地球内部,但常常影响到地球的表层,例如火山活动和地震活动。

现代地质学没有改变八大地质作用的分类方案,但对引起这些地质作用的能量的大小和分布状态有了深入认识。详细的观测表明:

(1)太阳辐射能到达地面的总通量是 173000×10^{12} W,而地球内部热能的总通量只有 47×10^{12} W,换句话说,外能比内能大 3000 多倍。

(2)地球内、外能在地球表面的分布是非常不均匀的,总的来说,从地球表面散发的地球内热中有 80% 来自地幔对流,洋壳的热通量(101 mW/m^2)远大于陆壳(65 mW/m^2);地球表面接受的太阳能辐射量同样不均匀,低纬度区要比高纬度区高出 2~3 倍。

1.3.2　关于火山活动

火山活动是一种重要的内动力地质作用,对人类生活具有灾难性威胁,因此早就引起关注。公元 79 年,意大利南部维苏威火山喷发了大量火山灰,埋葬了整个庞贝城。经典地质学认为,火山喷发的动力是"地下热火"或"地球内部火",是地下的岩石被熔融后形成岩浆喷出地表造成。这一认识形成于 18 世纪,在其后数百年中变化不大。现代地质学认识到,所谓"地下热火"或"地球内部火"实际上是"地球内热",它有两个主要贡献源:一是在地球形成过程中产生的热,被保留在地核及地幔中;二是地壳和地幔中存在着放射性元素,它们的衰变会产生热。

此外,现代地质学不仅认识到火山是地下岩浆喷出地表造成的,而且进一步对"岩石为什么会熔融"和"岩浆会在哪里喷出"给出了答案。现代地质学指出,温度、压力和流体(主要是水)的活动共同影响着岩石的熔融,只凭高温不会把岩石全部熔化,否则的话,地幔在几千度的高温里就不会保持固体状态了。岩石在高温低压条件下更容易发生熔融,当有水参加时,岩石在温度不算高的条件下同样会发生熔融。实验岩石学资料指出,花岗岩在干燥条件下的熔融需要超过 1000℃,而在同样压力条件下,如果有水参加,花岗岩的熔融只需要 650℃。现代地质学还指出,地球上现在有 500 多座活火山,集中形成了环太平洋火山带、大洋中脊火山带、东非裂谷火山带和阿尔卑斯 – 喜马拉雅火山带。这四条火山带的形成都和板块边缘有关:在板块的离散型边界上,如大洋中脊带和东非裂谷带,板块的张裂导致地幔上涌,造成了火山活动;在板块的汇聚型边界,如环太平洋洋壳俯冲和阿尔卑斯 – 喜马拉雅大陆碰撞带,水和含水的沉积物被带到地球深部，在高温作用下引起岩石的熔融，造成了火山活动。此外，来自地幔深处或核幔边界的地幔柱及地幔热点上升到地球浅部，同样会造成火山活动，如夏威夷火山岛链。

1.3.3　关于地震活动

地震活动是一种构造活动，也是另一种给人类带来巨大灾难的内动力地质作用。人类从一诞生就伴随着地震的活动，一直想弄清地震的原因，提出过种种解释。1906 年旧金山大地震发生后，美国地质学家 H. 里德（Henry Fielding Reid）提出了"弹性回跳理论"，认为当地应力积累到超过岩石承受能力后，就会造成岩石破裂，发生地震。

现代地质学在继承这些近代地质学认识的同时，进一步从板块构造运动角度提出了地震的引发机制。现代地质学指出，地球上的地震活动带可以划分为四条，和前面讲到的四条火山带完全重合，这种重合并不是偶然的，而是表明，地震活动同样集中在岩石圈板块的边缘。环太平洋地震带是全球地震发生最多的地带，不仅有浅源地震（深度小于 70 km），而且有深源地震（深度大于 300 km），都是由岩石圈板块俯冲造成的，所释放的能量约占全球地震的四分之三。阿尔卑斯－喜马拉雅地震带是由岩石圈板块碰撞造成的，同样会发生深源地震，但发生的地震远少于环太平洋地震带。大洋中脊地震带和东非裂谷地震带的地震活动性比前两个地震带小得多，这两个地震带上发生的地震都和岩石圈板块的张裂活动相关，而且都是浅源地震，还没发生过特大的破坏性地震。

除了上述与板块边界吻合的四条地震活动带以外，地球上还有一些地震发生在板块内部，和板块边界的关系不是很明显，这些地震被称为"板内地震"，约占地震的 15%。这些板内地震往往表现出震源浅、分布广、强度大、频度高的特点。在我国的广大内陆地区发生的地震都属于板内地震，其中最惨烈的地震灾害是 1976 年唐山大地震。这些板内地震的发生往往和板块内部的地质构造不均匀和应力聚集不均匀有关，对板内地震引发机制的研究进一步充实了现代地质学。

1.3.4　关于山脉的成因

山脉是大陆上最引人注目的地貌单元，自然早就成为传统地质学关注的对象。传统地质学注意到山脉是线性分布的，而且注意到组成山脉的地层比邻区的同时代地层厚得多，1859 年，J. 霍尔（James Hall）提出，褶皱山脉形成的地方曾是一个巨大的长条形拗陷。1873 年，J. 丹纳（James Dwight Dana）给这种强烈下降并逐渐被沉积物充填的拗陷起了个名字，叫"地槽（geosyncline）"。他们都认为，由地槽向山脉的转变是由于地壳的垂直隆起造成的，造成地壳开始下降的力量就是最后造成它隆升的力量。这种力量是什么？来自哪里？传统地质学没有给出科学的答案。

现代地质学强调岩石圈的水平运动，用板块构造学理论解释了山脉的成因：①在离散型板块边缘会形成大陆裂谷和大洋中脊，大陆裂谷肩部的隆起会形成海拔数千米的高山，而在大洋中脊会形成高出海底数千米的海岭；②汇聚型板块边缘会因板块间的俯冲或碰撞而隆起，在洋壳俯冲到大陆下的地方会形成安第斯山那样的海岸山脉，而在两个大陆碰撞的缝合带上会形成喜马拉雅山那样的碰撞造山带；③板块边缘的强烈碰撞有可能在远离边缘的板块内部引起远程效应，形成陆内山脉，而且，这种陆内山脉的规模一点儿也不逊色于碰撞带本身隆起的山脉。例如，印度板块和欧亚大陆的碰撞不仅形成了长达 2450 km 的喜马拉雅山脉，而且其远程效应还形成了长达 2500 km 的天山山脉。喜马拉雅山脉的平均海拔为6000 m，海拔 7000 m 以上的高峰有 40 座，最高峰是珠穆朗玛峰，海拔为 8848.86 m，而天山山脉的平均海拔为 4000 m，海拔 5000 m 以上的高峰有数十座，最高峰是托木尔峰，海拔为 7443.8 m。

不过，山脉和造山带是两个不同的概念。山脉是地貌上的线形隆起带，而造山带是经受强烈褶皱、伴生有岩浆作用和变质作用的线形构造带。新生代以来的造山带都呈现为地貌上的山脉，而中生代以前的造山带多被夷平。

1.4　现代地质学以社会发展需求为己任

把地球科学研究与社会发展需求紧密联系起来，这是 20 世纪 80 年代以来现代地质学发展的鲜明趋势，进入 21 世纪，这已经成为现代地质学发展的主流趋势，地质学研究已经从单凭个人兴趣出发发展成必须进行团队作业的大科学工程。

1.4.1　寻找矿产和化石能源资源

矿产资源是人类生存和发展的物质基础，自工业革命以来，人类对矿产资源和能源资源的需求越来越大。据统计，仅 20 世纪后半叶，全世界的矿产开采总量已超过人类过去几千年开采历史的总和。例如，人类在 20 世纪以前一共采掘了约 3200 万吨铜，而 20 世纪的一百年中产铜量已经达到 2.38 亿吨。

世界上所利用的矿产种类已超过 170 种。然而，绝大多数矿产是不能再生的自然资源，一经消耗，便不再存留。矿产资源产生在不同的地质环境，它的分布是很不均匀的。正是由于矿产资源的不可再生性和分布不均匀性，使它具有十分重要的战略地位。现今，现代社会的大规模生产正在消耗巨量的矿产，人类每年消耗各类矿产资源总量达 500 亿吨。大批发展中国家正处在工业化过程中，在相当长的时期内，人类还将消耗巨量的矿产资源。在不少国家和地区，找矿难度在增大，矿产发现率在降低，矿产需求和供应的矛盾日益加深。因此，矿产资源的重要性更加突出。预计在未来数十年中，全球对矿产资源的需求将高速增长。如何应对和满足可持续发展的重大资源需求，一直是全球关注的焦点之一。

我国一直讲地大物博，但也面临着同样的问题。我国是世界上矿产资源比较丰富、矿种比较齐全的少数几个国家之一，已经发现的矿产资源有 171 种，已经查明资源储量的有 158 种。总体上看，我国矿产总量丰富，品种齐全，但人均占有量少，矿产结构不合理，金刚石、铂、钴、铜、锰、富铁等重要的大宗矿产短缺或探明储量不足。我国石油、天然气的供需缺口更是严重不足，从 1993 年起成为石油净进口国，进口量逐年增加，到 2020 年，进口量已经超过油气消耗量的 70%。预计在未来二十年内，我国对矿产资源和能源资源的需求量仍将保持在高位，矿产资源和能源资源的储量总体增量不足、供需矛盾突出、长期大量依赖进口的局面难以得到根本改善。

美国页岩气的成功开发不仅使其从能源进口大国转变为能源生产大国，而且掀起了油气工业的第三次革命。相比之下，我国对关键金属元素的地球化学性质及行为研究还较薄弱，对导致关键金属元素的超常富集的地质过程和驱动机制仍缺乏深入认识，对成矿过程与机理争议极大，因此，加强对关键矿产资源的基础科学研究势在必行。进入 21 世纪，以美国为代表的西方发达国家针对国际矿产资源和能源资源的竞争需要，纷纷提出了新的发展战略和计划。

我国更是亟须深入开展关键矿产资源和能源资源的基础研究，查清关键金属矿床的成矿背景、成矿过程和富集机制，摸清关键金属重要成矿区带和矿床的时空分布规律。加强对紧缺矿种和石油天然气的勘探，扩大资源储备量，提高矿产资源和能源资源的勘探和开发技术水平，为我国经济长期发展提供可靠的资源保障，这些已经成为我国地质学研究的首要任务。

1.4.2 地质灾害减灾预测

地质灾害是地质作用或地质过程对人类造成的经济损失或人身伤害。常见的地质灾害包括火山喷发、地震、崩塌（或塌方）、滑坡、泥石流、地面下沉、地裂缝、地面塌陷、海啸、海岸冲刷、河岸坍塌，等等。

这些地质灾害过程常常伴生出现，它们的触发机制既有天然的，也有人为的。例如，绝大多数地震都是天然发生的，由构造运动引起的地震约占地震总数的 90%，由火山活动引起的地震约占地震总数的 7%，由地下空洞上覆岩石突然陷落引起的地震约占地震总数的 3%。这些地下空洞多是易溶岩石被地下水溶蚀后产生的，也有些是人类挖矿形成的矿洞，属于人为因素。人为因素诱发的地震还有水库地震和人工爆破地震。水库地震是因水库蓄水而引起的地震，因为水库蓄水后，厚层水体的静压力会改变地下岩石的应力状态，加上水库里的水沿岩石裂隙、孔隙和空洞渗透到岩层中，起到润滑作用，从而易导致岩层滑动或断裂，引起地震。地下核爆炸会产生短暂且巨大的压力脉冲，使原有的断层发生滑动，从而诱发地震活动。

人为因素诱发的地质灾害的发生是可以避免的。停止一切地下核爆炸，修建大水库前进行充分的地质论证和合理的工程设计，完全可以减少诱发地质灾害的出现。

天然地质灾害的发生是天然地质过程，人类无力避免，但可以研究其发生机制和发生条件，及时进行预报避让，从而把人类受到危害程度降到最低，达到减灾的目的。

目前，人类对于气候变化引起的滑坡、泥石流等地质灾害的预测比较成功。雨水会减小岩体间的摩擦力，打破重力与阻力间的平衡，使本来处于临界状态的滑坡体发生滑动。对滑坡泥石流的预报已经纳入我国中央电视台每天的天气预报栏目中。

对于火山地质灾害的预测是从两方面进行的。一方面是研究火山地质灾害发生的地质背景。前面讲过，地球上现有的 500 多座活火山集中分布在环太平洋火山带、大洋中脊火山带、东非裂谷火山带和阿尔卑斯 – 喜马拉雅火山带。这些地方无疑是火山地质灾害易发区。对于那些由地幔柱和地幔热点造成的火山活动分布规律还不是很清楚，对于休眠火山什么时候会苏醒也不清楚，因此，需要根据火山活动的前兆现象进行地质灾害预测。这些前兆现象包括地面变形、热液活动和化学变化等。这是因为岩浆孕育、上涌是一个时间较长的过程，在这一过程中，火山口周围的地区会发生地表变形，重、磁、电特征改变，地温升高，热泉增流，喷出气体增多，气体成分变化，小地震频发等现象，综合分析这些变化特征可以对火山地质灾害的发生做出预判。

对地震灾害的预测同样是从地质灾害发生的地质背景和前兆现象两方面进行的。前面讲的四条火山带同时也是全球地震频发带，其中环太平洋地震带是全球地震发生最多的地带，释放的能量约占全球地震的四分之三，而阿尔卑斯－喜马拉雅地震带发生的地震远少于环太平洋地震带。大洋中脊地震带和东非裂谷地震带的地震活动性更是小得多。根据地质背景进行预测只能做出长周期预报。要准确及时地预报出地震发生的时间、地点和强度，需要对地震前兆现象进行监测。然而，短期地震预报是世界公认的科学难题，目前仍处于探索阶段。主要的监测手段包括大地测量、地壳形变观测、地震仪器观测、地震波速度分析、活动断层的观测、地磁观测以及地电观测等。由这些观测得到的数据呈现出极大的复杂性，这些浩瀚的数据和地震发生的确切关系仍在研究之中，因此，要做出短期预报和临震预警仍处于经验阶段。人们很早就注意到地震发生前的一些动物的异常行为，这是因为猪、狗、猫、蛇、鼠、鱼等小动物的器官感觉比人要灵敏得多，对伴随地震而产生的振动、电、磁、气象、水氢含量异常等物理、化学变化会做出临震反应。然而，这类反应都是定性的，不像科学仪器那样能给出定量化数据，因此更难以把握。这可能就是世界上各国科学基金会不向此类研究提供研究经费的主要原因。

随着世界人口增长与区域人口密度的增大，地质灾害造成的危害程度也明显增加。因此，调查区域地质环境，确定可能存在的不稳定地质条件，预测或预防地质灾害的发生，指导人们遵循地质科学规律，减少人类活动触发的灾害，减轻地质灾害造成的损失，已经成为现代地质学的重要任务。

1.4.3 为保护人类生存环境服务

自工业革命以来，尤其是第二次世界大战结束后，世界人口数量急剧增长，城市数量和规模迅速发展，矿产资源开采和工程建设突飞猛进，人类活动已经构成了一种不可忽视的地质营力，在从大自然获得生存资源的同时，也导致了一些环境问题，包括水污染、大气污染、人为因素诱发的地质灾害等，给人类自己的生存和发展造成了巨大威胁。从20世纪70年代开始，环境问题普遍受到重视，英国、美国、加拿大、日本、德国等纷纷成立了环境部、环境厅、环境保护局等行政机构，大学中相继设置了环境科学专业和环境地质院系。联合国于1972年召开世界首次人类环境会议，提出了"只有一个地球"的口号，发表了《斯德哥尔摩宣言》。"环境地质学"专题自1980年第26届国际地质大会以来成为历届会议的重要议题。联合国于1992年召开环境与发展大会，102位国家元首与会并共同签署了《里约环境与发展宣言》，使人口发展、资源开发和环境保护三者和谐协调成为全球的共同行动。

现代地质学把地球的所有圈层作为一个完整的地球系统进行研究，人类是生物圈的一个成员，参与着生物圈 – 水圈 – 大气圈 – 岩石圈间的相互作用。从这一视角出发，现代地质学从事保护人类生存环境的实践活动至少包括以下几个方面：

（1）研究地质灾害问题，为预报地质灾害提供依据，为减免灾害提出防范措施。

（2）研究化学环境问题，包括研究不同地区的地球化学背景、各种元素丰度及其分布特点，研究空气、水体、土壤和矿物原料中有益、有害元素及致病物质富集、迁移规律，揭示地质环境与人畜健康的关系，为防治某些地方病和职业病并最大限度地减轻由于某些元素的天然富集或短缺对人畜健康和植物生长带来的不良影响服务。研究城市饮用水水质恶化问题，为改善饮用水水质提供有效方案。

（3）研究古气候变化规律，利用地质环境中沉积物反映气候变化的各类标志，研究地质历史时期特别是第四纪以来气候变化的情况、原因和规律，借以预测今后气候变化趋势可能产生的危害，并提出防范措施。

（4）研究自然资源开发和工程建设引起的环境问题，包括研究水资源开发可能会引起的地面沉降、海水入侵和土地盐碱化等问题，矿山开采引起的地面塌陷及滑坡等问题，放射性矿产勘探和开采引起的环境污染等问题，城市建设、水利工程、道路建设等工程活动引起的环境破坏和环境恶化等问题，对这些人为地质作用可能产生的负面影响做出评价和预测，为自然资源开发、区域经济建设规划和大型工程设计提出科学论证，提出防止、减轻地质环境恶化的措施。

（5）研究废物处置引起的环境问题，包括城市垃圾处置、工业废物处置和放射性废物处置等。据统计，全世界 400 多个大城市每年排放 30 亿吨固体废物和 5×10^{11} m³ 的废水，对这些城市垃圾的合理处置是净化人类生存环境的重要措施。对工业废物和放射性废物的合理处置更是刻不容缓。目前一般采用地质处置技术，把这些废物掩埋或注入土壤或岩石中封存起来，让它们和人类环境暂时或永久隔离。这就需要综合运用构造地质学、岩石学、地球化学、水文地质学、工程地质学等学科的科学知识，选择适当的废物处置场所，实施适当的处置技术。

1.5 现代地质学走向全面数字化

有人讲，不能用数字表达的科学很难说是现代科学。地质学虽然是关于地球的科学，但从一开始就是建立在形态辨识基础上的，因此，传统地质学被说成是"描述性"自然学科。实际上，传统地质学中已经有了很多定量化知识。例如，已经按照 SiO_2 含量把岩浆岩划分为酸性岩（>65%）、中性岩（52% ~ 65%）、基性岩（45% ~ 52%）和超基性岩（<45%）。再如，C. 莱伊尔早在 1833 年就把法国巴黎盆地第三纪软体动物化石含有现代种属的百分比作为划分依据，把第三纪划分为始新世（含约 3% 的现代种）、中新世（含约 17% 的现代种）、早上新世（含 35% ~ 50% 的现代种）和晚上新世（含约 96% 的现代种）。当然，传统地质学的主体知识系统还是定性的。例如，岩浆岩分类的另一个坐标就是"产状"，喷出的酸性岩叫流纹岩，而侵入的酸性岩叫花岗岩，喷出的基性岩叫玄武岩，而侵入的基性岩叫辉长岩。再如，岩层的断开错动叫"断层"，根据断层两侧岩层的上下左右的错动方向，可以进一步区分出"正断层""逆断层"和"走滑断层"；岩层的弯曲叫"褶皱"，根据褶皱形态的上凸或下凹区分出背斜和向斜，根据褶皱轴面的歪斜程度进一步区分出直立褶皱、倾斜褶皱、平卧褶皱等。"推覆构造"的概念、大规模水平运动的认识等，都是在形态辨识基础上建立的。

现代地质学的诞生和发展过程就是逐步走向定量化、数字化的过程。现代地质学以板块构造理论的诞生为标志，而板块构造理论的诞生经历了大陆漂移、海底扩张和板块构造三个阶段。1912 年和 1915 年，A. 魏格纳（Alfred Wegener）相继出版了《大陆的起源》和《海陆的起源》，系统阐述了大陆漂移学说的思想，而他最主要的证据依然是对形态的辨识和定性的描述，包括非洲、欧洲和美洲海岸线的吻合性，海岸线两侧大陆在岩石、地层、古生物化石和构造走向方面的极度相似性，等等。海底扩张学说是由 H. 赫斯（Harry Hess）在 1962 年提出的，主要证据包括用回声测深仪对海底地形的探测、对大地热流值的测量和对岩石年龄的测定等定量化数据。这些数据表明，地幔物质从大洋中脊上涌形成新的洋壳，把原已形成的洋壳向两侧推挤，造成海底的扩张。1963 年 F. 瓦因（Frederick Vine）和 D. 马修斯（Drummond Matthews）发表的定量化数据进一步表明，洋中脊两侧存在着对称延伸的磁异常条带，其年代顺序和地球地磁反转年代完全一致。板块构造理论指出地震、岩浆活动、变质作用、构造活动等主要发生在岩石圈板块边界，而板块的边界分为离散型（拉张型）、汇聚型（挤压型）和转换型（走滑型）三类。所有这些论点都有大量的定量化数据作为支撑。例如，对洋底岩石的年代学测定表明，代表离散型板块边界的东太平洋洋脊以每年 5 mm 的速度向西扩张，马里亚纳海沟距离太平洋中脊 10000 km，那里正在俯冲的洋壳年龄略小于 2 亿年。再如，在太平洋东西两岸都发育了海沟，地震带沿海沟以 45° 角向大陆下延伸，震源深度在海沟附近最浅震，越向下越大，可达 700 km 左右。这一地震活动带被称为和达 – 贝尼奥夫带，代表了洋壳的俯冲带，是汇聚型板块边界。后来的 GPS（全球定位系统）监测数据进一步揭示了板块边界处的运动方向和速度。

在现代地质学的各个分支学科中，定量化研究都已经成为主流。例如：在沉积岩石学研究中，很早就利用水槽实验揭示水流速度、沉积物粒度和沉积物表层床形之间的量化关系，根据粒度分析数据判断沉积环境；板块构造理论问世以后，又开发了用砂岩骨架矿物成分含量和化学分析数据去判别沉积盆地大地构造背景的方法，等等。高温高压实验技术的发展使现代地质学对岩浆岩和变质岩这些结晶岩石的成因研究进入定量化阶段，实验岩石学资料和化学分析数据揭示了岩浆的成因和来源，岩浆演化的序列和特征，揭示出变质矿物形成的温度 – 压力区间，利用压力 / 温度比值划分出不同的变质相系，可以用为判断板块构造背景的依据。即使在地层古生物学这样最典型的描述性古老学科中，也开始使用计算机处理定量化数据，利用古生物形态参数揭示生物演化特征和分析生物群落结构。在对古气候和古环境研究研究中，更是开发出一系列替代性指标去追踪海水古温度、古氧化 / 还原条件、大气温室气体古浓度、山脉古高度等参数在地质历史中的变化，建立起一系列数值模型，对过去的演化历史进行模拟，对未来的演化趋势进行预测。

在现代地质学发展中，进一步建立起了对地球表层和内部的观测系统，使人类得以从太空、陆地和海底监测大气、海洋、地表运动、地震活动等即时变化信息，为防止和减轻地质灾害、保护人类生活环境服务。1968 年，在第 23 届国际地质大会上成立了"国际数学地质协会（IAMG）"，1969 年，《国际数学地质协会杂志》创刊，1998 年，首次提出"数字地球"概念，1999 年，第一届"国际数字地球会议"在北京召开，以后每两年举行一届，延续至今。

综合上述可知，现代地质学已经从传统地质学中脱胎换骨，产生了质的飞跃，发展成为现代地球科学。

1.6 小　结

地质学是研究地球的科学，是关于地球的物质组成、内部构造、外部特征、各圈层间的相互作用和演变历史的知识体系。

一方面，人类生活在地球上，而人类又是在地球演变过程的阶段性产物，研究地球就能认识我们人类的起源和生存环境的变迁，为人类更美好的生活服务。另一方面，人类生存所依赖的矿产资源和能源资源都是在地质作用过程中形成的，合理地开发、利用这些自然资源是人类可持续发展的需要。因此，研究地质学是非常必要的，人类社会发展离不开地质学家。

20世纪60年代板块构造学理论的诞生宣告，地质学已经从传统地质学发展到现代地质学阶段。和传统地质学相比，现代地质学有了脱胎换骨的变化，这些变化可以概括为四个方面：①现代地质学有了新的地球观和行星地球研究视野，对地球的结构、成分和年龄都有了新认识，对地球各圈层间的相互作用以及地球和地外系统的相互作用有了新认识；②现代地质学对地质作用有了新的理解，尤其是对内动力地质作用的认识更为深刻，指出板块构造运动是内动力地质作用的表现；③现代地质学以社会发展需求为己任，对矿产和化石能源资源的需求、对地质灾害预测和减灾的需求以及对人类生存环境保护的需求，为地质学发展提出了新的课题；④现代地质学正在走向全面数字化，在各个分支学科中，定量化研究成为主流。

现代化地质学已经发展成现代地球科学。

进入21世纪，现代地质学仍在发展。世界上的地学大国都把地球科学的研究与社会发展需求紧密联系起来，如地球内部过程与圈层相互作用、全球变化与区域响应、生物与地球的协同变化、非常规油气资源、地质灾害监测预报与减灾对策、环境污染机理与控制等。信息技术、航天技术、生物技术等新技术的应用将进一步促进地质学与其他学科的交叉融合，并将更加强有力地支撑现代地质学的发展。

第 2 讲

地质学的起源

"科学"的英文词"science"是19世纪开始被广泛使用的，而"科学"的法文词"science"从17世纪中期就和今天的用法一样，特指"自然科学"。1666年，巴黎科学院创建，其名称就是"Academie des Sciences"。这当然不是说科学是17世纪才诞生的。那么，科学是什么时候诞生的？

这个问题涉及什么是科学。

在科学史家眼中，"科学"的内涵有不同的外在形象，可以是一种建制或职业，可以是一种积累并系统化的自然知识，可以是一种维持或发展生产的因素，还可以是一种社会活动。作为建制或一种职业的形象，"科学"起源很晚，"科学家"这个词是英国科学史学家威廉·休厄尔（William Whewell）1833年创造的，用以称呼那些把从事自然科学作为唯一职业的人，在那以前，这些"科学家"被叫作"自然哲学家"或"搞科学的人"。不过，作为一种知识传统积累的形象，"科学"从人类史最早的时期就存在了，这是科学的真正根源。如果把科学作为人类与周围生活环境相协调的一种社会活动，那么，埃及、巴比伦、印度和中国这四大文明古国都发展出了自己的科学技术体系，在人类文明史中始终占有非常重要的位置。如果把科学作为一种独立的精神活动，则科学最早起源于希腊。古希腊时期的泰勒斯（Thales，约公元前624年～公元前546年）被称为"西方哲学之父"或"科学和哲学之祖"（这些称誉都见于百度百科或维基百科，下同），他提出"万物源于水"的命题，奠定了追究本源的科学精神。毕达哥拉斯（Pythagoras，约公元前580年～公元前500年）曾拜师泰勒斯，他提出"万物皆数"的论断，建立了毕达哥拉斯学派。此后，希腊还涌现出欧几里得（Euclid，约公元前330年～公元前275年）、阿基米德（Archimedes，约公元前287年～公元前212年）和托勒密（Ptolemaeus，约公元90年～公元168年），他们被誉为希腊化时期的"三杰"，代表了古代世界在几何学、力学和天文学领域的三座高峰。

不过，要推测科学确切地始于何时何地绝非易事，即使是科学史学家也多少感到棘手。这是因为有文字记录可查的科学发展史资料至多只能追索到约公元前3500年，迄今发现的最古老的文字就是那时出现的，埃及人和苏美尔人分别发明了图形文字，这些图形文字后来演变成了埃及的复合象形文字和苏美尔人的楔形文字。那么，再向前呢？没有文字记录可查，还有什么其他记录可查吗？

追索地质学的起源，面临同样的问题。

2.1　史前时期的科学萌芽

　　所谓史前时期，就是指人类社会的文字产生以前的历史时期。由于世界各地文字的出现有早有晚，所以世界各地史前时期结束的时间并不同。对史前文明的研究主要靠考古学资料和古史传说。考古学资料是指考古发掘出来的人类各种活动留下的物质资料，包括遗物和遗迹。古史传说是指文字产生之前靠世代的讲述而流传的故事，这些故事在文字产生后被记录下来。考古学资料和古史传说中零零散散地披露了史前科学的发展史料。

　　1819 年，丹麦考古学家 C. 汤姆森（Christian J. Thomsen）依据制造工具和武器的材料把人类历史分为石器时代、青铜器时代和铁器时代等三个时代，后来被进一步划分为：旧石器时代（距今 250 万 ~ 1 万年）、新石器时代（距今 1 万 ~ 6000 年）、青铜器时代（公元前 4000 年 ~ 公元前 1000 年）和铁器时代（公元前 1000 年以来）。在我国，"三皇"中的燧人氏和伏羲氏时期属旧石器时代，新石器时代大致从"三皇"中的神农氏时期开始，直至"五帝（黄帝、颛顼、帝喾、尧、舜）"时期，青铜器时代包括夏代、商代、西周和春秋时期，从战国时期起进入铁器时代。我国最早的成熟文字是甲骨文，出现在商代晚期，记载了盘庚迁殷之后至纣王在政期间的卜辞。因此，我国的史前时期包括了从 170 万年前元谋人出现到公元前 1300 年商代盘庚迁殷之前的历史时期。近年来对二里头遗址的研究表明，我国的夏代（公元前约 2070 年 ~ 公元前约 1600 年）已经出现了高度发达的核心文化，有都城，有青铜器，有陶文（保留在陶器上的一种原始文字）。因此，较新的学术观点认为，我国的史前期应该只包括旧石器时代和新石器时代，而不应包括从夏代开始的青铜器时代。

　　在人类诞生之前，地球就早已存在了，而在地球形成之前，宇宙就已形成了。宇宙、太阳系、地球、生命和人类相继演化的历史被称为自然史，与自然史相关知识都属于科学知识。今天，科学是一种不仅包括自然知识，而且包括研究自然界方法和关于自然界理论的知识体系。世界上关于自然界的所有科学理论在史前时期都没有形成体系，史前的科学只包括自然知识，其中一些蕴藏在考古资料中，另一些则散见于古史传说中。

2.1.1 古史传说中的自然科学知识

所谓"古史传说"实际上是一种神话文化。神话是远古族群的人们集体创造并靠口头流传的，在其产生多年后才最终被文字记载下来。一般说来，神话叙述的内容是史前时期的自然事件、社会事件或故事，大致可以归纳为三类：创世神话、自然神话和英雄神话。创世神话反映的是原始人的宇宙观，主要解释天地是怎么形成的，人类万物是怎么产生的。自然神话是对各种自然现象的解释，但只是模糊地记录了实际发生的自然事件，是一种以特殊形式保留下来的自然知识。英雄神话数量最多，把本部落里具有发明创造才能的人物或做出重要贡献的人物加以夸大想象，塑造出具有超人力量的英雄形象，表达了人类想驾驭自然的愿望，同时，也是对人类某种劳动经验的概括总结。英雄神话的产生比创世神话和自然神话要晚。

关于太阳系、地球及生命的起源和演化，世界各民族都有自己的创世神话。例如：《圣经》中就讲述了犹太民族的创世神话，《创世纪》开篇就提出，创世之前一片混沌。上帝第一天创造了白昼和黑夜，第二天创造空气和天，第三天创造了山川平原和花草树木，第四天创造了满天星辰，第五天创造了各种动物；第六天按照自己的形象用泥土造出了人类，最初只创造了一个男人，后来又抽出他的一根肋骨，创造了一个女人，这就是亚当和夏娃。埃及神话说，最初世界是混沌无序的，太阳神先创造了一座小山，让自己有了立足之地，然后创造出一双儿女，叫作空气之神和雨水之神。他们生下了第三代天神，叫作大地之神和天空之神，大地和天空又生了四个儿子，叫农业之神、生育之神、风暴之神和死者守护神。这祖孙四代天神合称"九柱神"。我国神话说，"天地混沌如鸡子，盘古生其中"，沉睡的盘古醒来后，感觉很不爽，抢起斧头，劈开混沌，轻而清的阳气上升变成了天，重而浊的阴气下降变成了地。盘古怕天地重新聚合，就头顶天，脚蹬地，使劲把天地撑开。天地成形后，盘古倒下了，他呼出的气息变成风和云，发出的声音变成雷鸣，双眼变成太阳和月亮，肌肤变成大地，四肢变成东、西、南、北四极，血液变成江河。我国神话又说，天地之初本无生物，是女娲在正月初一至初六造出鸡狗猪羊牛马等六畜，初七"抟黄土作人"，就是用黄土捏成团造成了人。这些传说有两点共同之处，一是世界最初处于混沌状态，二是人类的起源离不开做泥人。可以相信，关于人类起源的神话，当数女娲造人的传说出现得最早，一是因为她带有母系社会的印记，二是因为"抟黄土作人"是人类文化史上制陶技术的发明在神话中的投影。陶器最初出现于旧石器时代晚期至新石器时代早期，而母系社会的开始也在同一时期。尽管在希腊有普罗米修斯用黏土按照自己的样子造出人类的传说，在新西兰有天神滴奇（TIKI）用自己的血和红土造成人类的神话，但那些神明显然带着父系社会的烙印。

火是物体燃烧过程中散发出的光和焰，是一种强烈的氧化反应。火山爆发、电闪雷击，自地球形成之初就一直发生，但它们能引起森林起火则是从 3 亿多年前才开始，因为地球上从 3.6 亿年前进入石炭纪才开始出现森林。人类的历史只有几百万年，因此，人类在诞生之初就有机会遭遇自然界中森林被雷电击中起火的事件。

火对人类和社会的发展极为重要，人类掌握了火之后增强了生产和生活能力。世界上不少民族都流传着关于人类始祖取火的神话故事。例如，希腊神话说，普罗米修斯从众神之王宙斯居住的奥林匹亚山偷来火种，使人类脱离黑暗，而他自己却受到宙斯的严厉惩罚。奥运会的圣火火种采自希腊的奥林匹亚就是为了纪念普罗米修斯。我国满族神话中，少年英雄托阿从天火库盗来火种，他把石块凿了个洞，然后把火种装进石块，带回人间，并告诉人们用磕碰石块的办法从中取火。我国壮族神话中，雷公劈树赐给人间烟火，但人们对于突如其来的大火避而远之，只有一个名叫布洛陀的人胆大，用树枝取回了火种。后来，火被大暴雨扑灭，布洛陀仿照雷公的做法，举起神斧去砍一棵干裂的老树，果然砍出了火星，使干草堆燃起熊熊烈火。在华夏文明的古代传说中，燧人氏被尊称为"天皇""火神"或"火祖"，是他创造了钻木取火和燧石取火的方法，使中华民族的先人掌握了用火和取火技术。显然，关于火的神话中虽有自然神话的成分，但更多的是英雄神话的成分。这些传说的共同之处为，人类最初只会用火，后来才懂得了人工取火。这与考古发现结果完全一致。在元谋人化石产地不仅找到了旧石器，而且找到两块被烧过的骨头和大量炭屑。这表明，生活在 170 万年前的古人类就已经会用火和保存火种了。在德国尼安德特人遗址中发现了用敲击燧石的方法进行人工取火的遗迹，表明生活在 12 万年前的古人类已经掌握了人工取火的方法。

地震无疑是史前时期各民族都经历过的地质灾害，因此，关于地震成因的传说在世界各民族中都有流传。例如，在古希腊的神话中，海神普舍顿就是主管地震的神。新西兰传说地下住着一位女神，名叫"地母"，她发怒的时候就会造成大地的震动。在古代日本，人们认为日本岛下面住着大鲶鱼，只要大鲶鱼把尾巴一扫，日本就要发生地震。古印度人认为，地球是由站在大海龟背上的几头大象驮着的，大象一动就引起地震。埃及和蒙古也有关于地下的动物作怪引发地震的传说。在我国古代，人们认为地下住着一条大鳌鱼，鳌鱼一翻身，大地便会颤动起来。这些传说的共同之处为，都把地震的发生归因于神灵的活动，因为他们实在想不出地震的自然成因。

2.1.2 考古资料中的自然科学萌芽

史前时期人类已经从周围的环境中观察到一些规则性事件，体会到一些运动规律，即使人类还不能理解其发生的原因，但仍然能利用这些规则和规律去获得自己所期待的结果。这已经属于观察性科学和叙述性科学的范围。原始人类所获得的各种知识是一种混合的科学，很难像今天的科学一样细分为不同的学科，但其中无疑已经包含了各种自然科学的萌芽。

在旧石器时代，人们就开始注意到日出日落，月圆月缺，寒暑交替的周期性现象，到了新石器时代，社会经济逐渐进入以农牧生产为主的阶段，人们更需要掌握季节变化，于是就有了历法的发明。在公元前 4000 年左右，生活在美索不达米亚的苏美尔人发明了太阴历，以月亮的盈亏作为计时标准，到公元前 2000 年左右，他们把一年定为 12 个月，大、小月相间，大月 30 天，小月 29 天，共 364 天。生活在尼罗河流域的古埃及人很早就已经发现，当天狼星在清晨和太阳一起升起的时候，尼罗河就会泛滥。同样是在公元前 4000 年左右，他们制定了世界上最早的太阳历，把两次天狼星和太阳同时升起及尼罗河泛滥的间隔定为一年，共 365 天。这是萌芽状态的天文学，又被称为"前科学天文学"。我国最早的完备历法是 4000 多年前尧帝时期制定的，一年 365 天或 366 天。我国在陶寺遗址（公元前 2300 年~公元前 1900 年）中发掘出世界上最早的观象台，并发掘出圭表，这是一种观测日影用的工具，类似的影钟发现于公元前 1450 年的古埃及。这些出土文物是天文学萌芽诞生的实物证据。

人类在制造工具和使用工具的实践中，认识了很多自然产物的各种机械性能，这就奠定了物理学的基础。弓是人类最早使用的一种机械，表明在人类早期的渔猎时代就已经使用了弓箭，他们可能不知道弓为什么能把箭射远，但已经在使用物理学中的力学原理。西班牙旧石器时代晚期的岩画中有猎人们用弓箭猎杀牡鹿的情景，公元前 3 万~公元前 1.5 万年，北非出现了最早的弓（C. 辛格等，1954），西班牙和北非旧石器时代晚期的遗址中都出土了适合做箭头的锐利尖头细燧石，我国"峙峪人"遗址考古中也发现了石镞。考古学家认为，人类历史上最早的弓箭是中国人的祖先在 2.8 万年前制造出来的，这可以看作是物理学萌芽诞生的年代，是人类进行渔猎活动的需要造就了最初的物理学。

火的使用不仅使人类彻底告别了茹毛饮血的时代，而且使人类创造出丰富多样的烹饪技术，早期是烧烤技术，陶器的出现带来了烹煮技术。陶器的制造过程是先用黏土捏制成陶坯，然后再用火烧制。最初的陶器烧制温度并不高，不超过250℃，后来发展到用900℃左右的高温去烧制。最初的陶器是用火直接烧制的，后来把陶坯放进竖炉中烧制，再后来，发明了上釉技术，烧制前在陶坯表面粘上铜矿砂，这样烧制出来的陶器表面产生了油光滑亮的深蓝色效果，使陶器既结实又美观（C. 辛格等，1954；博言，2006）。陶器的发明是人类最早利用化学变化改变物质天然性质的开端，尤其是上釉技术，标志着人类已经掌握了使物质发生化学转变的方法。最早的陶器在旧石器时代晚期已经出现，世界上最早的陶器是发现于捷克的维斯特尼采爱神陶像，烧制年代已有 25000 ～ 29000 年。我国最早的陶器发现于江西仙人洞，烧制年代约在 20000 年前（Wu, et al., 2012）。大约在公元前 4000 年，美索不达米亚的陶工已经掌握了给陶罐上釉的技术。因此，可以认为，化学萌芽在进入新石器时代之前就已出现。

如果把这些自然科学萌芽的出现按时间早晚排列一下，可以看到这样的先后次序：物理学萌芽（约 2.8 万年前）、化学萌芽（约 2.7 万年前）、天文学萌芽（约公元前 4000 年）。

当然，这里没有提到数学。数学是研究事物数量、抽象结构、空间变化及信息等概念的学科，所有的数学对象本质上都是人为定义的，因此数学被列入形式科学，而不是自然科学。实际上，在有文字记载之前，计数和简单的算术就已经发展起来了。人类最初的计数是掰手指头，这样有了十进制，然后，为了计数和累加较大的数发展出用石子计数、结绳计数和刻痕计数的方法。显然，这些计数方法是在人类的财富增加到一定程度后才出现的。1950 年，考古学家在刚果伊尚戈地区发掘出两块长约 12cm 的狒狒腓骨，上面布满计数的刻痕，经碳 -14 技术确定，这些骨头的年代距今约 2.5 万年。20 世纪 70 年代，考古学家在南非列朋波山脉的一个岩洞里发现了一块狒狒的小腿骨，上面有 29 道计数的刻痕，这块列朋波骨的年代经测定为公元前 3.5 万年，是迄今为止最古老的刻痕计数证据。这些考古资料表明，数学萌芽出现的年代要早于物理学。

非常遗憾的是，科学史学家们似乎忘记了地质学也是一门自然科学。只有地质学家们指出，地球科学是古老的自然科学分支之一，地质学知识的积累从人类诞生的那天起就已经开始了。

2.2　人猿相揖别。只几个石头磨过

"人猿相揖别。只几个石头磨过……"，这是毛泽东《贺新郎·读史》一词的开篇句，高度概括了人类和石头的不解之缘。人和动物的最大区别就是，人会制造工具，而人类最早制造出的工具就是石器。

2.2.1　人类进化谱系

一般认为，人类大约在 500 万年前就和非洲的猿"揖别"了。距今 400 万年在非洲出现了南方古猿（*Australopithecus*），这是"正在形成中的人"。距今 250 万年前在非洲出现能人（*Homo habilis*）。能人化石最早是 1960 年在坦桑尼亚西北部的奥杜威河谷发现的，与能人化石一起发现的还有石器。能人是目前所知最早能够制造石器工具的人类祖先，因此，以"能"命名。距今约 200 万年，非洲出现了直立人（*Homo erectus*）。直立人被广泛认为是真正的人类，已经学会了用火，但不会自己造火，会制造更复杂和精致的石器。约在 180 万年前，直立人第一次走出非洲，扩散到亚洲，在亚洲一直生活到 20 万年前。我国云南发现的元谋人（约 170 万年前）、蓝田人（110 万～ 70 万年前）、北京人（70 万～ 20 万年前）和龙潭洞人（约 30 万年前）都属于直立人。含元谋人牙齿化石的地层中发现被烧过的兽骨和大量炭屑，这可能是人类使用火的最早证据。

约 30 万年前，非洲出现早期智人（early *Homo sapiens*），又称古人（*Paleoanthropus*）。和早期智人大致生活在同一时期的还有尼安德特人。在德国杜塞尔多夫附近的尼安德特人遗址中已经发现了用敲击燧石的方法进行人工取火的遗迹，是人类掌握人工取火的最早证据。早期智人第二次走出非洲，向低中纬度的欧亚非地区扩张。从约 3 万年前起，尼安德特人逐渐被智人替代并绝灭。

约 10 万年前，非洲出现晚期智人（late *Homo sapiens*），又称新人（*Neoanthropus*），克罗马农人是其典型。晚期智人是现代人的直系祖先，手足分工，直立步行，有了语言。晚期智人约在 7 万年前第三次走出非洲，此时正值末次冰期时期（7.7 万～ 1.2 万年前），晚期智人借助于全球低海平面跨越大洋，在 5 万年前到达东亚和澳大利亚，4 万年前到达欧洲，1.5 万年前进入美洲。冰期结束后在全球大发展。

1 万年以来的人类称为现代人（吴国盛，2018）。

2.2.2　史前文化概貌

第一节已经讲过，人类社会的历史时期大体上分为旧石器时代、新石器时代、青铜器时代和铁器时代。说"大体上"，是因为对石器时代的进一步划分还有不同的认识，把石器时代分为旧石器时代、中石器时代和新石器时代。不过，由于中石器时代的主要生产工具是"细石器"，因此，可以看作是旧石器时代和新石器时代的过渡时期。人类历史的分期和人类进化谱系的对应关系如表 2-1 所示。

表 2-1　人类进化谱系与人类历史分期

年代 / 万年	人类进化谱系	人类历史分期	年代 / 万年
250 ~ 150	能人	旧石器时代早期	250 ~ 25
200 ~ 20	直立人		
30 ~ 3	早期智人（古人）	旧石器时代中期	25 ~ 7
10 ~ 1	晚期智人（新人）	旧石器时代晚期	7 ~ 1
1 ~	现代人	新石器时代	1 ~ 0.6
		青铜器时代	0.4 B.C. ~ 0.1 B.C.
		铁器时代	0.1B.C. ~

史前文化是指文字产生以前的人类文化，一般是指石器时代文化，占据了整个人类史前历史 99.75% 的时间。史前文化在世界范围内分布广泛，但由于人类居住地域不同，各地发展又表现出不平衡性，各地区的文化面貌存在着相当大的差异。

旧石器时代早期的文化以奥杜威文化（Oldowan）和阿舍利文化（Acheulian）为代表，以使用砾石砍砸器和手斧为主要特征（图 2-1）。

奥杜威文化是广泛分布在非洲大陆的旧石器时代早期文化，在 20 世纪 30 年代发现于坦桑尼亚的奥杜威峡谷，奥杜威文化中的石器是由能人制造的。奥杜威文化的典型器物是砾石砍砸器，占全部石器的 51%，其余石器为粗制的石斧、石球、刮削器等。石块堆成的窝棚式建筑地基指明居住的人工洞穴，屠兽遗址表明当时已经学会狩猎。地层年代学测定表明，奥杜威第 I 层的年代为距今 175 万年，因此，奥杜威文化是迄今所知世界上最早的旧石器文化之一。

阿舍利文化是分布于非洲、西欧、西亚和印度的旧石器时代早期文化，因最早发现于法国亚眠市郊的圣阿舍尔而得名。阿舍利文化的石器是由直立人制造

图 2-1 旧石器时代早期的手斧（广西百色，据 Li et al.，2021）

a = No. 004166; b = No. 003678; c = No. 004155; d = No. 000039

的。阿舍利文化的代表性石器是手斧，比奥杜威文化的手斧有了很大进步，特点是器身薄，制作时留下的石片疤痕较浅，刃缘规整，左右对称。最早的阿舍利文化遗存在非洲，年代距今约 170 万年，最晚的遗存距今约 20 万年。

旧石器时代中期文化以勒瓦娄哇-莫斯特（Levallois-Mousterian）文化为代表，"勒瓦娄哇技术"的特征是，把石片从石核上通过预制技术剥离下来用作石器，又称"预制石核技术"。

勒瓦娄哇-莫斯特文化分布于欧洲、西亚、中亚和东北非，最早发现于法国多尔多涅省莱塞济附近的勒穆斯捷岩棚。这一文化的典型特征是打制石器时使用修理石核技术，称为勒瓦娄哇技术，用这种技术制作的石器最初发现于法国巴黎近郊的勒瓦卢瓦-佩雷。勒瓦娄哇技术大约于 40 万年前出现在非洲，是在打下石片之前对用来打石片的石核进行精心修理的技术，从核体上剥下规整的石片，体现出一种计划性、预见性和对技术的娴熟掌控。石片石器的典型器物是比较精致的刮削器和尖状器（图 2-2）。与莫斯特文化共存的人类化石大多数是尼安德特人，北非的莫斯特文化开始于 15 万年前，盛行于距今 8 万~3.5 万年。

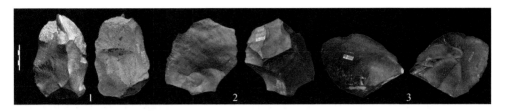

图 2-2　旧石器时代中期的石片（山西丁村，据 Yang et al.，2016）

　　旧石器时代晚期，人类居住范围已经从非洲扩展到各大洲，受全球气候和环境变化影响，旧石器时代晚期文化呈现出明显的地方性特点，但整体上看，以使用桂叶形或柳叶形的石叶石器为特征，最后出现细石器，长度一般为 2 ~ 3 cm（图 2-3）。

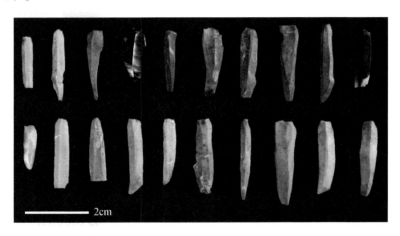

图 2-3　旧石器时代晚期的细石器（宁夏水洞沟遗址，据裴树文和陈福友，2013）

　　这一时期在欧洲出现了奥瑞纳（Aurignacian）文化和梭鲁特（Solutrean）文化。奥瑞纳文化最初发现于法国南部图卢兹附近的奥瑞纳克山洞，石器制造者为克罗马农人，年代为距今约 4 万 ~ 2.9 万年，其特点是石器的多样化和专用性。奥瑞纳石器工艺是以石片工具为主，经过修整的石片可以制成各种刮削器，而雕刻器的发明使许多艺术品得以产生。梭鲁特文化最初发现于法国东部里昂附近的梭鲁特雷山洞，年代为距今约 2.1 万 ~ 1.8 万年。梭鲁特文化的石器有雕刻器、刮削器和石锥等。但独具风格的典型器物是桂叶形或柳叶形尖状器，它们制作精致，器身很薄，有的甚至达到透明程度，高超的压制石器技术达到了旧石器时代石器制作技术的顶峰。而且，梭鲁特文化的石器就连原料也都选择美丽的，如彩色石英、碧玉及丰富多彩的燧石等。在北非和尼罗河河谷地区的文化称霍尔穆桑文化，典型器物是带锯齿的石片和雕刻器。到旧石器时代晚期之末，各地的细石器化倾向日趋明显。

新石器时代是使用磨制石器（图2-4）为主的时代，人类已经能够制作陶器、纺织，发明了农业和畜牧业，开始了定居生活。人类不再只依赖大自然提供食物，生活得到了很大改善，开始关注文化事业的发展，人类文明开始出现。一般把旧石器时代的结束和新石器时代的开始时间划定在距今1万年前。一些学者把1.5万年前至8000年前的时间称为"中石器时代"，实际是旧石器时代向新石器时代过渡的时期，石器已经小型化，以细石器为代表工具。

图2-4　新石器时代的磨制石器（福建将乐岩仔洞，据王晓阳等，2018）

2.2.3　我国的石器时代文化

我国已经发现了许多石器时代的文化遗址，积累了丰富的考古材料，初步建立起石器时代文化发展的框架。大体上可以分为旧石器时代文化和新石器时代文化，各自又可分为早、中、晚三期。

1. 旧石器时代早期

我国旧石器时代早期文化中较早的有西侯度文化、元谋人石器、匼河文化、蓝田人文化以及东谷坨文化,较晚的有周口店第 1 地点的北京人文化,以及贵州黔西观音洞的观音洞文化。总体上看,我国旧石器时代早期文化基本上是类似于奥杜威文化的类型。

西侯度文化发现于山西芮城西侯度村,西侯度文化遗址在高出黄河河面约170 m 的阶地上,1961 年开始发掘。经年代学测定,遗址年代为距今 180 万年前,比我国发现的最早的元谋人还早 10 万年。遗址中出土了带有切痕的鹿角以及烧骨,说明生活在这里的人类已经学会了取火,开始吃熟食。西侯度石制品种类有石核、石片、砍砸器、刮削器、三棱大尖状器等,以石英岩为原料,其主要特点是用石片加工石器,但以对石片单面加工为主形成单面刃。

匼河文化遗址于 1957 年发现于山西芮城匼河村,匼河文化以大石片制作的砍砸器、石球和三棱大尖状器为特色,除少数几件采用脉石英外,其余均以石英岩砾石为原料。石器中砍砸器数量较多,有"单面刃"和"两面刃"两种,加工比较粗糙。文化遗址的地质时代为中更新世早期,距今约 50 万年。

2. 旧石器时代中期

我国旧石器时代中期文化以北方的丁村文化(距今 30 万~ 8 万年)为代表,此外比较重要的有周口店第 15 地点文化和山西阳高许家窑人文化(距今 10 万年)。中国的旧石器时代中期文化基本上保持了早期文化的类型和加工技术,一个明显的特点是修理石核技术似乎没有得到发展。2018 年,一项中 – 美 – 澳联合研究认为,贵州观音洞文化(距今 17 万~ 8 万年)遗址中发现了使用勒瓦娄哇技术打制的石器,但随后受到质疑。

丁村文化遗址于 1953 年发现于山西襄汾县丁村。丁村遗址的九龙洞遗址是原地埋藏石器制作场,是 17 万年前原始人类"丁村人"打制石器的加工厂,过水洞遗址的形成年代为 20 万~ 30 万年前,老虎坡遗址年代为 8 万~ 13 万年前。丁村的石制品一般都较大,可分为石核、石片和石器三大类,石核数量较少,其数量略少于总量的三分之一。丁村人首先从大石核上打下石片,然后再把大石片加工成各种各样的石器。丁村的石器类型有砍砸器、似"手斧"石器、石球、单边形器、多边形器、三棱大尖状器、鹤嘴形尖状器、小尖状器和刮削器。这些石头制品有的适用于砍伐树木,有的可做挖掘的工具。在这些石器中,最为特殊的要数三棱大尖状器,由于首次发现于丁村,又称"丁村尖状器"(图 2-5)。这类石器多数是用大厚石片加工而成,器身一端为截面呈等腰或等边三角形的三棱状器尖,另一端为厚钝的手握部分;器身的加工多由石片破裂面向背面修制而成。

丁村石器多以角页岩为原料，占总数的95%左右，其余为燧石、石灰岩、玄武岩、石英、石英岩、闪长岩制成。角页岩是一种灰黑色变质岩，质地均匀，产于丁村以东 7 km 的低山基岩上。角页岩砾石在汾河东岸的各条冲沟中都可见到，在地层中也较常见，这为丁村人打制石器提供了优质丰富的原料，大部分石器还保留着较为锋利的棱角，也证明丁村人在附近就地取材制作石器。

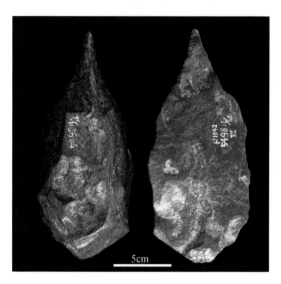

图 2-5　丁村大三棱尖状石器（山西丁村，据裴文中等，1958）

3. 旧石器时代晚期

我国旧石器时代晚期的文化遗址数量增多，分布在华北、华南及其他地区，存在时代相近但技术传统不同的文化类型。尤其在华北，发现的文化类型非常多，其中石叶文化类型的代表有宁夏灵武的水洞沟文化（距今 4 万年），小石器传统的重要代表有内蒙古乌审旗的萨拉乌苏遗址（距今 3.5 万年）、山西朔州的峙峪文化（距今 2.9 万年前）、北京周口店的山顶洞遗址（距今 2.5 万年）等，细石器工艺的典型代表有山西沁水的下川文化（距今 2.4 万 ~ 1.6 万年）、河北阳原的虎头梁文化（距今 2 万年前）等。

水洞沟文化遗址于 1923 年发现于宁夏灵武的水洞沟村，截至 2012 年，经过了六次考古发掘，出土了三万多件石器，这些石器的制作修理技术可以和欧洲的奥瑞纳文化石器媲美。峙峪文化遗址于 1963 年发现，共发掘出两万多件石制品，出土的石器主要是小型的，大型石器极少，砍砸工具罕见。小型石器通常修制规整，以尖状器、雕刻器和刮削器数量为多（图 2-6）。刮削器形状复杂，有圆头、盘状、双边刃和单边刃等类型。此外还有斧形小石刀和石镞，制作十分精致，表明已经掌握了较进步的制作技术。石器的原料取自当地砂砾层中，有脉石英、石英岩、硅质灰岩、燧石和火成岩等。下川文化遗址于 1970 年发现，发掘出的石器中只有 5% 为粗大石器，以砂岩、石英岩和脉石英为原料，其余的都是细石器，包括典型的细石核和细石叶、圆头刮削器、石核式刮削器、雕刻器、琢背小刀、各类尖状器、锥钻、石箭头等，都以燧石为原料。细石器是用打击法打出的细石核、细石叶及其加工品，细石器文化标志着人类物质文化有了极大发展。

图 2-6　峙峪文化石器（山西峙峪，据 Hou 等，2013）

上排右三和下排右二为石簇

4. 新石器时代

新石器时代分期主要依据磨制石器、陶器、农业发展和定居情况等四项标志，我国新石器时代文化分为早期、中期和晚期。

我国新石器时代早期文化约从距今 1 万年多前至 8000 年前开始，代表性文化遗址为江西万年仙人洞遗址。仙人洞遗址于 1962 年发现，至 1999 年，先后进行了五次发掘。出土的石器以打制石器为主，有刮削器、砍砸器等，磨制石器的数量和种类都较少，主要有钻孔器、凿、铲等，磨制得比较粗糙。与石器一起出土的还有陶器和骨器。陶器都已经破碎，从残片可以判断为手工捏制，胎壁厚薄不匀。骨器中有鱼镖和针，是打鱼和缝衣的工具。2012 年经中、美、德共同研究和年代学测定，确定最早出现陶器的时间为距今 2 万 ~ 1.9 万年。此外，在1993 ~ 2004 年对湖南道县玉蟾岩遗址的发掘中，发现了大量陶器残片和 5 枚炭化的稻谷，经年代学测定，玉蟾岩出土的陶片大约距今 1.4 万 ~ 2.1 万年，古栽培稻的年代距今 1.8 万 ~ 1.4 万年。显然，仙人洞遗址和玉蟾岩遗址的石器和陶器碎片具有从旧石器时代向新石器时代过渡的文化特征（图 2-7）。

图 2-7　江西仙人洞陶器碎片（据 https://m.thepaper.cn/newsDetail_forward_15038368）

我国新石器时代中期文化为距今 8000 ~ 5000 年，以裴李岗文化、仰韶文化和河姆渡文化为代表。河南新郑裴李岗村文化遗址于 1977 年发现，发掘出石器和陶器。石器多为磨制石器，制作精致，有带锯齿刃石镰、长条形扁平的双弧刃石铲、鞋底形四足石磨盘和磨棒。陶器以泥条盘筑手工技术制成，多数陶器为细泥红陶。年代测定值为公元前 5600 年 ~ 公元前 4900 年，也就是距今8000 ~ 7000 年。河南渑池仰韶村文化遗址于 1921 年发现，发掘出石器、陶器和骨器。石器以磨制石器为主，常见的有磨盘、石刀、石斧、石铲、箭头等。陶器多为手制的，少数为轮制的，器表有精美的纹饰，还在陶器上发现 50 多种刻画符号，具有原始文字性质。骨器制作精致，有鱼钩、鱼叉、骨针等。年代测定值为公元前 5000 年 ~ 公元前 3000 年，也就是距今约 7000 年 ~ 5000 年。浙江余姚的河姆渡文化遗址于 1973 年发现，年代测定值为公元前 5000 年 ~ 公元前3300 年，也就是距今 7000 ~ 5000 年。与黄河流域仰韶文化同期的河姆渡文化是长江下游以南地区的代表性文化。河姆渡遗址出土的石器在数量和种类方面都不算丰富，主要有斧、锛、凿三种，器形较小，属于农具和加工骨、木的工具。河姆渡遗址出土的陶器最多，陶器的种类很多，主要有釜、罐、盆、盘、鼎等，最具特色的是夹炭黑陶（图 2-8），这种工艺主要是为了减少陶土黏性，提高成品率。河姆渡遗址出土的骨器制作比较进步，有耜、鱼镖、镞、匕、哨等器物，是精心磨制成的，一些有柄骨匕、骨笄上雕刻着花纹或双头连体鸟纹图案，像是精美绝伦的实用工艺品。在出土文物中最重要的是大量人工栽培的稻谷，是目前世界上最古老、最丰富的稻作文化遗址。在建筑方面，河姆渡遗址中发现了大量栽桩架板高于地面的干栏式建筑群遗迹，表明这是"有巢氏"的早期文化。

图 2-8　浙江河姆渡黑陶（据 https://www.zhejiangmuseum.com/Collection/ExcellentCollection/ 693zonghepingtaiexhibit/693zonghepingtaiexhibit|2022-08-23|）

我国新石器时代晚期文化为距今约 5000 ~ 4000 年，以长江下游的良渚文化和黄河中下游的龙山文化为代表。良渚文化遗址于 1936 年发现，是浙江余杭良渚、瓶窑和安溪三镇多处遗址的总称。出土的文物以黑陶和磨光的玉器为代表。陶器中有鱼鳍形足的鼎、贯耳壶、球腹罐、附耳杯等。玉器多为随葬品，其中有璧、琮、璜、环、珠等，数量之多、品种之丰富、雕琢之精美，均达到史前玉器的高峰（图 2-9）。更重要的是，玉器上出现了不少刻画符号，在形体上已接近商周时期的文字，是良渚文化进入文明时代的重要标志。出土文物中还有被称为"世界第一片丝绸"的丝织品残片。2015 年，在良渚古城外发掘出由 11 条坝体构成的拦洪水坝系统，被认定是世界上最早、规模最大的水利系统。良渚遗址的年代为距今 5300 ~ 4000 年。龙山文化遗址首次于 1928 年在山东历城龙山镇城子崖发现，在 1930 ~ 2017 年间进行了四次发掘，经年代学测定为公元前 2500 年～公元前 2000 年，即距今 4500～4000 年。城子崖遗址出土有陶器、石器和少量铜器。陶器中有大批黑陶器皿，器形有鼎、罐、盆、瓮、杯等，其中有"蛋壳黑陶"，薄胎黑陶，漆黑乌亮，薄如蛋壳，出土的黑陶艺术品蛋壳杯的杯壁厚度只有 0.5 mm，重量只有 50 g 左右，是黑陶中的极品。在出土文物中还发现了刻有原始文字符号的灰陶和少量铜器，表现出铜石并用特色。河南、山西、陕西等地的同期的类似文化被统称为"龙山时代文化"。

图 2-9　浙江良渚玉器（据杭州良渚遗址管理区管理委员会等，2018）

2.3　制造石器中诞生了地质学

　　科学史学家们认为，科学有两个源头，一是人类的好奇心和求知欲，二是人类制造、使用和改进工具的技艺和能力。好奇和求知使人类为了摆脱无知而致力于思考，为了求知而追求学术，为了科学而科学，构成了科学史上的哲学家传统。人类提高自己支配自然界为自己服务的能力形成了技术和工艺的进步，构成了科学史上的工匠传统。在历史上，这两种传统是由两个不同的群体传承的，传承哲学家传统的是贵族和祭司，而传承工匠传统的是手艺工人，所以，留下了科学和技术相分离的印象。一般认为，科学解决理论问题，技术解决实际问题，科学是发现，是研究自然现象间的关系和内在规律，而技术是发明，是把科学成果应用到实际问题中去。从历史发展角度看，独立的科学传统是最近三四个世纪前才形成的，在那之前，科学是依附在其他传统之上的。科学史学家们认为，"科学是源远流长的，可以追溯到文明出现以前。不管我们把历史追溯多远，总可以从工匠或学者的知识中发现某些带有科学性的技术、事实和见解"（S.F. 梅森，1962）。

人类自始至终都在创造着历史，在人类发展的早期就已经产生了很多重要的发明创造，其中最早的发明创造就是用石头制造武器和工具，给我们留下了石器。石器的最初发明具有很大的偶然性，但人类在漫长的历史中逐渐摸索，积累了经验，不断改进着石器的制造工艺，增长着技艺、能力和知识。正是在这一过程中，地质学诞生了。

2.3.1　石器和石器制造技术的进步

考古发掘出的石器时代的工具除了石器，还有骨器和少量木器。其实，骨器和木器可能在石器时代并不少用，只是由于它们难以被保存下来，所以出土的不多。出土的石器分为石片石器和石核石器两类。石片石器是指从石块上打下来的石片，剩下来的石块就是石核，它们都作为工具来使用，有的打下来直接用，也有的经过加工后再用。石片石器根据用途进一步分为刮削器、尖状器和雕刻器等。刮削器是在石片的一边或多边加工，尖状器是沿石片相邻的边加工成锐尖，以利于刺割，雕刻器系在石片尖端打成垂直的短刃，可用来雕刻。石核石器也称砾石石器，带有单面刃的砾石石器称为砍砸器或砍斫器，带有一个大尖的产物称为三棱大尖状器，一物多用，可以用来砍、砸、凿等。

考古学家们根据石器的大小和形状推测、归纳出石器的不同制造技术，并且按照制造技术的不同划分了时代。他们把石器的制造技术分为打制和磨制两种，把使用打制石器的时代称为旧石器时代（距今约 250 万～1 万年），而把使用磨制石器的时代称为新石器时代（距今 1 万～6000 年）。这一划分本身就体现了石器制造技术的进步。

最早的石器是和能人化石一起出土的，这些石器包括可以割破兽皮的石片，带刃的砍砸器和可以敲碎骨骼的石锤，都属于屠宰工具。考古学家推测，能人偶尔发现用砾石摔破后产生的锐缘来砍砸和切割东西比较省力，从而受到启示，便开始用摔击法和砸击法制造石器（图 2-10），人类对于石块裂开的方向没有任何想法，裂成什么样就是什么样，很少经过二次修理。这可以看作是石器制造的第一代技术，称为简单锤石剥片技术，属于旧石器时代早期石器制造技术的萌芽，逐渐发展成奥杜威文化。

与能人相比，直立人的石器制造技术有了很大进步，出现了"软锤技术"，利用骨、角、硬木等材料对石核进行锤击，能够剥离下非常平的石片，在石器表面留下光滑的浅痕，砸下平滑石片的交叉点形成接近平直的刃口。利用这一新技术可以对石器进行精加工，逐步发展成标准化生产程序，打制出了阿舍利石斧，标志着阿舍利文化的开始。用于精加工的软锤技术又称"圆柱锤技术"（图2-11），可以看作是石器制造的第二代技术，反映出人类对于石块裂开的方向已经有了一定的预测，认识到石块的薄弱面在哪里，从而可以有意识地去选择打击点。

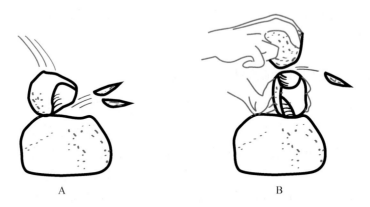

图 2-10　第一代技术：摔击法（A）和砸击法（B）

图 2-11　第二代技术：圆柱锤技术

大约于40万年前出现了"勒瓦娄哇技术"，又叫"预制石核技术"，是在打下石片之前对用来打石片的石核进行精心的设计，修理成预定的大小和形状，然后从石核上剥下一系列预先规划好的规整石片，通过进一步修理，把石片制成刮削器、尖状器、齿状器和两面器等（图2-12）。修理后的石核像个倒置的龟甲，一面相对陡凸作为台面，另一面相对平凸作为剥片面；打下的石片薄而规整，是呈三角形薄锐的石片，常常不加修整便可当作工具使用。这种制造技术体现出计划性、预见性和对硬锤和软锤技术的娴熟掌控。此时还出现了石矛装木柄的技术，可以制造复合工具，属于旧石器时代中期的勒瓦娄哇－莫斯特文化，是早期智人和尼安德特人的技术体系。预制石核技术可以看作是石器制造的第三代技术。

A.龟甲状石核　　　　　　B.石片

图 2-12　第三代技术：预制石核技术

在旧石器时代中期较晚的时候，石器制造技术进一步得到发展，进入到旧石器时代晚期，石器出现多样化和专用性特点，经过修整的石片可以制成各种刮削器，而雕刻器的发明使许多艺术品得以产生。随后又出现了石叶类石器制造技术。石叶类石器的典型器物是桂叶形或柳叶形尖状器，器身很薄，有的甚至达到透明的程度，它们的制作使用了高超的压制技术，先打制出粗制石片，然后进行第二步加工，把剥片工具放在石片边缘，突然施加压力，就会剥离下一个又小又平的石片，重复这一过程就可以得到需要的石叶类石器，如新月形箭头、带倒钩的箭头等（图 2-13）。这些技术进步是由晚期智人创造的，以奥瑞纳文化和梭鲁特文化为代表，尤其是梭鲁特文化中的燧石加工技术中已经增加了热处理工艺，把燧石加热后可以改善其物理性能，以便更好地剥片。旧石器时代晚期向新石器时代过渡阶段出现了细石器制造技术，产出的细石器以细石核、细石叶以及三角形、新月形等几何形细石器及其装柄组成的复合工具为代表。石叶和细石叶石器的制造都要运用相当复杂的预制石核技术，这些技术达到了旧石器时代石器制作技术的顶峰，被认为是"旧石器时代晚期革命"。石叶类技术、细石器技术以及复合工具制造可以看作是石器制造的第四代技术。

图 2-13　第四代技术中的压制石叶技术

新石器时代的石器制造技术有了很大进步。无论是对石料的选择，还是对石料的加工工序都有了一定要求。石料选定后，先打制成石器的雏形，然后把刃部或整个表面放在砺石上加水和沙子磨光。这就是磨制石器技术，可以看作是石器制造的第五代技术（图 2-14）。新石器制造技术中还出现了穿孔技术，使石制的工具能比较牢固地捆缚在木柄上，制成复合工具。实际上，磨制技术和穿孔技术早在旧石器时代晚期已经出现，只不过那时是用在骨器制造上。例如，山顶洞遗址出土了刮磨光滑的穿孔骨针，时代为距今 3.4 万 ~ 2.7 万年。当然，石头比骨头要硬得多，把磨制技术运用到石器制造上需要更精湛的磨制工艺。新石器的用途趋向专一化，所以石器种类大大增多，出现了用于农业、渔猎和手工业的多种工具，如斧、锛、铲、凿、镞、矛头、磨盘、网坠、犁、刀、锄、镰等。

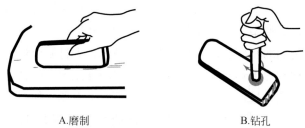

A.磨制　　　　　　　　　B.钻孔
图 2-14　第五代技术：磨制石器技术

上述五代技术的更迭无疑反映了石器制造技术的飞跃发展，同时也表明，人类科学知识的获得和积累主要依赖于具体的实践活动，依赖于直接的实际经验。

史前科学知识的获得具有很大的偶然性和很强的经验色彩，这是由于那时人类还处于发展的童年时代，认识世界的能力还很低，这使得发明创造必然是一个充满偶然性的过程，例如最早发明的捶击法就有很大的偶然性。史前科学知识的积累都是数代人努力的结果，很难说是哪一个人的功劳，更不用说那时还没有文字，也没有记录可查，没有办法确定是哪一个人发明了什么或创造了什么。这种知识积累显然具有长期性，致使新的发明之间相距的时间间隔非常漫长，例如，从打制石器进步到磨制石器用了 250 万年，从发明随意的捶击法到发明精心设计的预制石核技术用了 220 万年。

2.3.2　古人类对石器石料的选择

旧石器时代早期的人类选择石料有明显的"就地选材"的特征，并且能根据要制造的石器类型去选择不同的石料。这可以概括为"就地取材，只取所需"八个字。

例如，对河北阳原东谷坨遗址石制品原料的研究表明，旧石器时代早期的人类在选择石料时已经注意到岩性的重要性。表 2-2 列出了东谷坨遗址发掘出的 1571 件石制品的原料种类及其在各类石制品中所占的百分比。在石制品原料中，燧石占了约 85.8%，其余为：构造角砾岩约占 5.4%，白云岩约占 2.9%，硅质灰岩约占 2%，石英岩约占 2.4%，火山熔岩只约占 1%，其他还有玛瑙等其他石英族矿物，约占 0.5%（表 2-2）。对周围地质情况（图 2-15）的调查表明，这些石料就来源于东谷坨遗址附近出露的岩石，有新太古界片麻岩类，夹磁铁石英岩，

表 2-2　东谷坨遗址石制品原料种类（数据引自裴树文和侯亚梅，2001）

原料种类 → 石制品 ↓	燧石		构造角砾岩		白云岩		石英岩		硅质灰岩		火山熔岩		玛瑙等其他石英族矿物	
	件数	%	件数	%	件数	%	件数	%	件数	%	件数	%	件数	%
石核	163	10.38	19	1.21	2	0.12	0	0	1	0.06	1	0.06	3	0.19
石片	317	20.18	6	0.38	8	0.51	9	0.57	9	0.57	5	0.32	1	0.06
石器	139	8.85	4	0.26	3	0.19	4	0.26	4	0.26	7	0.46	1	0.06
废品	729	46.40	56	3.56	32	2.04	26	1.66	18	1.15	2	0.12	3	0.19
总计	1348	85.81	85	5.41	45	2.86	38	2.42	32	2.04	15	0.96	8	0.50

中元古界高于庄组白云岩，夹燧石条带，中生界侏罗系火山熔岩和火山碎屑岩。其中除了新太古界露头在石器遗址的 1 km 以外，其他岩石都出露在石器遗址的几十米范围内。

值得注意的是，在露头上，燧石呈条带状和透镜状产出在白云岩中，总量远远比不上白云岩，但却成为石料的主体，约为白云岩的 30 倍。此外，石器遗址附近的火山熔岩出露极多，但在石料中的比例却极低。这些数据对比无疑表明，旧石器时代早期的人类已经懂得什么样的岩性适于打造石器。虽然他们叫不出这些岩石的名称，也不知道这些岩石的地质成因，但他们已经对这些岩石的软硬和韧脆特性有了相当程度的认知，能根据制作不同石器的实际需要去选择不同的石料。经过 100 多万年的摸索实践，旧石器时代早期的古人类已经逐步掌握了许多关于岩石性能的地质学知识。

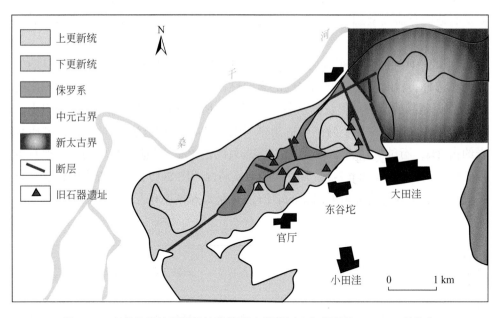

图 2-15　东谷坨遗址周围的地质简图（据裴树文和侯亚梅，2001，简化）

考古发现，从旧石器时代晚期到新石器时代早期，制造石器的原料有了很大的变化。从考古学家对我国 18 处旧石器时代向新石器时代过渡期遗址和 23 处新石器时代中期遗址的统计数据（表 2-3）可以看出，在旧石器时代晚期向新石器时代早期过渡阶段，以砂岩为原料的磨制石器在各遗址中出现频率较高，石英砂岩和石英岩次之，燧石、脉石英及石灰岩的出现频率极低，但在新石器时代中

期，磨制石器所用的石料中，砂岩依然很多，石灰岩的数量明显增加，石英砂岩
和石英岩明显减少，燧石不足 10%，脉石英已经不见。石英砂岩、石英岩、燧石
和脉石英是打制石器中的主要原料，尤其是燧石，在打制石器的石料中所占比例
极大。比较一下这些石料的质地可以知道，燧石含硅量极高，虽然也可打磨，但
显然不如硅质含量较低的砂岩和基本不含硅的石灰岩，砂岩和石灰岩这两种岩石
的硬度要小得多，更容易打磨，自然就成了磨制石斧、石锛、石铲、石磨等石器
的主要原料。

表 2-3　不同时代磨制石器石料的出现频率对比（%）

（数据引自陈虹等，2017）

	砂岩	石英砂岩	石英岩	燧石	脉石英	石灰岩
旧 / 新石器时代过渡期	66.7	33.3	33.3	5.6	5.6	5.6
新石器时代中期	87.0	13.0	13.2	8.7	0.0	34.8

注：出现频率 = 出现某原料的遗址数目 / 遗址总数。原始数据请参考陈虹等（2017）。

　　设身处地想一想，在旧石器时代早期，人类群体的每个人都要劳动，去打猎、
捕鱼、采集野果，没有人会给他们提供工具，所需要的工具只能靠个人的能力和
努力去解决。因此，每个人都在自行打制需要的石器，每个人都需要去寻找适用
的石头，一旦一个人发现了适当的石头，其余人就会自发地学着去找同样的石头。
一旦在某地找到适当的石头，大家就会蜂拥而至，集中"就地选材"。可以说，
那时的每个人都在努力地学习找适当的石头，每个人都在积累着对石头的知识，
可以把旧石器时代早期的这一阶段称为"全民找石头，全民学地质"时期。随着
时代的发展，人类在制造石器过程中对岩石性能的认识越来越深入，逐渐积累起
岩石相对软硬、相对韧脆、质地均质性或各向异性等地质学经验知识。

2.3.3　从石料场到石器制造场

　　石料场是石料的产地，人类从那里采集石料，带回驻地制造石器，而石器
制作场是集中制造石器的场地，可以说是一种石器生产作坊、工场。

　　一方面，考古研究表明，在旧石器时代的中期至晚期之间，人类对石料场
的选择发生了变化。我国的泥河湾盆地发掘出大量旧石器时代中晚期文化遗址，
考古学家们对那里石料产地的调查结果表明，那里出露的岩石有三类：第一类是
新太古界的片麻岩，夹很多石英脉，广泛出露在桑干河两岸；第二类是中元古界

至古生界的石灰岩、白云岩及页岩和石英岩，出露范围也很广泛；第三类是只在局部出露的中生界火山岩、火山碎屑岩和隐晶质硅质岩，在火山岩气孔中充填了玉髓。

从发掘出的石器所用的石料看，旧石器时代中期的石器中，石料以来自新太古界的脉石英和来自中生界的玉髓为主，其次为来自中生界的火山碎屑岩，晚期则以火山碎屑岩为主，灰岩的数量明显增多，脉石英和玉髓的数量明显减少（表2-4）。从旧石器时代的中期至晚期这种石料的变化反映出人类在制造石器中对石料的要求越来越高。脉石英在泥河湾盆地的产出范围非常广泛，尽管这些脉石英质量较差、又易碎，但在对石料要求不高的旧石器时代中期一直是主要原料。到旧石器时代晚期，尽管这些脉石英出露地点多，但被选用的机会越来越少，而质地细腻、颜色光鲜的火山碎屑岩虽然出露地点有限，但被选用的机会越来越多，充分反映出人类对石料的选择目的性越来越强，这使得晚期遗址中发掘出的石器石料表现出细、密、匀、纯的特点。

表2-4 泥河湾盆地旧石器时代中晚期石器石料种类及比例（数据引自杜水生，2003）

石料	脉石英	石英岩	硅质灰岩	火山碎屑岩	片岩	硅质岩	玉髓
旧石器时代中期							
数量	190	33	22	117		2	225
百分比/%	32.3	5.6	3.7	19.9		0.3	38.2
旧石器时代晚期							
数量	228	33	196	551	21	94	363
百分比/%	15.3	2.2	13.2	37.1	1.4	6.3	24.4

另一方面，考察从石料产地与石器遗址间的距离可以发现，旧石器时代中期，人类选择石料主要在石器遗址附近，石料产地和石器遗址间的距离一般不超过5 km。各遗址的石料表现出强烈的地方色彩，从不同的石料产地向遗址输送石料，反映出以遗址为中心的"向心型"供需关系（图2-16A）。在旧石器晚期早段，已有少量石料的输送距离达到10 km左右，而到旧石器晚期晚段，人类对石料的选择表现出刻意的追求，为选取优质石料不怕舍近求远，优质石料被大量输送到几十千米之外，并且，石料在输送到遗址之前一般都经过了精心选择，甚至对选出的石料进行了一定程度的加工。此时石料产地与石器遗址间的供需关系已经变为以石料产地为中心的"辐射型"（图2-16B和C）。这意味着，这些

石料产地已经演化成专用石料场，由石料场向周围遗址输送经过初加工的优质石料。实际上，这些专用石料场已经具备了石器制造场的功能。

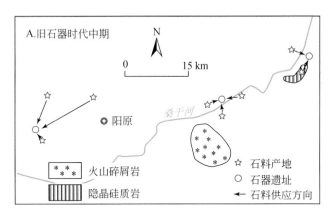

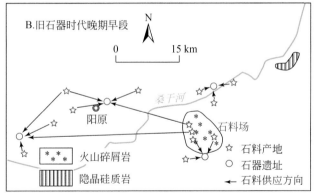

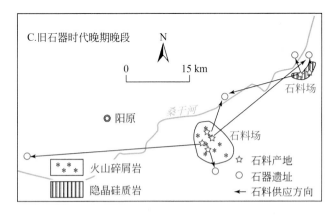

图 2-16　从石料产地到石料场的演化过程

石料产地和石器遗址的供需关系由旧石器时代中期的"向心型"（A）转变为旧石器时代晚期的"辐射型"
（B 和 C），标志着专用石料场的出现

　　从世界范围看，旧石器时代早期的石器制造场极少，中期的石器制造场有所增加，其中印度半岛中部潘达夫瀑布附近的制造场比较典型，晚期的石器制造场在世界各地都有发现。我国内蒙古呼和浩特市东郊大窑村和前乃莫板村已经发现了石器制造场。大窑村南的四道沟有一处旧石器时代中晚期石器制造场遗址，在晚更新世黑垆土中发掘出很厚的石片、石器、石渣层，其中的典型石片和石核数量很多，但成形的石器却很少，制作石器遗留的半成品和废品占绝大多数，反映出石器制造场的遗物特点，表明这是当时人类制造石器和采集石料的重要场所。夹在马兰黄土中的黑垆土层年代为距今5万年。我国华北地区发现了旧石器时代晚期的石器制造场，如山西古交的凤凰崖石器制造场和临汾地区的大崮堆山石器制造场。凤凰崖石器制作场的石制品器型偏大，打制风格粗糙，最大石核重约21 kg，最大石片重约4 kg。大部分石制品棱角锐利，取材于山顶的砾石层。大崮堆山出土了大量石制品，彼此叠压呈叠瓦状，厚度达数百米。石制品全是打制成的，棱角锐利，多数保留着岩石的层理面和节理面等自然面。石制品以石核和石片为主，成品石器很少，并且没有发现任何有使用过的痕迹。这些证据表明，大崮堆山遗址是一处大型石器制造场。大崮堆山石器制造场的年代为旧石器时代晚期。

　　石器制造场的出现标志着社会生产力已经有了很大的发展，对石器的数量和质量的需求越来越大，需要有一部分人去从事专职工作，寻找优质石料，批量制造石器，而这些专职人员熟悉石料的特性，能根据实际需要，利用不同岩石的天然性质，预定相应的石器制造策略，制造出各种形状、具有各种不同用途的专用石器。这些专职人员掌握了人类在长期制造石器过程中逐渐积累起来的地质学知识。毫不夸张地说，这些专职人员就是旧石器时代的"地质学专家"。他们无名无姓（估计那时所有的人都无名无姓），他们的成果没有文字记载（那时人类还没有创造出文字），但他们的出色成果作为石器留给了世人。这些旧石器时代的地质学专家自然也是地球上的第一批"科学家"。

　　可以说，地质学萌芽是人类在200多万年制造石器的长期过程中逐渐孕育的。可以把石器制造技术的高度发展程度和石器制作场的出现作为地质学萌芽诞生的标志。以此推断，地质学萌芽至迟在旧石器时代中晚期之交就已经诞生了，约在距今7万年前，不会晚于距今5万年前，明显早于数学萌芽、物理学萌芽、化学萌芽及天文学萌芽的诞生（图2-17）。正是地质学萌芽的诞生催生了以石叶和细石叶制造为代表的旧石器时代晚期革命，使社会生产力得到大发展。

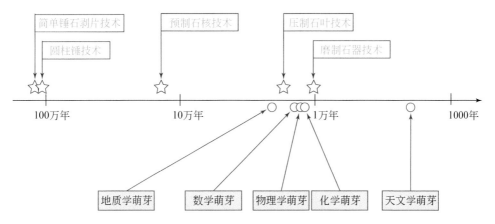

图 2-17　石器制造技术进步和主要学科萌芽的出现顺序（时间轴为对数坐标）
地质学萌芽是在人类制造石器的长期过程中孕育的，是人类历史上最早诞生的自然科学萌芽

2.4　小　　结

　　地质学和科学具有同样的源头，一是人类的好奇心和求知欲，二是人类制造、使用和改进工具的技艺和能力。人类社会的文字产生以前的历史时期为史前时期。此时期中，世界上关于自然界的科学理论都没有形成体系，都处于萌芽状态，其中一部分蕴藏在考古发现的石器和化石中，另一些则包含在古史传说中。

　　人类和石头有不解之缘。人和动物的最大区别就是，人会制造工具，而人类最早制造的工具就是石器。石器的制造分为打制和磨制两种，使用打制石器的时代称为旧石器时代（距今 250 万 ~ 1 万年），使用磨制石器的时代称为新石器时代（距今 1 万 ~ 6000 年）。石器时代的进步是石器制造技术进步的结果，而制造石器技术进步的背后是地质学知识萌生和积累的过程。

　　地质学萌芽是人类在 200 多万年制造石器的长期过程中逐渐孕育的。可以把石器制造技术的高度发展程度和石器制作场的出现作为地质学萌芽诞生的标志。地质学萌芽至迟在距今 5 万年前的旧石器时代中晚期之交就已经诞生了，明显早于数学萌芽的诞生，更早于物理学萌芽、化学萌芽及天文学萌芽。数学萌芽诞生于 3.5 万年前，以刻痕计数的列朋波骨为证据；物理学萌芽诞生于 2.8 万年前，以最早的石簇为证据；化学萌芽诞生于 2.7 万年前，以最早的陶器为证据；天文学萌芽诞生于公元前 4000 年左右，以太阴历的发明为证据。

第 3 讲
关于石头的知识

石头和我们人类有不解之缘。"人猿相揖别。只几个石头磨过……"人类能和古猿"揖别"，最终进化成现代人，就是靠和石头打交道。

地质学上所说的"石头"是一个大家族。人类对这个大家族的认识是逐步深入的。"石头"是 15 世纪以前人类对矿物和岩石的统称。公元前 4 世纪时，古希腊的博物学家泰奥弗拉斯托斯（Theophrastus）写了本《石头论》，把石头分成金属、岩石和黏土三类，这是目前已知最早的有关岩石和矿物的专门著作。16 世纪中叶，在欧洲的文艺复兴时期，炼金术知识被用于矿物冶炼方面，形成了早期的矿物学。被誉为近代矿物学之父的阿格里科拉（Georgius Agricola，本名 Georg Pawer）用十年时间完成了著名的《论矿冶》（又译《论金属》），在他死后的第二年（1556 年）出版。他把矿物与岩石区别开来，并且详细地描述了矿物的形态、颜色、光泽、透明度、硬度、解理、味、嗅等特征。德国地质学家柯塔（B. von Cotta）在 1862 年提出了岩石成因三分法，把岩石分为火成岩、沉积岩和变质岩三大类，并建议应该首先考虑岩石的形成原因，然后再去考虑岩石的矿物组成。他的这一分类方案一直沿用至今。

3.1　矿　　物

3.1.1　矿物的基本性质

矿物是具有一定化学组分的天然化合物（如：石英，SiO_2；方解石，$CaCO_3$）或单质（如：金刚石，C），它们的内部结晶习性决定了矿物的晶型，由化学键的性质决定了矿物的硬度，矿物的化学成分、结合的紧密度决定了矿物的颜色和密度等。在识别矿物时，矿物的形态和物理性质是最常用的标志，因为这些特性最直观。

绝大部分矿物都是晶质体，是化学元素的离子、离子团或原子按一定规则重复排列而成的。这些晶体在有足够的生长时间和空间时，会形成规则的多面体外形，反映出内部的晶体构造。例如，如食盐（NaCl）和黄铁矿（FeS_2）的晶体格架都是按正六面体规律排列的，它们的晶体外形也都为立方体（图 3-1）。

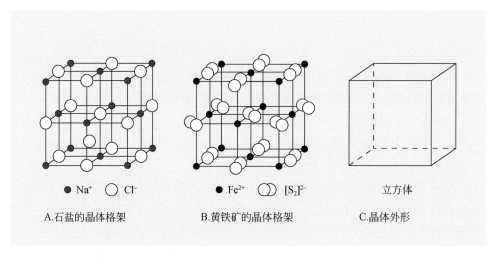

● Na⁺　○ Cl⁻ 　　　　 ● Fe²⁺　○○ [S₂]²⁻

A.石盐的晶体格架　　　　B.黄铁矿的晶体格架　　　　C.晶体外形

图 3-1　晶体格架和晶体外形

不同的矿物有不同的结晶习性，大体可分为 3 种（图 3-2）：

（1）柱状、针状、纤维状晶体，如石棉、石膏等，晶体沿一个方向特别发育，称一向延伸型。

（2）板状、片状、鳞片状晶体，如云母、石墨、辉钼矿等，晶体沿两个方向特别发育，称二向延伸型。

（3）粒状、近似球状晶体，如黄铁矿、石榴子石等，晶体沿三个方向都很发育，称三向延伸型。

在自然界中，矿物呈单个晶体产出的情况并不多见，常见呈集合体产出，显现出各种各样的外观，一般以它们外观的形态命名，如毛发状、放射状、鲕状、葡萄状、结核状等。

石器时代的人类在制造石器中，把两块石头相互砸一砸，刻划刻划，摩擦摩擦，谁韧谁脆、谁软谁硬就被区分开了，这种定性的知识不断积累着。古希腊泰奥弗拉斯托斯在他的《石头论》中描述了 70 多种矿物的颜色、硬度和结构等物理性质。我国宋代杜绾写了本《云林石谱》（约公元 1118 ~ 1133 年成书）。他在书中描述了 116 种石头的产地、产状、品位和物理性质，其中对于石头的坚硬程度划分得相当精细，共分成 8 个等级：甚软、稍软、稍坚、不甚坚、坚、颇坚、甚坚、不容斧凿。1822 年，德国矿物学家 F. 摩斯（Frederich Mohs）提出用 10 种矿物来衡量物体相对硬度，由软至硬分为十级：①滑石，②石膏，③方解石，④萤石，⑤磷灰石，⑥正长石，⑦石英，⑧黄玉，⑨刚玉，⑩金刚石。后

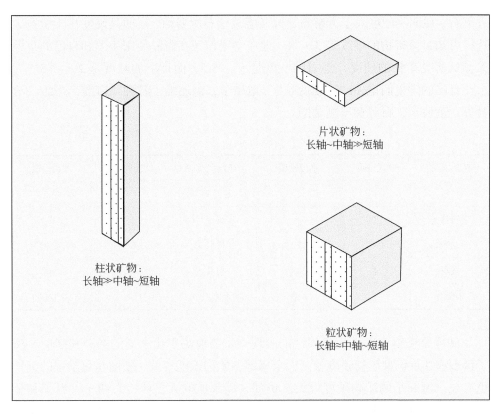

片状矿物：
长轴~中轴≫短轴

柱状矿物：
长轴≫中轴~短轴

粒状矿物：
长轴≈中轴~短轴

图 3-2　矿物的结晶习性

人称之为"摩氏硬度计"（表 3-1）。摩氏硬度计只代表矿物硬度的相对顺序，而不是绝对硬度。维克斯公司的 R. 史密斯（Robert L. Smith）和 G. 桑德兰德（George E. Sandland）在 1921 年提出一种方法去测量矿物的绝对硬度，在矿物磨光面上用一定重量的负荷把方锥形金刚石压在被测材料的表面并保持一定的时间，然后测量压痕对角线的长度，根据负荷重量和压痕面积的比值就可以计算出被测材料的硬度，称"维氏硬度"，又称"压入硬度"，单位是 kg/mm^2。用维氏硬度去衡量摩氏硬度可以知道，摩氏硬度分级并不均匀（表 3-1），如：滑石的摩氏硬度是 1，维氏硬度是 2 kg/mm^2，而石英的摩氏硬度为 7，是滑石的 7 倍，但石英的维氏硬度为 1120 kg/mm^2，是滑石的 560 倍。不过，地质学家们一直到今天还在使用摩氏硬度，维氏硬度主要用于工业界。这是因为对从事野外工作的地质学家来说，摩氏硬度计的使用很简单，把要测的矿物和硬度计中的某一矿物相互刻划一下，就能知道要测矿物的硬度了。如果一个矿物能划动方解石，说明其硬度大于方解石，但又能被萤石所划动，说明其硬度小于萤石。这样可知，该矿物的硬度是 3 ~ 4。地质学家们还在野外使用小刀和自己的指甲去测试所见矿物的硬度，小刀的硬度是 5 ~ 5.5，而指甲的硬度是 2.5 ~ 3。为了让自己的学生们记住摩氏硬度顺序，地质学家们还编了各种顺口溜，例如："滑膏方，萤磷长，石英黄玉刚金刚。"

表 3-1　摩氏硬度与维氏硬度（kg/mm^2）

矿物名称	摩氏硬度	维氏硬度	矿物名称	摩氏硬度	维氏硬度
滑石	1	2	正长石	6	930
石膏	2	35	石英	7	1120
方解石	3	172	黄玉	8	1250
萤石	4	248	刚玉	9	2100
磷灰石	5	610	金刚石	10	~ 10000

硬度是矿物内部结构牢固性的表现，主要取决于化学键的类型和强度。离子键型和共价键型矿物硬度较高，金属键型矿物硬度较低。硬度与化学键的键长也有关，键长小的矿物硬度较大。例如，碳单质的天然矿物有两个，石墨和金刚石，互为同质异象，但它们的晶体格架不同，碳原子间的距离不同，致使硬度全然不同（图 3-3）。石墨为碳质元素结晶矿物，它的结晶格架为六边形层状结构。同一网层中每一个碳原子以共价键和另外三个碳原子结合，原子间距离为 0.142 nm，每一网层间的距离为 0.335 nm，以分子键结合，吸引力较弱，因此发育完整的层状解理。石墨的密度为 2.25 g/cm^3，摩氏硬度为 1 ~ 2。金刚石晶体中，每个碳原子都和另外 4 个碳原子形成共价键，构成立体网状结构，原子间距离为 0.154 nm。金刚石的密度为 3.52 g/cm^3，摩氏硬度为 10。

矿物受力以后会裂开。有些矿物会按一定方向破裂，并且产生光滑的平面，叫"解理面"。解理的方向是由晶体内部格架构造决定的。例如，在石墨的晶体结构中，碳原子的排列密度和间距在不同方向上是不一样的（图 3-3），质点间距越远，彼此作用力就越小，所以石墨具有一个方向的解理，受力后形成片状。再如，石盐和黄铁矿的晶体结构（图 3-1）决定了它们会在三个方向形成解理。这些矿物都会形成完全解理。还有些矿物形成的解理不太完全，解理面不连续，也不很光滑，如角闪石等。另有些矿物不会形成解理，受力后的裂开面没有一点的方向，这样的裂开面叫断口，可以按照断口的形状称为贝壳状

断口、锯齿状断口、参差状断口、平坦断口等。最常见的是石英裂开时产生的
贝壳状断口（图 3-4）。

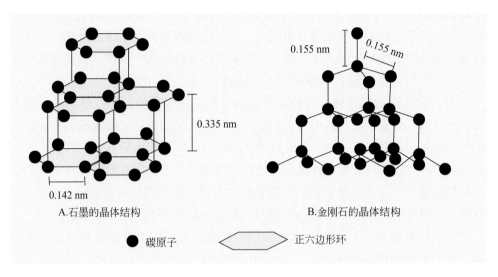

A.石墨的晶体结构　　　　　　　　　B.金刚石的晶体结构

● 碳原子　　　　　　　正六边形环

图 3-3　石墨和金刚石的晶体结构对比

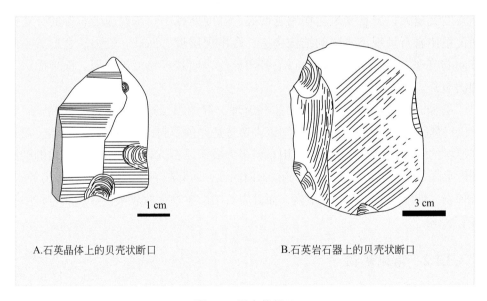

A.石英晶体上的贝壳状断口　　　　　　B.石英岩石器上的贝壳状断口

图 3-4　贝壳状断口

矿物还有一些其他的物理性质，如颜色、光泽、脆性、弹性、磁性、发光性等等。尤其是颜色和光泽，都是描述性的，仅凭肉眼就可以确定。矿物的颜色是由它们的化学成分和内部结构决定的，每种矿物都有固定不变的颜色。例如，不含 Fe 和 Mg 的云母是白色的，称白云母，而含 Fe 和 Mg 的云母则是黑色的，称黑云母。矿物的光泽是它们对可见光的反射能力，反射能力很强的会呈现金属光泽，反射能力较强的会呈现半金属光泽，透明矿物对光的反射较弱，呈现出非金属光泽，进一步可区分为玻璃光泽、珍珠光泽、油脂光泽等。

岩石是矿物的集合体。有些岩石是由一种矿物组成的，称作单矿岩，如大理岩由方解石组成，石英岩由石英组成。有些岩石是由数种矿物组成的，称作复矿岩，如花岗岩由石英、长石和云母等矿物组成，辉长岩由辉石和基性斜长石组成。矿物的上述物理性质同样决定了岩石的物理性质。如岩石的硬度就取决于其中矿物的硬度。同样是单矿岩，石英岩就比大理岩硬，因为石英的硬度是 7，而方解石的硬度是 3。复矿岩中，高硬度矿物占的体积多时，岩石的硬度就大。

岩石的软硬强度还和矿物颗粒大小、矿物在岩石中的分布排列关系、矿物间结合的紧密程度等因素有关。一般来说，矿物间结合得越紧密，岩石的硬度就越大。在地球深部高温高压条件下形成的结晶岩石（如片麻岩和花岗岩）比近地表处形成的岩石（如砂岩、粉砂岩和页岩）强度要高；岩石的密度越大，其强度就越大；岩石受风化作用越彻底，强度就越小。矿物在岩石中的分布排列关系使岩石呈现出不同的结构构造，会出现层理、面理，受力后会形成不同方向的节理，这些都会导致岩石的各向异性，使其容易沿层理面、面理面或节理面裂开。

石器时代的人类嘴上说不出这些道理，但他们经过 200 多万年的摸索，心里已经懂得怎样利用这些地质学知识去挑选适当的石料，制造合适的石器。对石器原料的研究表明，打制石器所用石料多为燧石、石英岩等，其组成矿物的摩氏硬度都在 5.5 度以上，而且石料多具各向同性，而磨制石器所用的石料多为灰岩、大理岩、细砂岩等，硬度并不高，而且岩石中的矿物颗粒较细，在磨制过程中不容易脱落。

3.1.2 常见矿物

矿物按照化学成分可以分为五类，即自然元素矿物、硫化物及其类似化合物矿物、卤化物矿物、氧化物及氢氧化物矿物、含氧盐矿物。

自然元素矿物在自然界产出的很少，其中有人们所熟知的金、铂、自然铜、硫黄、金刚石、石墨等。

硫化物类矿物是金属元素和硫的化合物，大约有 200 多种，很多金属矿床都是由这类矿物富集形成的，具有很大的经济价值。这类矿物包括辉铜矿、辉锑矿、辉钼矿、方铅矿、闪锌矿、黄铁矿、黄铜矿、辰砂等。

卤化物矿物是金属元素和卤素元素的化合物，大约有 120 多种，主要是氟化物和氯化物，其中常见的矿物有萤石、石盐等。

氧化物及氢氧化物矿物主要是金属元素和氧或氢氧根的化合物，已经发现了 200 多种。这类矿物在地壳中分布广泛，占地壳总重量的 17% 左右，其中硅的氧化物，也就是石英，占 12.6%，铁的氧化物与氢氧化物占 3.9%，有赤铁矿、磁铁矿和针铁矿等，其余为铝、锰、钛、铬的氧化物与氢氧化物，如三水铝石、硬锰矿等。

含氧盐矿物是金属阳离子与不同含氧酸根组成的盐类化合物。这类矿物种类繁多，数量巨大，其中主要包括硅酸盐类矿物、碳酸盐类矿物和磷酸盐类矿物等三类。

硅酸盐类矿物有 800 多种，约占已知矿物的三分之一，按质量算，约占地壳的 75%。硅酸盐矿物是构成地壳的最主要的造岩矿物，常见的有正长石和斜长石类，约占地壳总质量的 50%。其余为橄榄石、辉石、角闪石、云母、绿帘石、绿泥石、蛇纹石、滑石、石榴子石、红柱石、高岭石等。碳酸盐类矿物已知有80 余种，占地壳总质量的 1.7%。常见的有方解石、白云石、菱铁矿、孔雀石等。硫酸盐类矿物约有 260 种，但只占地壳总质量的 0.1%。常见的有重晶石和石膏等。此外，有些岩类矿物虽然数量不多，却能形成重要的矿产，如钨酸盐类的黑钨矿和磷酸盐类的磷灰石。

在地壳中，O、Si、Al、Fe、Ca、Na、K、Mg 等 8 种元素的质量百分比占99.60%（表 3-2），而由这些元素构成的 7 种主要造岩矿物占地壳体积百分比的87%（表 3-3）。

表 3-2　地壳中 8 种主要元素及其质量百分比

元素	质量百分比 /%	元素	质量百分比 /%
O	46.30	Ca	4.15
Si	28.51	Na	2.36
Al	8.23	K	2.09
Fe	5.63	Mg	2.33

表 3-3　地壳中 7 种主要造岩矿物的丰度

矿物名称	元素	含水情况	体积百分比 /%
石英	Si、O	不含	12
钾长石	K、Al、Si、O	不含	12
斜长石	Ca、Na、Al、Si、O	不含	39
云母	K、Mg、Fe、Al、Si、O	含	5
角闪石	Ca、Mg、Fe、Al、Si、O	含	5
辉石	Ca、Mg、Fe、Al、Si、O	不含	11
橄榄石	Mg、Fe、Si、O	不含	3

　　地壳中已经发现的矿物有 4000 多种，但常见的造岩矿物不过十余种，有经验的地质学家凭肉眼及小刀和袖珍放大镜就能把它们识别出来。

　　（1）石英：无色透明，油脂光泽或玻璃光泽，摩氏硬度为 7，大于小刀硬度，柱状晶形，贝壳状断口。隐晶质石英称玉髓、玛瑙。

　　（2）钾长石：常呈肉红色、灰白色，摩氏硬度为 6 ~ 6.5，大于小刀硬度，格子双晶或卡式双晶，两组解理正交，交角为 90°。

　　（3）斜长石：白色，半透明，玻璃光泽，摩氏硬度为 6 ~ 6.5，大于小刀硬度，聚片双晶，两组完全解理斜交，交角为 86° 或 94°。斜长石按照化学成分中 Na 和 Ca 的比例不同而被细分为钠长石、更长石、中长石、拉长石、倍长石和钙长石，但这需要借助偏光显微镜或化学分析数据才能区分。

　　（4）普通角闪石：常呈浅绿色、深绿色或黑色，玻璃光泽，不透明，摩氏硬度为 5 ~ 6，长柱状，两组解理夹角约 56°，断口近菱形。

　　（5）普通辉石：褐色、绿黑色，玻璃光泽，不透明，摩氏硬度为 5.6，大于小刀硬度，短柱状或粒状，两组完全解理夹角为 87°。

　　（6）橄榄石：常呈橄榄绿色、黄绿色，玻璃光泽，较透明，摩氏硬度为 6.5 ~ 7，大于小刀硬度，解理不很发育，贝壳状断口。

　　（7）黑云母：薄片状，常呈黑色、褐黑色、绿黑色，透明，玻璃光泽，摩氏硬度为 2.5 ~ 3，小于指甲硬度，一组极完全解理。

　　（8）白云母：薄片状，无色透明，玻璃光泽，解理面为珍珠光泽，摩氏硬度为 2.5 ~ 3，小于指甲硬度，一组极完全解理。

　　（9）方解石：无色及白色，透明至半透明，玻璃光泽，三组完全解理，斜交成菱形体形，摩氏硬度为 3 ~ 3.5，介于小刀和指甲硬度之间，遇稀盐酸剧烈起泡。

（10）白云石：白色或灰白色，玻璃光泽，三组完全解理，斜交成菱形体形，摩氏硬度为 3.5 ～ 4，介于小刀和指甲硬度之间，遇稀盐酸不起泡，但其粉末遇稀盐酸会起泡。

（11）石榴子石：视成分变化而呈现白色、黄褐色、粉红色、紫红色，玻璃光泽，晶体等轴状、粒状，摩氏硬度为 6.5 ～ 7，硬度大于小刀，无解理，断口为贝壳状或参差状。

3.1.3　宝石和玉石

宝石和人类有着不解之缘。从旧石器时代起，有爱美之心的人类就已经用贝壳、骨块、牙齿和卵石来装饰自己了。那些漂亮的石头被叫作"宝石"。人们最初使用的宝石是颜色明亮、图案美观的矿物和岩石，多为不透明的，质地较软，随着对矿物切割和磨制技术的改进，人们开始使用一些较硬的宝石。图坦卡蒙（Tutankhamun）是古埃及新王国时期第十八王朝的法老（在位时间为公元前 1333~ 公元前 1324 年），在他的墓室中发掘出大量金银珠宝陪葬品，除了黄金面具外，还有镶嵌着青金石、光玉髓和绿色长石的掐丝珐琅饰品。在古埃及第十九王朝法老拉美西斯二世（Ramses II，在位时间为公元前 1279~ 公元前 1213 年）的墓室中发现了一件镶嵌了 400 多块绿松石、青金石、光玉髓、石榴子石等的金制饰胸（C. 辛格等，1954）。

从宝石学角度看，人们泛称的宝石应该分为狭义的宝石和玉石两类。

狭义的宝石是指那些在自然界以单晶形式产出的矿物晶体，大部分为透明体，外观色彩瑰丽、晶莹剔透，硬度大，抗击外力打击和抗研磨能力很强，坚硬耐久。钻石、红宝石、蓝宝石、祖母绿和金绿猫眼是举世公认的五种珍贵宝石，具有保值和收藏价值。其余的宝石都属中低档，如碧玺（电气石）、尖晶石、石榴子石、锆石、橄榄石、托帕石（黄玉）、坦桑石（黝帘石）、绿帘石等。

玉石是指色彩瑰丽、稀少珍贵，并可琢磨、雕刻成首饰和工艺品的矿物集合体，从矿物学角度分为硬玉和软玉两类。硬玉是辉石类矿物，又称辉玉，摩氏硬度为 7，具有玻璃光泽，由于含铬而呈现富丽的深绿色，以翡翠为代表，是钠质辉石及钠钙质辉石的多晶集合体。软玉是角闪石类矿物，又称闪玉，摩氏硬度为 6 左右，韧性好，质地细腻，具有油脂光泽，以和田玉为代表，矿物成分为透闪石。

除宝石和玉石之外，自然界还有一些色彩美观、质地细腻、光泽不强、硬度很低的岩石，如大理岩，纯白的称"汉白玉"，有彩色条带的称"大理石"，可以作为工艺美术雕琢的石料。这些石料被称为"彩石"。能否把彩石作为广义的玉石，尚有不同的认识。

3.2 岩 浆 岩

岩浆岩是岩浆冷凝形成的岩石。岩浆岩是三大岩类的主体，约占地壳体积的 65%。岩浆岩又是地球上三大岩类中最早形成的岩石。

3.2.1 岩浆和岩浆作用

岩浆是含有挥发成分的高温黏稠的硅酸盐熔融物质。大约在 4450 百万年前，地球在刚刚形成不久时就发生了一次大规模熔融事件，原始地幔和地核发生均一化，形成了一个熔融状态的大"岩浆海"，那时没有地壳，整个地球表面都被岩浆覆盖着。岩浆海大约存在了两百万年，随后发生密度分层作用，铁和镍向地球内部聚集成新的地核，硅、镁、铝和氧化物等硅酸盐停留在表层，冷凝后形成最初的岩浆岩，构成原始地壳。这个过程持续了约一亿年，地球的分层结构形成了。

原始地壳形成后，上地幔和地壳深处还会生成岩浆，沿一定的通道上升，在地表或近地表处冷凝，同时，岩浆本身和受其影响的围岩会发生一系列变化，这种复杂的全过程被称为"岩浆作用"。岩浆作用包括如下四种作用过程：

1. 岩浆的形成作用

岩浆海形成时还没有人类，现在岩浆的形成发生在上地幔和地壳深处，人类没办法直接看到，所有关于岩浆形成作用的知识都是地质学家通过高温高压实验获得的。

岩浆冷凝能形成岩石，反之，把岩石熔化就能形成岩浆。实验表明，高温是使岩石熔化的基本因素，当岩石被加热到 600℃时，就会有少量物质从岩石中熔出。继续升温就会有更多的熔融物产出，熔融物的成分也会逐渐改变。一般来说，是含氧化硅成分多的物质先熔出，把地幔岩加温到 800℃时，在产生的熔融物中 SiO_2 含量大于 65%，加温到 1300 ~ 1350℃时，产生的熔融物中 SiO_2 含量为 52% ~ 65%，加温到超过 1400℃时，产生的熔融物中 SiO_2 含量为 45% ~ 52%。

压力和水的含量对岩石熔融也具有控制作用。一方面，压力是阻碍岩石熔化的因素，压力增高能提高岩石的熔点，压力降低能降低熔点，同种成分的岩石受到的压力不同，熔化所需的温度也就不同。另一方面，如果有足够的水分加入，就能降低岩石的熔点，起到和压力降低相同的作用。

在岩石圈内，温度随深度增大而增高，形成一定的地温梯度。按照每千米增高30℃的地温梯度，在地下25 km深处，温度能达到750℃，岩石可能会发生局部熔融，在地下40 km深处，温度能达到1200℃，可能会产生大量岩浆。但实际上，岩石圈内并没有这样一个连续的岩石熔融带，没有出现连续的岩浆层。这一来是因为随深度增大，上覆岩石施加的压力也在增大，会阻碍岩石的熔化，二来是因为在压力增大时，岩石的导热能力会增强，使深部的温度分布趋于均匀化，使地温梯度变小。高温高压实验给出的数据是，约200 km深处岩石圈底界的温度为1330℃，2900 km深处核幔边界的温度约为3500℃，6371 km深处地心的温度约为6600℃。

地球深处的这些高温造成了两个连续的熔融带，一个是地球的外地核，一个是岩石圈之下的软流圈。显然，要在岩石圈内形成岩浆需要一定的物理条件，要么是局部的温度升高，要么是局部的压力降低，要么是局部的含水量加大。至少有三种地质环境能够实现这些物理条件：①在板块的离散型边界处，如大洋中脊带和大陆裂谷带，板块的张裂导致岩石圈之下的地幔上涌，这些热地幔进入到压力更低的环境中，形成岩浆，通过断裂喷出，形成了大洋中脊火山带和大陆裂谷火山带。②在板块的汇聚型边界处，俯冲板块向下插入地幔深处，地幔的高温会把俯冲下去的冷板块加热，形成岩浆，而冷板块会把含水的沉积物带到深处，降低了周围岩石的熔点，有助于形成更多的岩浆。这些岩浆通过上覆板块的薄弱带冲出地表，形成火山带，例如，环太平洋火山带和阿尔卑斯-喜马拉雅火山带。地球上现在共有500多座活火山，绝大多数都分布在这四条火山活动带上（图3-5）。③在地幔柱和地幔热点处，地幔柱和地幔热点从软流圈之下的地幔深处，甚至从核幔边界处上升，给顶部的岩石圈带来了巨大的热量，形成岩浆，喷出地表，地幔柱会形成大火成岩省，地幔热点会形成大洋板块内部的火山岛链，如夏威夷火山岛链（图3-6）。

2. 岩浆的结晶分异作用

原来成分均一的岩浆，在没有外来物质加入的情况下，在不断冷却过程中，矿物按照各自熔点的高低会依次结晶出来，构成不同种类的岩石。这种作用过程称为结晶分异作用。在岩浆缓慢冷却时，熔点高、比重大的矿物首先结晶，这些

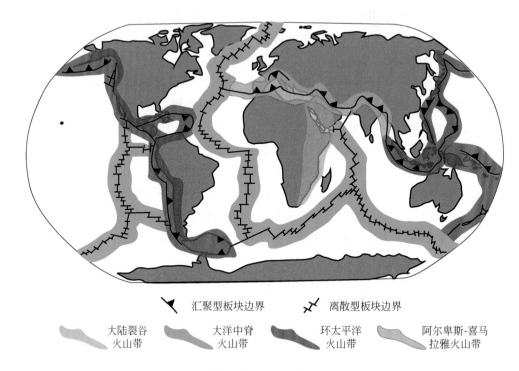

汇聚型板块边界　　　离散型板块边界

大陆裂谷火山带　　　大洋中脊火山带　　　环太平洋火山带　　　阿尔卑斯-喜马拉雅火山带

图 3-5　火山活动带与板块边界（板块边界据 Sen，2014）

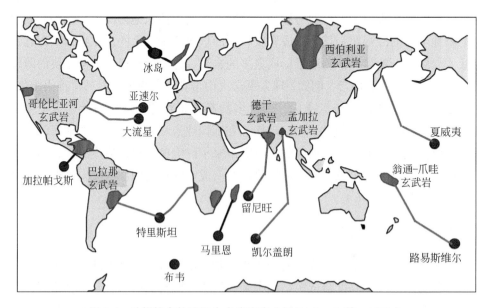

图 3-6　地幔热点轨迹和大火成岩省（据 Richards 等，1989）

晶体会从岩浆中分离出来，聚集形成熔点较高的岩石。剩余岩浆的成分会发生变化，当岩浆继续冷却到适当温度时，又会有相应熔点的矿物结晶分离出来，聚集形成熔点较低的岩石。这种过程持续下去，直至岩浆完全冷却，完成结晶分异全过程。20 世纪初，岩石学家 N. 鲍文（Norman Levi Bowen ）在美国卡内基实验室进行了一系列高温高压实验，他通过实验揭示出，富含橄榄石成分的玄武岩浆通过结晶分异作用，首先形成由橄榄石组成的橄榄岩，继而形成由辉石和基性斜长石组成的辉长岩，随后形成由角闪石和中长石组成的闪长岩，最后形成由石英、黑云母、白云母、钾长石和酸性斜长石组成的花岗岩。其中的矿物是按照两个系列结晶出来的。斜长石的结晶是一种连续反应，内部结构没有变化，但化学成分发生了连续的变化，长石中的钙质不断减少，钠质不断增多，先后形成钙长石、倍长石、拉长石、中长石、更长石和钠长石。橄榄石、辉石、角闪石和黑云母的结晶是不连续反应系列，这些矿物的内部结构和化学成分都不相同。在这些矿物结晶出之后，再依次结晶出钾长石、白云母和石英。这一结晶分异作用过程又被称为"鲍文反应系列"（图 3-7）。

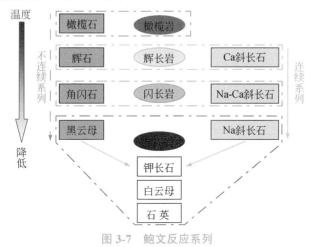

图 3-7　鲍文反应系列

3. 岩浆的喷出作用

岩浆喷出地表的作用过程称喷出作用，又称火山作用。火山喷发物有气体、固体和液体三类。

岩浆中的挥发性成分在围压降低的条件下会以气体的形式分离出来。气体以水蒸气为主，含量常达 60% 以上，其他成分为二氧化碳、硫化物、硫，以及少量一氧化碳、氢、氯化氢、氨气、氟化氢等，其中不少都是有毒气体。

固体喷发物主要是冷凝或半冷凝的岩浆物质碎块，统称火山碎屑物。这些火山碎屑物按照大小和性质可以分为：①火山灰，粒径小于 2 mm；②火山砾，粒径 2 ~ 50 mm，形状不规则，常为棱角状；③火山渣，粒径为厘米级，形状不规则，多孔洞，外观像炉渣，其中色浅、质轻的能浮在水上，称浮岩；④火山弹，粒径大于 50 mm，形状不规则，常带有收缩裂纹，内部多孔；⑤火山块，粒径大于 50 mm，形状不规则，常为棱角状。

液体喷发物称为熔岩，是喷出地表的岩浆，可以沿地面斜坡流动，或沿山谷流动，称为"熔岩流"，分布面积宽广的熔岩流称"熔岩被"。熔岩以及粗粒度的固体喷发物会在喷出口就地停积，在地面上构筑起规模较大的山体，成为火山，可高达数千米。夏威夷的冒纳罗亚火山是现在全球最高的火山，1984 年喷出大量熔岩，在海底构筑起一座高约 9300 m 的火山，水下部分高 5128 m，水上部分 4170 m。典型的火山呈圆锥形，称为"火山锥"。锥顶常有圆形洼坑，是火山物质喷溢的出口，称"火山口"，直径可达数千米，火山口下有管状通道和地下岩浆房相连，称"火山通道"，在火山通道中凝固的熔岩称"火山颈"（图3-8）。火山口常年积水可形成火山湖，由于火山湖位居高山顶上，多被称为"天池"，如长白山天池，海拔 2189 m，最大水深 373 m，是我国最大的火山湖，也是世界上最深的高山湖。

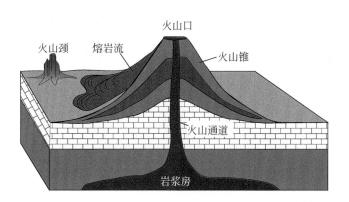

图 3-8　火山的结构

火山喷发常给人类带来灾难。最著名的实例就是意大利维苏威火山的喷发。公元 79 年，被认为是死火山的维苏威火山突然爆发，喷出的火山灰柱高达 13000 m，距离维苏威火山只有 10 km 的庞贝城毫无准备，火山灰从天而降，堆积厚度达 5.6 m，顷刻间把庞贝城盖在火山灰下，居民无一生还。美国圣海伦斯火山在 1980 年 5 月 18 日爆发，火山灰持续喷发了 9 个多小时，喷发的高度在 13 分钟内就达到了海平面以上 20 ~ 27 km 的高度。在这次火山爆发中，有五十多人丧生，周围几百平方千米的地区变成一片废墟，无数野生动物死亡。

火山灰还会对气候造成重大影响。火山灰喷发的高度可以进入大气圈的平流层。巨量火山灰和火山喷出的水蒸气及二氧化硫等气体会形成气溶胶，滞留在大气圈中，反射和吸收太阳辐射，减少到达地面的阳光总量，从而造成地表温度下降。印尼坦博拉火山于 1815 年喷出的火山灰总体积多达 150 km³，高度达 44 km，受大量火山灰云影响，第二年全球气温下降了 0.4 ~ 0.7℃，成为北半球最寒冷的一年，被称为"无夏之年"，很多地区粮食颗粒无收。我国也有"（1816 年农历八月）天气忽然寒如冬"的历史记载。

4. 岩浆的侵入作用

没能喷出地表的岩浆在向上运移过程中会在地下不同深度发生冷凝，这种作用过程称侵入作用，指外来的岩浆侵入到本地的岩石中。这种侵入岩浆冷凝结晶形成的岩石称"侵入岩"，又称"侵入体"，侵入体周围的本地岩石称"围岩"。

高温岩浆在向上运移过程中，会使所经过的围岩发生破裂和熔化，在侵入体边缘往往会见到被裹挟的围岩碎块，称"捕虏体"，位于侵入体顶部边缘的捕虏体又称"顶垂体"，侵入岩浆和围岩间的反应会使彼此的成分发生改变，称为同化混染作用。同化和混染是从两个角度来描述同一个作用过程，即围岩被岩浆同化，而岩浆则被围岩混染。

侵入体的形态、大小及其与围岩的关系统称侵入体的产状。常见的侵入体产状有如下 5 种（图 3-9）。

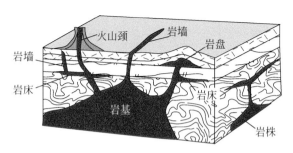

图 3-9　侵入体的产状

1）岩墙或岩脉

岩浆沿着岩层裂隙或断层贯入围岩所形成侵入体称岩墙或岩脉，英文是同一个词"dyke"。其规模有大有小，宽几厘米到几十米，长几米到几千米。岩墙切断围岩，呈侵入接触关系。

岩墙有时会沿一系列裂隙侵入，形成大体平行的岩墙群，有时会在火山口周围形成环状或放射状岩墙群。

2）岩床

岩浆顺着岩层层理侵入形成的板状岩体称岩床，又称岩席。岩体与围岩的顶板和底板是平行的。形成岩床的岩浆具有较大的流动性。岩床的规模差别很大，厚度为数厘米到数百米，延伸可达数百千米。

3）岩盘

岩浆贯入近水平的层状岩石形成的板状岩体称岩盘。岩体边缘与围岩岩层是平行的，展布方向与围岩的成层方向吻合。一些岩盘会把上覆岩层拱起，成为中间凸起边部变薄的形态，这种岩盘又称"岩盖"。岩盘的规模一般直径为 3 ~ 6 km，厚度不超过 1 km，底部有管状通道与下部更大的侵入体连通。

4）岩株

横截面积小于 100 km^2 的浑圆形侵入体称岩株。岩体与围岩的接触面不平直，边缘常见规模较小的枝状侵入体贯入围岩中。岩株可能是独立的小岩体，或是岩基的分枝部分，也可能是岩基顶部的凸起部分。

5）岩基

规模极大的侵入体称岩基，横截面积一般大于 100 km^2，甚至可达数千平方千米以上，向下延深可达 10 ~ 30 km。岩体形态不规则，通常略向一个方向伸长，边界弯曲，常以小规模的岩脉或岩株形式穿插进围岩中。岩基主要由花岗岩类岩石组成，被称为花岗岩岩基。

在上述 5 种侵入体中，岩株和岩基的侵入深度较大，而岩墙、岩床和岩盘的侵入深度较小，另有一种侵入深度极小的岩体称"岩颈"，又称"火山颈"，是火山喷发结束后充填在火山通道里岩浆冷凝形成的，是介于浅成侵入体和喷出岩之间的过渡类型，称"次火山岩"。

3.2.2　岩浆岩的结构和构造

岩浆岩的结构是指岩石中矿物的结晶程度、晶粒大小、晶粒形状及晶粒之间的相互关系。岩浆岩的构造是指岩石中不同矿物集合体之间或与其他组分之间的排列、充填方式等。岩浆岩的结构、构造是分类命名的重要依据，可以反映岩石形成时的物理化学条件，如岩浆结晶的冷凝速度、温度和深度等，还可以反映岩浆的性质和成分变化，如 SiO_2 含量高的熔岩黏性较大，而含镁铁质较高的岩浆更容易流动。因此，研究岩浆岩的结构、构造还有助于探讨岩浆岩的成因和演化。

1. 岩浆岩的结构

岩浆岩的结晶程度是指岩石中结晶质部分和非晶质部分的比例，分为全晶质、半晶质和玻璃质三类。同样成分的岩浆，能有多少矿物结晶出来取决于温度下降的快慢，侵入地下深处的岩浆会缓慢降温，从容充分地结晶，形成全晶质结构。快速喷出地表的岩浆来不及结晶就冷凝了，会形成玻璃质结构。岩浆降温冷凝不太快时，有一部分矿物结晶出来，而其余组分形成玻璃质，会形成半晶质结构。这种半晶质结构多见于喷出岩，以及部分浅成侵入体的边部。

岩浆岩中结晶颗粒的大小是以肉眼观察能力区分的，如果肉眼基本上能分辨出岩石中的矿物颗粒，就称"显晶质"，可以按颗粒大小进一步分为粗粒结构（晶粒直径 >5 mm）、中粒结构（晶粒直径 2 ~ 5 mm）和细粒结构（晶粒直径 <2 mm）。如果矿物颗粒很细小，肉眼分辨不出矿物颗粒，就称"隐晶质"。实际上，岩石中的矿物颗粒并不都是等大的，依据主要矿物颗粒大小相杂的程度可以分为等粒结构和不等粒结构两种，如果其中矿物的颗粒大小明显分为一大一小两群，像豹皮身上的斑点那样，就称"斑状结构"，大晶粒称"斑晶"，其他部分称"基质"。一般来说，斑晶的结晶有充足的时间，其结晶要早于基质的快速冷凝。

岩浆岩中矿物晶粒的形态称自形程度，主要取决于矿物的结晶习性、岩浆结晶时的物理化学条件、结晶的时间和空间等因素。每种矿物都有自己的结晶习性，如果结晶时间和空间允许，矿物会按照自己的结晶习性发育出被规则晶面包围的理想晶体，称"自形晶"，反之，没有足够的时间和空间让矿物形成自形晶，这种矿物晶粒称"他形晶"。在全晶质岩石中，按照自形晶和他形晶的比例可以区分出自形粒状结构、他形粒状结构和半自形粒状结构三种。

岩浆岩中颗粒间的相互关系包括矿物间的关系，矿物和玻璃质、隐晶质部分间的关系，以及矿物颗粒的形态。两种矿物互相穿插，有规律地生长在一起，称"交生结构"，按照矿物互相穿插的形态可以进一步分为文象结构、条纹结构、蠕虫结构等。岩浆中矿物的结晶有早有晚，如果早形成的矿物晶粒被晚形成的矿物包围，会形成"包含结构"或"嵌晶结构"。早生成的矿物会和余下的岩浆发生反应，形成新矿物，完全或局部地把早生成的矿物包围起来，如果反应矿物和早生成矿物为不同种类的矿物，就称"反应边结构"，如果反应矿物和早生成矿物为同一类矿物，而且出现多圈反应结构，就称"环带结构"。

2. 岩浆岩的构造

熔岩流会携带一些残余的气体，在流动过程中形成被拉长的气泡，熔岩冷凝后留下气孔，称"气孔构造"，有些气孔会被岩浆期后的矿物充填，形成"杏仁构造"。

SiO_2 含量高的熔岩黏性较大，在流动过程中会形成"流纹构造"，是由不同颜色、不同组分的条带状定向排列显现的。最典型的流纹构造发育在流纹岩中（图 3-10A）。

喷出到陆地上的熔岩在流动过程中表面先冷凝，内部仍然保持熔融状态继续流动，在内部熔岩流动的推挤和外壳冷凝收缩的共同作用下，熔岩的表面常常会发生变形，形成绳索一样的外貌，称"绳状构造"（图 3-10B）。

在海水中喷出的熔岩以及在陆地上喷出流入海中的熔岩会发育"枕状构造"

A.流纹构造(美国科罗拉多)

B.绳状构造(冰岛)

C.枕状构造(南非)

D.枕状构造(阿尔卑斯山)

图 3-10　火山熔岩的流动构造（本书照片除特别指明外，均为作者本人拍摄）

（图 3-10C 和 D），具玻璃质表壳和球枕状外观，是熔岩遇水快速冷凝形成的，一些岩枕内部会因急剧冷却收缩而形成放射状裂纹。具有枕状构造的熔岩称为"枕状熔岩"，多为玄武岩类熔岩。

熔岩层在冷凝过程中，常会形成无数冷凝收缩中心，这些中心均匀等距离地排列，质地均匀的熔岩向中心收缩，在周围形成裂缝。这些裂缝的横切面为多边形，把熔岩层切割成一个一个紧密排列的多边形长柱体，称为"柱状节理"（图 3-11）。

A.柱状节理(长白山)

B.绳状构造和柱状节理共生(冰岛)

图 3-11　玄武岩的柱状节理及其共生的绳状构造

3.2.3 岩浆岩的主要类型

岩浆岩的种类很多，在矿物组成和岩石产状、结构、构造等方面有很大的差别，控制这些差别的主要因素就是岩浆的成分和岩浆冷凝的环境。

岩浆岩的成分是分类的一个重要指标（表 3-4），成分的变化可以用 SiO_2 含量作为参考指标，SiO_2 含量小于 45% 的称为超基性岩，介于 45% ~ 52% 的称为基性岩，介于 52% ~ 65% 的称为中性岩，大于 65% 的称为酸性岩。在野外鉴别岩浆岩时不可能先进行化学分析，但岩石的化学成分决定了岩石中矿物的种类和含量，所以，从岩石中所含矿物的种类和含量可以间接推知其化学成分。

表 3-4 岩浆岩主要类型及其主要特征

		超基性岩	基性岩	中性岩	酸性岩
SiO_2 含量		<45%	45% ~ 52%	52% ~ 65%	>65%
主要矿物		橄榄石、辉石	钙质斜长石、辉石、角闪石	中长石、角闪石、黑云母	钾长石、钠质斜长石、黑云母、石英
色率		>75	75 ~ 35	35 ~ 20	<20
喷出岩	熔岩	科马提岩	玄武岩	安山岩、粗面岩	流纹岩、黑曜岩
	火山碎屑岩	—	玄武岩质	安山岩质	流纹岩质
浅成岩	岩脉、岩墙、岩床、岩盘	金伯利岩	辉绿岩	闪长玢岩、正长斑岩	花岗斑岩
深成岩	岩株、岩基	橄榄岩、辉石岩	辉长岩、斜长岩	闪长岩、正长岩	花岗岩

岩浆岩中的矿物可以分为浅色矿物和暗色矿物两类。浅色矿物包括石英、长石及白云母，其化学成分中 SiO_2 和 Al_2O_3 含量高，不含 FeO 和 MgO，称硅铝矿物。暗色矿物包括橄榄石、辉石、角闪石和黑云母等，其化学成分中都含有一定量的 SiO_2，不含或少含 Al_2O_3，FeO 和 MgO 含量高，称镁铁矿物。暗色矿物的百分比称为色率（色率 =[暗色矿物含量 /(暗色矿物含量 + 浅色矿物含量)]×100），岩浆岩色率的不同反映了矿物内在化学成分的差别，颜色越暗，铁、镁含量越高。

岩浆岩的冷凝环境是分类的另一个重要指标，冷凝环境可以分为地表、浅部和深部三类，在这些环境中冷凝的岩浆岩分别为喷出岩、浅成侵入体和深成侵入体（表 3-4），它们的结构和构造很不相同，用肉眼就能辨别。

在表 3-4 列出的岩浆岩中，科马提岩（图 3-12 A 和 B）主要发育在太古宙，是地球早期富镁原始岩浆的代表。1969 年发现于南非巴伯顿山地的科马提河流域，因此得名。鬣刺结构是科马提岩特有的结构，形成于熔岩快速冷凝的条件下，橄榄石和辉石呈细长的晶体状，像鬣刺草一样杂乱丛生。

金伯利岩是具角砾状结构的云母橄榄岩（图 3-12 C 和 D）。1866 ~ 1869 年间，南非的瓦尔（Vaal）河和奥兰治（Orange）河中先后发现了冲积成因的

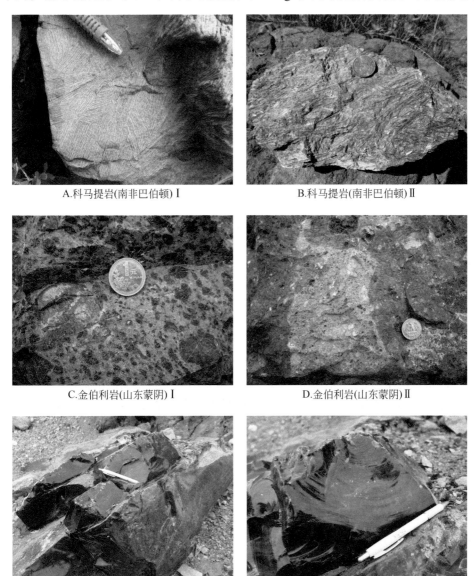

A.科马提岩(南非巴伯顿) I

B.科马提岩(南非巴伯顿) II

C.金伯利岩(山东蒙阴) I

D.金伯利岩(山东蒙阴) II

E.黑曜岩(美国科罗拉多) I

F.黑曜岩(美国科罗拉多) II

图 3-12 几种特征性岩浆岩

金刚石，继而，人们于 1870 年在南非的金伯利（Kimberley）小镇发现了含金刚石的原生岩石，H. 路易斯（Henry Lewis）于 1887 年把这种以火山岩管形式产出的岩石命名为"金伯利岩"（Lewis，1887；Smit and Shirey，2019）。金伯利岩是浅成、超浅成的超基性岩侵入体，多成岩筒、岩墙和岩床产出，在自然界产出很少，但其中富含金刚石，是金刚石的母岩，因而闻名于世。我国于 1965 年和 1971 年先后在山东蒙阴和辽宁瓦房店发现了金伯利岩和金刚石原生矿。

黑曜岩（图 3-12 E 和 F）是一种酸性熔岩，成分和流纹岩及花岗岩相当，但没有矿物结晶出来，几乎全由玻璃质组成。黑曜岩呈黑色或黑褐色，致密块状，具贝壳状断口，尖锐锋利，因此，人类在石器时代就用它打制切削工具以及箭头。

3.3 沉 积 岩

沉积岩约占地壳体积的 11%，但却占大陆地表面积 80% 左右，这就是说，沉积岩像一层薄毯盖在地球表面，平均厚度约为 2.2 km，因而被称为"沉积壳"，是三大岩类中最常见的岩石。

3.3.1 沉积岩的形成过程

简单地讲，沉积岩是地表出露的岩石经过风化、剥蚀、搬运、沉积和成岩等作用形成的。那些出露地表作为沉积岩前身的岩石称作沉积岩的"母岩"或"源岩"，而风化作用、剥蚀作用、搬运作用、沉积作用和成岩作用都发生在地球表层，称"表层地质作用"。由于它们的能量来源来自地球外部，如太阳辐射热、位能、潮汐能和生物能等，所以又称"外动力地质作用"。这些外动力地质作用就发生在我们身边，除了成岩作用以外，都看得见，理解起来也比较容易。

1. 沉积岩的原始组分

沉积岩的原始组分主要来自母岩风化产物，此外，生物遗体、火山爆发物以及来自太空的陨落物质也都是原始组分（表 3-5）。这些组分可以单独或与其他组分一起构成沉积岩，只有太空陨落的陨石和宇宙尘数量甚微，不单独形成岩石，即使混在其他组分中也很难发现。火山碎屑岩是火山喷发产物，可以原地堆积，也可以经过风或水的改造再沉积下来，因此，属于岩浆岩和沉积岩的过渡岩类，是碎屑沉积岩中的一种特殊类型。

表 3-5 沉积岩的原始组分及其形成的沉积岩

原始组分来源	产物	形成的典型岩石
母岩风化产物	碎屑物	陆源碎屑岩（砾岩、砂岩、泥岩等）
	化学风化矿物	
	溶解物	化学岩（碳酸盐岩、硫酸盐岩、卤化物岩、硅质岩等）
生物遗体	有机物	可燃生物岩（煤、石油、油页岩）
	无机物	非可燃生物岩（礁灰岩、放射虫硅质岩等）
火山爆发物	熔岩、火山碎屑、凝灰质	火山碎屑岩、斑脱岩等
太空陨落物质	陨石、宇宙尘	无（量微，不单独形成岩石）

2. 风化作用和剥蚀作用

风化作用包括物理风化作用和化学风化作用。

物理风化作用使岩石发生机械破碎，而化学成分不改变。物理风化的总趋势是使母岩崩解，产生碎屑物质。引起物理风化作用的主要因素有：温度变化、晶体生长、重力作用、地震活动、生物活动、水、冰、风的破坏作用等。化学风化作用不仅使母岩破碎，而且使其矿物成分和化学成分发生改变。在氧、水和溶于水中的各种酸的作用下，一部分化学风化产物会进入水体形成溶液、胶体溶液及悬浊液，并可产生新矿物。生物对岩石的风化也有重要贡献，但从本质上讲还是以物理过程和化学过程的形式发挥作用，而且以促进和加速化学风化作用为主。

风化作用的进程受到气候、地形及母岩岩性的影响，而风化速率主要受气候条件（温度和降水量）的控制（图 3-13）。风化作用的最终产物是把物源区的基岩表层改造成风化壳。风化壳的底部为基岩破碎带和残积层，顶部为岩石彻底风化形成的红土层，其中只剩下铁和铝的氧化物及二氧化硅，生成褐铁矿、水铝矿及蛋白石。

如果说风化作用的最终产物是留在原地的风化壳，那么风化作用的很多中间产物都已经相继离开原地了。剥蚀作用就是使那些风化产物剥离并离开原地的作用，是搬运作用的起始点，因此是与搬运作用同时发生的。剥蚀作用有机械剥蚀和化学剥蚀两种方式，又是和物理风化作用及化学风化作用同时进行的。因此，剥蚀作用过程一头和风化作用衔接，另一头和搬运作用衔接，强调的是风化产物离开母岩的过程。剥蚀作用的机制包括重力、风、水和冰。它们塑造了地表千姿百态的地貌形态。

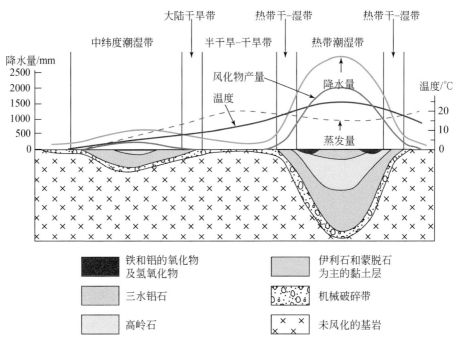

图 3-13　风化壳的组成受气候条件的控制（据 Strakhov，1967）

　　重力的剥蚀量最大。重力使风化产生的物质沿陡坡下落，形成岩崩、滑坡、滑塌和碎屑流。

　　风可以吹起风化碎屑，还会挟带这些碎屑剥蚀岩石，形成风蚀柱、风蚀城、风蚀湖等风蚀地貌。

　　流水的剥蚀作用可以用"水滴石穿"去概括。地表河流的下蚀作用会在坚硬的基岩中切出很深的峡谷，河流的侧蚀作用会冲垮河岸，使河床弯曲、河谷加宽。流动的地下水会对周围岩石进行溶蚀，溶解掉其中的可溶性组分，并把溶解出来的物质带走，尤其在石灰岩之类的可溶性岩石地区，溶蚀作用的不断进行会形成各种形态和大小的溶洞，洞顶垮塌后会形成千姿百态的岩溶地貌，又称"喀斯特地貌"；海水的拍岸浪会掏空海岸的悬崖，形成海蚀凹槽、海蚀洞、海蚀柱、海蚀崖等"乱石穿空"的壮观景象。

　　冰川具有刨蚀作用，形成冰斗、角峰和 U 形谷等冰川地貌。

3. 搬运作用和沉积作用

　　风化、剥蚀的产物被运动介质从一个地方转移到另一个地方的过程称搬运作用。被搬运的物质到达适宜的场所后，由于条件发生改变而堆积、沉淀下来的过程称沉积作用。从时间上看，搬运作用的结束就是沉积作用的开始，从空间上看，不同物质搬运的远离有远有近，因此，在同一个场所，既有搬运作用进行，也有沉积作用发生。

被搬运的风化产物主要有碎屑物和溶解物两类，碎屑物的搬运介质主要是水、空气和冰，而溶解物的搬运介质主要是水。

作为碎屑物的搬运介质，冰、风和水相对于碎屑物有不同的搬运能力和搬运形式。

冰的搬运作用是指冰川的搬运，它的搬运能力很强，被搬运的碎屑称"冰碛"，不能在冰中自由移动，只有位于冰川底面及侧面的冰碛物会和基岩和岩壁发生摩擦和撞击，因此多为棱角状，且发育擦痕。冰川的流动靠本身的重力，携带的碎屑越多，搬运能力就越大，可以搬运数十吨或更重岩块。一般把直径大于 1 m 的岩块称"漂砾"。当冰川消融时，被搬运的碎屑就会在原地堆积下来，形成冰碛物。

风的搬运能力取决于风速，被搬运碎屑的粒径会随着风速的增大而加大。3 ~ 4 级风的速度在 5m/s 左右，可以搬运直径 0.2mm 的砂粒，狂风和暴风为 10 ~ 11 级，风速在 30m/s 左右，可以把细砾石吹动，造成飞沙走石的景象。碎屑在搬运过程中会发生强烈的碰撞和磨蚀，因此，风成沉积物的磨圆度都比较好。风对碎屑物的搬运形式有三种：推移、跃移和悬移。推移是贴着底面移动，跃移是跳跃式移动，悬移是呈悬浮状态移动。显然，以不同形式搬运的碎屑物被搬运的距离并不一样，而且会随风速的增大而加大。沙漠中的碎屑都是推移和跃移的产物，推移质的粒度一般为 0.5 ~ 3mm，而跃移质的粒度为 0.1 ~ 0.5mm，再细的碎屑物都呈悬移质被搬运走了。风速减小后，碎屑就会沉积下来，形成各种形态和大小的沙丘。在发生风暴时，悬移质的数量会增多，以沙尘暴的形式搬运到沙漠以外的地区沉积，我国的黄土高原就是这样形成的。全球的沙尘暴主要起源于北非、中东、中亚、南亚等干旱、半干旱地区，此外还有美国西部、墨西哥、澳大利亚、南非和南美等地。沙尘暴搬运的沙尘颗粒平均直径为 2μm，2 ~ 10μm 的颗粒可以在大气层中悬浮数小时，而更细的颗粒可以悬浮数周，这些细颗粒可以被搬运数千千米远。观测表明，来自中亚的沙尘暴不仅可以影响中国北部，而且会影响到朝鲜半岛、日本，最终到达西北太平洋。统计数据表明，全球的沙尘暴每年带到大气层中的沙尘数量约为 1000 ~ 3000 百万吨（Tegen et al.，1994），而其中在全球大气中悬浮的沙尘数量约为每年 8 ~ 36 百万吨（Zender et al.，2004）。沙尘暴的搬运作用由此可见一斑。

碎屑物在水中的搬运有滚动、跳动和悬浮三种形式，滚动和跳动的碎屑颗粒称推移质，悬浮的碎屑颗粒称悬移质（图3-14）。不同的水流以不同的形式搬运着碎屑物。自然界中的水流主要有牵引流和重力流两种。河流、海流（湖流）、海浪（湖浪）、潮汐流、风暴流等都是牵引流，实验表明，它们的流速和所能搬运的碎屑物的粒径有明确的正相关关系，而且在流动强度一定时，滚动碎屑和悬浮碎屑的最大粒径间也有确定的正相关关系。流速一旦变小到一定的程度，相应粒度的碎屑物就会沉积下来。重力流依靠重力驱动沿斜坡向下移动，其中的碎屑物呈悬浮状态与水混合成高密度流体，因此又称"密度流"，当坡度变缓时，重力流的流速会减小，造成沉积物的突然卸载。

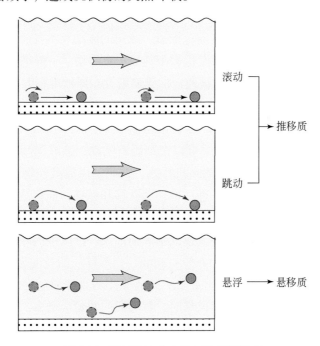

图 3-14　碎屑物在水中的三种搬运形式

风化产物中的溶解物有真溶液和胶体溶液两种溶解状态。真溶液在水介质中的搬运和沉积作用受溶解度的控制，溶解度越大的越容易搬运、越难沉淀。水介质的酸碱度和氧化还原条件也会影响到真溶液的搬运和沉积状态。胶体质点在水介质中多呈分子状态，常带有电荷，带正电荷的为正胶体，带负电荷的为负胶体。引起胶体质点搬运和沉积作用的主要因素是同种电荷胶体质点间的相互排斥力。胶体质点很小，仅在重力作用下难以沉淀，如果胶体质点间的电荷在某些元素影响下被中和，质点间的排斥力会消失，胶体就会凝聚成更大的质点在重力作用下发生沉淀，形成胶体沉积物。

生物对溶解物质的搬运和沉积作用可分为直接的和间接的两种形式。直接的作用形式是指由生物有机体本身或其分泌物，以及死亡后的分解产物直接沉积下来，形成特定的钙质、硅质、铁质、磷质等岩石。由于生物机体的需要，能从周围水介质中不断地汲取相关的元素和物质，使它们高度集中在生物体内。一些海洋生物中 Ca、Fe、Mn、P、Pb、Zn 等金属元素的含量比海水要高出几十到几十万倍。间接作用的形式是指在由于生物作用引起周围介质条件的改变，从而影响某些物质的搬运和沉积。如生物有机体分解产生的腐殖酸、CO_2、H_2S、CH_4、NH_3 等会改变介质的物理化学条件，从而影响某些物质的搬运和沉积。

4. 成岩作用

母岩风化产物经过搬运然后沉积下来就形成了沉积物，由沉积物转变成沉积岩所发生的一系列变化称为成岩作用。发生成岩作用的深度以沉积层表面或潜水面为顶界，以发生变质作用的深度为底界。这一顶底界的具体深度在地壳各处并不相同，尤其是底界的深度，受到温度和压力的影响。

成岩作用主要包括压实及压溶作用、胶结作用和重结晶作用。在成岩过程中，沉积物的物质成分和结构都会发生变化。

压实作用是沉积物沉积后在上覆水层或沉积层的重力作用下排出水分，从而降低孔隙度，使沉积物整体体积缩小的作用。在这一过程中，沉积物内部的颗粒会发生滑动、转动、重新排列。压实作用排出的水成为重要的孔隙流体来源。随沉积物埋深的加大，周围环境的温度和压力都会增大，碎屑颗粒接触部位会发生溶解作用，称为压溶作用，或称化学压实作用。压溶作用会改变颗粒之间的接触关系，使颗粒由点接触发展到线接触、凹凸接触和缝合接触。

胶结作用是指胶结物把松散的沉积物固结起来的作用。胶结物是从孔隙溶液中沉淀出的矿物质。在胶结过程中，胶结物可以在同成分的底质上形成次生加大，如常见的石英颗粒次生加大；也可以在不同底质上沉淀，如碎屑颗粒的黏土衬边胶结。引起胶结作用的物质较多，常见的有泥质胶结、铁质胶结、钙质胶结和硅质胶结等。胶结作用必然会使沉积层中的孔隙度和渗透率降低。

重结晶作用是矿物组分溶解后再沉淀的过程。影响重结晶作用的因素很多。颗粒越小，表面能越高，就越容易发生重结晶作用。比重大、分子体积小、结晶能力强的矿物容易发生重结晶。易溶物质很容易发生重结晶，如碳酸盐矿物和岩类矿物。矿物的多形转变属于广义的重结晶作用，是转变成另一种更稳定的矿物相，只发生晶格和形状及大小的变化而不改变其化学成分。如蛋白石转变为石英，文石转变为方解石，隐晶质胶磷矿转变为显晶质磷灰石，等等。

3.3.2 沉积岩的颜色、结构和构造

1. 颜色

沉积岩的颜色分为继承色、自生色和次生色。继承色是母岩风化的碎屑携带的，如，钾长石多的砂岩往往呈红色，而石英含量高的砂岩往往呈白色。自生色是在沉积和早期成岩过程中形成的自生矿物贡献的，例如，灰色和黑色多与炭质、沥青质等有机质有关，表明这些岩石形成于还原或强还原环境。红色和棕黄色是含高价铁矿物染色所致，表明这些岩石形成于氧化或强氧化环境。绿色指示了低价铁矿物或含铜矿物的存在，表明这些岩石形成于弱氧化或弱还原环境。次生色是岩石在风化过程中产生的颜色。如，含黄铁矿的岩石风化后常呈红褐色，其中的黄铁矿被氧化成了褐铁矿。在红色地层中有时会发育绿色的"还原斑"，是高价氧化铁被还原成低价氧化铁所致，这种"还原斑"多见于植物根、节理等边缘。

2. 结构

沉积岩的结构是指沉积岩组成物质的形状、大小和结晶程度。常见的为碎屑结构，在碳酸盐岩中还可见到生物结构。

陆源碎屑岩的碎屑结构由碎屑和胶结物组成。碎屑包括矿物碎屑和岩石碎屑。矿物碎屑主要是石英、斜长石和钾长石，其次是云母以及少量重矿物。岩石碎屑是母岩破碎留下的细小碎屑。陆源碎屑是母岩风化的产物，在一定程度上可以反映物源区的岩石类型、气候条件和大地构造背景。胶结物指充填在碎屑颗粒间的孔隙中的化学沉淀物，如钙质、硅质、铁质等。在孔隙还充填了一些粉砂质和泥质，它们不是胶结物，而是极细的碎屑，称为"基质"或"杂基"。

碎屑本身有不同的粒度和圆度。划分粒度大小有不同的方法，一般采用 ϕ 值进行分类（表 3-6），不同粒级的碎屑与水动能变化相关。ϕ 值和长度单位毫米值（S）的换算为对数关系：

$$\phi = -\log_2 S \qquad (3-1)$$

在碎屑结构中，砾状结构、砂质结构和粉砂质结构凭肉眼就能识别，泥质

结构中的黏土质点细小，肉眼只能见到其质地细密均一。在沉积过程中黏土质点围绕核心凝聚形成的同心圈层结构称鲕状及豆状结构。

表 3-6 碎屑的粒级划分

粒级划分标准			碎屑名称	碎屑结构名称
φ 值		毫米 / mm		
<−1		>2	砾	砾状结构
−1 ~ 4	−1 ~ 1	2 ~ 0.063	2 ~ 0.5（粗砂）	砂质结构
	1 ~ 2		0.5 ~ 0.25（中砂）	
	2 ~ 3		0.25 ~ 0.125（细砂）	
	3 ~ 4		0.125 ~ 0.063（极细砂）	
4 ~ 7	4 ~ 5	0.063 ~ 0.0039	0.063 ~ 0.031（粗粉砂）	粉砂质结构
	5 ~ 7		0.031 ~ 0.0039（细粉砂）	
>7		<0.0039	泥、黏土	泥质结构

在一种碎屑岩中，经常由多种粒级的碎屑组成。如果碎屑粒级大小近于相等，或其中某一粒级碎屑含量大于 75%，就是分选性好；碎屑粒级相差悬殊或没有一种粒级含量达到 50%，就是分选性差。碎屑的分选程度可以反映碎屑岩的形成条件和环境。如，风成砂岩的分选较好，而冲积扇的砂砾岩分选较差。

碎屑的圆度是指碎屑颗粒的棱角被磨蚀圆化的程度。碎屑圆度可以定性地分为 5 级，即棱角状、次棱角状、次圆状、圆状和极圆状。通常把棱角状和次棱角状的砾称为角砾。一般说，碎屑搬运距离越长，或者经反复搬运的碎屑圆度越高。如，海滩沙的圆度比冲积扇中的砂要高，冰碛物的圆度极差。

碳酸盐岩的碎屑结构和陆源碎屑岩的结构相似，具有明显的碎屑结构，但这些碎屑不是来源于沉积场所外部，而是在沉积环境之内形成的，因此称"内碎屑"，其成分为碳酸盐。这些内碎屑可以是化学沉积作用形成的，也可以是机械破碎作用形成的，还可以是生物作用形成的。碳酸盐岩中的内碎屑有两类，一类是生物碎屑颗粒，另一类是非生物碎屑颗粒。生物碎屑颗粒主要包括生物骨骼及其碎屑，表现为生物结构。非生物碎屑颗粒粒级可以借用陆源碎屑岩的标准，肉眼可见的颗粒根据其大小和形态可以分为砾屑、砂屑、鲕粒和球粒，肉眼分辨不出的泥级碳酸盐质点称为"泥屑"，或"泥晶""微晶"。在内碎屑之间沉淀结晶的方解石等矿物属于胶结物，和陆源碎屑岩中的胶结物相似，是在成岩过程早期形成的。这种胶结物晶粒比泥晶粗大，而且清洁明亮，所以常称"亮晶"，又由于它们是从粒间水经化学沉淀形成的，所以又称"淀晶"。

碳酸盐岩中除发育碎屑结构外，还常见含有大量的生物遗体或生物碎片，形成生物结构。生物结构主要由生物骨骼的多样化表现出来。生物骨骼的主要矿物成分有钙质、磷质、硅质和有机质，钙质是绝大部分无脊椎动物和藻类植物的造骨物质，磷质是脊椎和牙索动物的主要成分，硅质是硅藻、放射虫、海绵骨针等低等生物的造骨矿物，有机质主要形成一些动物的几丁质壳。这些生物骨骼的结构按照其中矿物晶体的分布形态可以分为粒状、纤状、片状和柱状等结构类型。

3.沉积构造

沉积岩的构造是沉积组分在沉积和成岩过程中形成的各种空间排列关系，简称"沉积构造"。沉积构造按其产出位置可见于层面和层内（表3-7）。上层面见到的沉积构造包括波痕、干裂、雨痕、晶体印痕及生物遗迹等。发育在下层面的沉积构造主要包括负载构造和冲刷痕、刻压痕等流动构造，偶尔还可看到干裂缝中灌入砂层留下的铸体（图3-15）。层内发育的沉积构造包括交错层理、生物构造、生物扰动构造、准同生变形构造、碎屑岩脉、结核、溶蚀构造、充填构造等。这些沉积构造按形成成因可分介质流动成因构造、侵蚀成因构造、准同生变形成因构造、大气下暴露成因构造、化学成因构造和生物成因构造。这些沉积构造的识别对鉴别沉积环境的作用极大。

表 3-7　典型沉积构造的产出位置和成因

	介质流动构造	侵蚀构造	准同生变形构造	大气下暴露构造	化学构造	生物构造
上层面	水成波痕、风成波痕	侵蚀面		干裂、雨痕	晶体印痕	生物遗迹
层内	水平层理、交错层理、递变层理等各种层理	冲刷充填构造	球枕构造、包卷构造、碟状构造、碎屑岩脉、滑塌构造	V形干裂缝	结核、鸟眼构造、示顶底构造	叠层石构造、生物扰动构造
下层面	槽模、刻压痕	侵蚀面	负载构造	干裂缝的铸体		

层理是沉积岩最重要的沉积特征，是岩石的矿物成分、结构、颜色在垂直方向上发生变化显现出的一种层状构造。层理的命名主要依据其形态和内部构造（图3-16）。

图 3-15　砂岩底层面的干裂缝铸体（北京中元古界）

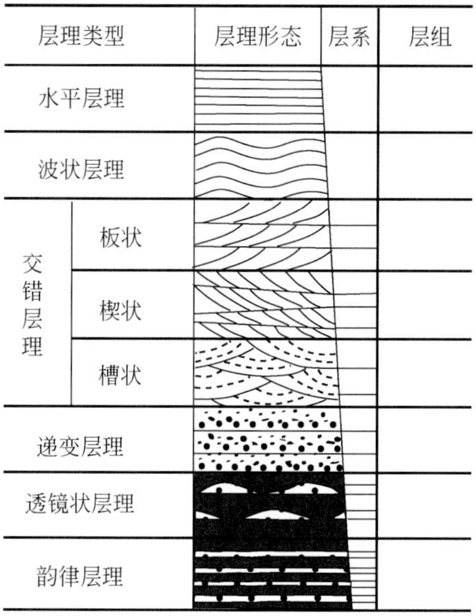

层理类型		层理形态	层系	层组
水平层理				
波状层理				
交错层理	板状			
	楔状			
	槽状			
递变层理				
透镜状层理				
韵律层理				

图 3-16　层理的主要类型

　　在风成环境和水体环境中都可以形成层理，但在地质记录中已经鉴别出的层理中，更多的是在水体环境中形成的，反映了水体的动能条件。如，细粒的水平层理反映了静水沉积条件，递变层理是浊流等重力流的产物，交错层理的形态反映了不同动能的牵引流搬运碎屑沉积物造成的不同床形，单向水流会形成板状交错层理和槽状交错层理（图 3-17），风浪和潮汐作用会造成多向水流，形成波浪层理、丘状层理和潮汐层理（图 3-18）。

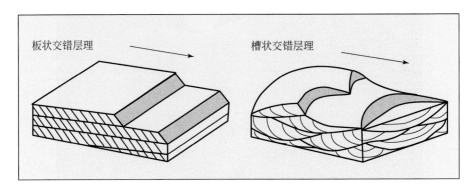

图 3-17　单向水流层理

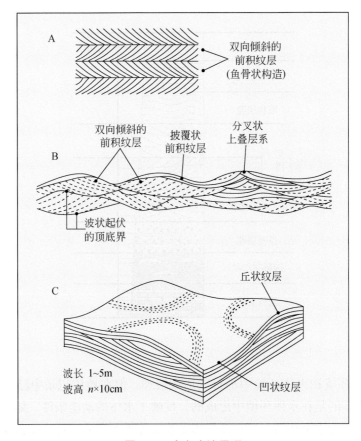

图 3-18　多向水流层理

A. 潮汐层理；B. 波浪层理；C. 丘状层理

生物活动会在沉积物中留下生物遗迹构造，如足迹、移迹和潜穴等，这些生物遗迹构造被称为遗迹化石。遗迹化石具有原地埋藏的特性，而且在很多环境中都发育，因此具有沉积环境指示意义。Seilacher（1967）曾提出，一些生物潜穴的类型与水深有关。浅水沉积物中发育直立潜穴，而深水沉积物中发育形式复杂的水平潜穴，反映了不同水深环境的水动能大小和生物生活习性（图3-19）。这些遗迹化石组合被称为遗迹相（Ichnofacies）。其中，*Skolithos*（针管迹）相以直立 U 形管潜穴为代表，发育在滨海和潮间带砂质层中，是生活在水位变化和沉积物移动频繁的生物掘洞留下的痕迹。*Glossifungites*（舌菌迹）相以直立 U 形管潜穴为主，发育在滨海近岸侵蚀面上。*Cruziana*（克鲁斯迹、爬迹）相以水平 U 形管潜穴为代表，发育在大陆架砂及粉砂层中，是中–低能浅海陆架环境中生物摄取食物留下的痕迹。*Zoophycos*（动藻迹）相以较宽的环状潜穴为代表，发育在大陆斜坡至半深海低能带的泥砂质中，是生活在波浪基准面之下的生物摄取食物留下的痕迹。*Nereites*（沙蚕迹）相以层面发育的弯曲状生物活动遗迹为代表，发育在深海平原及远洋泥质沉积层表面，常与浊积岩共生（图3-19）。

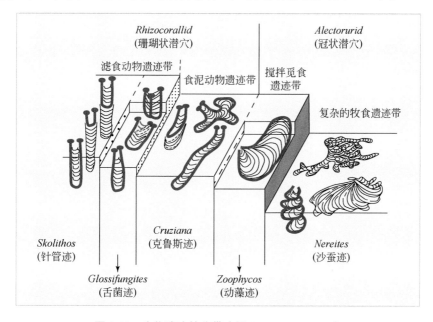

图 3-19　生物遗迹的分带（据 Seilacher，1967）

准同生变形构造是含水沉积物在尚未固结前或成岩过程早期发生变形产生的沉积构造，因此被称为"准同生"。球枕构造、包卷构造（图3-20）和碟状构造是砂质沉积物堆积在下伏含水泥质沉积物上形成的，是泥质沉积物受到重力负荷并脱水造成的。碎屑岩脉（图 3-21）和滑塌构造是半固结沉积物在外力作用下发生大规模变形造成的。

图 3-20　包卷构造（陕西三叠系）

图 3-21　碎屑岩脉（新疆二叠系）

叠层石构造、鸟眼构造和示顶底构造都是碳酸盐岩中发育的沉积构造。叠层石构造由两种基本层互层显示，一种是暗色的富藻纹层，藻类组分含量多，有机质高，成"暗层"，另一种是富碳酸盐纹层，藻类组分和有机质含量少，碳酸盐组分含量多，称"亮层"。叠层石构造主要有柱状和层状两种形态（图 3-22）。

图 3-22　叠层石（北京中元古界）

鸟眼构造是在泥晶或粉晶石灰岩中发育的一种孔隙，形状像鸟眼，多呈定向排列，被方解石或石膏充填或半充填。实际上，鸟眼构造是一种孔隙类型，因此，有人把它作为一种岩石结构。

在鸟眼构造和其他孔隙中，常见两种不同的充填物，下部是泥晶或粉晶方解石，色暗，上部是亮晶方解石，色浅，多呈白色，二者的界面平直，代表了沉淀时的沉积界面，和水平面平行。因此，这种充填构造指示了沉积岩层的顶底方向，因此称"示顶底构造"。这是英文 geopetal 的意译，geo- 是"大地"，petal 是"花瓣"，早期曾被译为"地质花瓣构造"。

3.3.3　沉积岩的主要类型

沉积岩的原始组分主要来自母岩风化产物、生物遗体、火山爆发物以及来自太空的陨落物质（表 3-5）。除太空陨落物极少不能单独构成岩石外，其余母岩风化产物可以构成四类岩石,即陆源碎屑岩、化学岩、生物岩和火山碎屑岩。陆源碎屑岩可以按照粒度大小进一步划分为砾岩、砂岩、粉砂岩和泥质岩,化学岩可以按照成分特征进一步划分为碳酸盐岩、硫酸盐岩等,生物岩可以根据其可燃性进一步细分,火山碎屑岩可以按照碎屑粒径进一步细分。

常见的沉积岩有陆源碎屑岩、火山碎屑岩、碳酸盐岩、硅质岩和可燃生物岩等,而在沉积岩中体积比最大的是泥质岩(63%)、砂岩(22%)和碳酸盐岩(15%)。

1. 陆源碎屑岩

陆源碎屑岩按照粒度大小划分为砾岩、砂岩、粉砂岩和泥质岩(图3-23)。粒径大于2mm的碎屑含量超过50%时称砾岩。在水流中搬运的距离越远,砾石的磨圆度就越好。如果砾石的磨圆度不好,以棱角状和次棱角状的碎屑为主,称角砾岩,多沉积在山麓带、海岸边,基本没经过搬运。冰碛岩虽经过远距离搬运,但在搬运过程中被冻结在冰川中,没有受到磨蚀。

A.砾岩(阿尔卑斯山三叠系)

B.角砾岩(北京中元古界)

C.砂岩(新疆新近系)

D.页岩(新疆石炭系)

图 3-23　陆源碎屑岩

粒径介于 2 ~ 0.063mm 的碎屑超过 50% 时称砂岩。砂岩的碎屑成分包括石英、钾长石、斜长石、云母等矿物颗粒和各种岩屑。这些碎屑成分反映了砂岩形成环境的古气候条件和古构造背景。石英颗粒占 90% 以上的称石英砂岩，钾长石和斜长石颗粒超过 25% 的称长石砂岩，岩屑含量超过 25% 的称岩屑砂岩。石英砂岩、长石砂岩和岩屑砂岩间有不同的过渡类型。砂岩可以形成于多种沉积环境中，如沙漠、河流、三角洲、湖滨、海滩、滨浅海、深海等。

粒径介于 0.063 ~ 0.0039mm 的碎屑超过 50% 时称粉砂岩，粉砂岩的碎屑成分以石英为主，另含极少量长石和云母。粉砂岩多沉积于水动力较弱的环境中，如河漫滩、沼泽、湖泊、潟湖、潮坪、深海平原等。

粒径小于 0.0039mm 的碎屑超过 50% 时称泥质岩。泥质岩的矿物组分主要为黏土矿物，有高岭石、蒙脱石、伊利石等，又称黏土岩。黏土矿物质点很小，是在静水条件下沉积的。泥质岩的颜色主要氧化物和有机质含量有关，氧化铁含量高的呈红色，氧化亚铁含量高的呈绿色，有机质含量高的呈黑色。泥质岩中常发育水平层理，层理厚度小于 1cm 的称"页理"，发育页理的泥质岩称"页岩"。

2. 火山碎屑岩

火山喷发的碎屑由空中坠落就地沉积或经一定距离的流水冲刷搬运沉积而成的岩石称火山碎屑岩。火山碎屑岩的物质组分主要来源于火山活动，形成过程与陆源碎屑岩近似，是岩浆岩和沉积岩间的过渡型岩石。

按照火山碎屑的粒度大小可以分为火山集块岩、火山角砾岩、凝灰岩三类。

火山集块岩中粒径大于 64mm 的粗碎屑占 50% 以上，有些岩块的直径达 1m以上。火山集块岩的成分主要为熔岩碎块，也含有一些火山口附近围岩的碎块，多呈棱角状和次棱角状，堆积厚度可达数百米，远离火山口变薄。

火山角砾岩中粒径介于 2 ~ 64mm 的粗碎屑占 50% 以上。火山角砾岩（图 3-24）的成分中既有熔岩碎块，也有其他岩石的碎块，多为磨圆度较差的角砾。根据角砾的成分可以细分为流纹质角砾岩、安山质角砾岩、玄武质角砾岩等。

凝灰岩中粒径小于 2mm 的碎屑占 50% 以上。凝灰岩的成分以火山灰为主，其中有玻屑、晶屑和岩屑等，可以根据它们的含量多少进一步细分。

3. 碳酸盐岩

碳酸盐岩是由方解石和白云石等碳酸盐矿物构成的沉积岩，其形成是生物作用、化学作用和机械作用的综合产物。碳酸盐岩按照不同矿物的相对含量分为

图 3-24　火山角砾岩（北京侏罗系）

两类，以方解石为主的称石灰岩，或简称灰岩，以白云石为主的称白云岩。

石灰岩按照结构可以分为内碎屑灰岩、鲕粒灰岩、泥晶灰岩和生物灰岩（图 3-25）。

内碎屑灰岩中的内碎屑是先期沉积但尚未完全固结或刚固结不久的碳酸盐沉积物，经水流或波浪作用破碎、搬运、磨蚀而形成的。这些内碎屑再沉积形成的岩石就是内碎屑灰岩（图 3-25A），可以根据碎屑的大小称为砾屑灰岩、砂屑灰岩等。竹叶状灰岩是典型的砾屑灰岩，砾屑为扁圆或长椭圆形，形似竹叶，其表皮常有一层紫红色或黄色铁质氧化圈。砾屑大小不一，磨圆度高。鲕粒灰岩中的鲕粒含量大于 50%，鲕粒直径小于 2mm，大于 2mm 的称豆粒。这种灰岩的形成条件是，海水中溶解的 $CaCO_3$ 呈过饱和状态。在潮汐和波浪作用影响下，海水中的泥沙等陆源碎屑及内碎屑处于悬浮状态，促使 CO_2 从水中逸出，导致海水中过饱和的 $CaCO_3$ 发生沉淀，并以各种细小碎屑为结晶中心，层层围绕，形成鲕粒。当鲕粒发育到水体能量不能支撑时，就沉积下来，被 $CaCO_3$ 胶结，形成鲕粒灰岩。

泥晶灰岩中的泥晶是由泥级碳酸盐质点构成的，多形成于气候温暖的浅海地区，CO_2 从水中逸出，会导致海水中 $CaCO_3$ 饱和而发生沉淀。

生物灰岩的形成直接或间接地与生物活动有关（图 3-25B、C、D），一些

A.内碎屑灰岩(云蒙山中元古界)

B.生物礁灰岩(长江三峡奥陶系)

C.叠层石灰岩(云蒙山中元古界)

D.生物灰岩(贵州奥陶系)

图 3-25　结构不同的石灰岩

群体生物的原地生长堆积会形成生物格架，如珊瑚、苔藓、海绵等，形成生物礁灰岩。生物的骨骼、贝壳等破碎后会形成生物碎屑，被 $CaCO_3$ 胶结后形成生物碎屑灰岩。

4. 硅质岩

硅质岩是指由化学作用、生物作用以及某些火山作用所形成的富含二氧化硅的沉积岩，其化学成分以 SiO_2 为主，一般大于 70%，其矿物成分主要为蛋白石、玉髓和石英。蛋白石是含水的非晶质 SiO_2，脱水后形成隐晶质矿物，称玉髓，完全脱水后形成微晶石英。隐晶、微晶及细晶石英的集合体称燧石。硅质岩的结构有两类，一类是生物结构，另一类是化学沉淀结构。在生物结构硅质岩中，以硅质海绵骨针为主的称海绵骨针岩；以硅藻遗体为主的称硅藻岩；主要由以硅质放射虫介壳为主的称放射虫硅质岩（图 3-26），形成于深海环境，常见沉积在枕状玄武岩顶部，构成蛇绿岩套的一部分。在化学沉淀结构的硅质岩中，主要由石英组成，含少量生物遗体的称碧玉岩，主要由微晶石英集合体组成的称燧石岩。

图 3-26　放射虫硅质岩（阿尔卑斯山侏罗系）

5. 可燃生物岩

可燃生物岩又称可燃有机岩，是生物、特别是植物遗体的变化产物，燃烧时能产生巨大热量，既是世界上主要的能源资源，又是重要的化工原料。沉积有机质主要由类脂化合物、蛋白质、碳水化合物和木质素组成。它们在不同种类生物体中的含量变化很大。例如，在浮游生物和底栖生物中，蛋白质和类脂化合物含量很高，碳水化合物含量很低，不含木质素，而在高等陆地植物中，碳水化合物和木质素含量较高，蛋白质和类脂化合物含量较低。可燃生物岩按照成分可以分为两类，一类是碳质的，另一类是沥青质的。

碳质可燃生物岩（图 3-27）包括煤、油页岩、泥炭等，成分以碳、氢、氧为主体，是植物遗体被埋藏后经过煤化作用转变形成的。它们的原始物质是高等植物和低等植物，富含木质素的高等植物中在埋藏过程中先转化成泥炭，随着埋藏环境温度和压力的增高逐步形成褐煤、烟煤和无烟煤，它们统称腐殖煤，又称煤炭。煤炭的全球储量丰富，据 2020 年资料，世界煤炭总储量为 10696 亿吨，美国探明储量占世界总储量的 23%，为全球第一，我国探明储量占比 13%，排名全球第四。低等植物主要是各种藻类，由类脂化合物和蛋白质组成，在埋藏过程中先转化成腐泥，随着埋藏环境温度和压力的增高逐步形成腐泥煤，其中页理非常发育、灰分又高的称油页岩，全球储量极为丰富，比煤炭储量多 40% 以上，已经成为重要的非常规油气资源。

A.变形的碳质页岩(新疆石炭系)　　　　　　B.风化的碳质页岩(新疆石炭系)

图 3-27　碳质页岩

　　沥青质可燃生物岩主要包括石油和天然气，成分以碳、氢化合物为主体。石油和天然气分别是液态和气态的，不能称岩石，但它们的形成过程和产物都包含在沉积岩中，富含有机质并大量生成石油天然气的岩石称生油岩，又称"烃源岩"。烃源岩中的沉积有机质被分为两类，可以被有机溶剂溶解的称"沥青"，不会被有机溶剂溶解的称"干酪根（kerogen）"，意译为"油母质"。干酪根的成分主要为 C、H、O，根据这些元素的相对含量，可以把干酪根分成四类（图 3-28）：Ⅰ型干酪根，主要来自藻类物质经部分细菌降解后的类脂化合物，又称类脂组型干酪根，或腐泥型干酪根，相对富氢，具有高 H/C 原子比，生油气潜力很大；Ⅱ型干酪根，主要来自相对稳定的膜质状植物碎屑，如孢子、花粉、叶角质、树脂和蜡质等，又称壳质组型干酪根，氢含量和 H/C 原子比都较高，生油和生气的潜力都很好；Ⅲ型干酪根，主要来自陆地高等植物的木质物质，又称镜质组型干酪根，是大部分煤的主要成分，氢含量和 H/C 原子比较低，但 O/C 原子比高，生气潜力很高，也具一定的生油潜力；Ⅲ b 型干酪根（又称Ⅳ型干酪根），大部分来自植物高蚀变黑色不透明碎屑或再沉积的有机物质，氢含量和 H/C 原子比都很低，几乎没有生油气潜力。

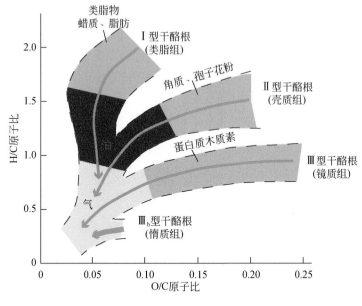

类脂物
蜡质、脂肪

Ⅰ型干酪根
（类脂组）

角质、孢子花粉

Ⅱ型干酪根
（壳质组）

蛋白质木质素

Ⅲ型干酪根
（镜质组）

气

Ⅲ_b型干酪根
（惰质组）

图 3-28　干酪根类型（转引自李思田等，2004）

蓝色箭头为有机质热演化路径

3.4　变　质　岩

变质岩约占地壳体积的 24%，是由岩浆岩、沉积岩经变质作用形成的岩石，变质岩本身也可以再次经受变质作用，形成新一代变质岩。

3.4.1　变质作用

变质作用的英文为 metamorphism。词根 meta- 是变，morph 是形状、面貌。经过变质作用，岩石改变了容貌，焕然一新。与沉积作用不同，变质作用发生在地下深处，我们观察不到，理解起来不那么直观。

都城秋穗在讲变质作用的研究史时提到，"变质作用"这个术语是布埃（Boue）于 1820 年引入的，经莱伊尔《地质学原理》（1830 ～ 1833 年）的出版流行起来。在严格意义上，变质作用是指已存在的岩石在本质上处于固体状态下，受到温度、压力和化学活动性流体的作用，发生结构、构造和矿物成分、化学成分变化的地质作用。这一定义中包含了三个要素：

①引起变质作用的主要因素是温度、压力和流体（主要为 H_2O 及 CO_2）；

②变质作用是已存在的岩石在本质上处于固体状态下发生的；

③变质后的岩石发生了结构、构造和矿物成分、化学成分变化。

要素①主要讲变质作用是谁引起的，强调变质作用的主要控制因素是温度、压力和流体（主要为 H_2O 及 CO_2）。在这三个控制因素中，温度的控制作用最为明显。变质作用从多高的温度开始？要给出很确切的数值有些困难，因为这和那个临界温度持续的时间长短有关，岩石长期处于150℃时可能就开始发生变质作用，而在300℃时会大规模变质。或许以一定的矿物学变化作为标志可能更客观些，但变质矿物的出现又和岩石的整体化学成分有关。面对这些困难，地质学家们开始探讨沉积岩的成岩作用和变质岩的变质作用之间的界限划分。遗憾的是，至今还没有得到一致的认识，一些沉积岩学家把成岩作用的温度上限放在200～250℃，压力上限放在5000巴，一些变质岩学家把变质作用的温度下限放在150℃，压力下限放在1000巴（相当于1000个标准大气压）。多数地质学家把成岩作用和变质作用的温度界限放在200℃，而对于压力界限并不过多地强调。同样，对于变质作用和岩浆作用间的划分，也只强调了温度，放在700～900℃之间，这是由于超过这个温度区间后，很多岩石就会发生熔融，进入岩浆作用领域。当然，在变质过程中，压力和流体同样起着不可忽视的作用。

要素②主要讲岩石是怎么变质的，强调在变质过程中，岩石始终处于固体状态，不像岩浆岩的形成，是从液态岩浆中冷凝结晶的，也不像沉积岩的形成，是松散的碎屑物胶结起来形成的，或从水体中沉淀下来形成的。"固体状态"是指岩石的整体状态，但在岩石内部的矿物颗粒间是存在一定量的 H_2O 及 CO_2 流体的，甚至岩石会发生微量熔化。当然，这些微量熔化还不足以改变岩石的整体固体状态，否则，岩石整体熔化就形成了岩浆，再凝固后就形成岩浆岩了。正是这些粒间 H_2O 和 CO_2 流体以及熔体的存在和介入，使变质反应得以进行。这些流体起着在粒间搬运溶解及熔化物质的作用，会在压力差控制下发生渗透作用，或在组分浓度差控制下发生扩散作用，这些被运移的组分会在适当的地方和其他矿物发生变质反应，形成新生矿物。

要素③主要讲经过变质作用，岩石发生了哪些变化，强调变质岩的结构、构造、矿物成分和化学成分都会发生变化。芬兰地质学家 P. 埃斯克拉（Pentti Eskola）发现，有一些矿物总是在某一温度、压力条件下共生在一起。他在1920年给这种在恒定的温度、压力条件下通过变质作用达到化学平衡的矿物共生组合起了个名字，叫"变质相"。美国地质学家 F. 特纳（Frederick J.

Turner）进一步发展了埃斯克拉的变质相概念，他在 1968 年命名了 11 个变质相，即浊沸石相、葡萄石 – 绿纤石相、绿片岩相、绿帘角闪岩相、角闪岩相、麻粒岩相、蓝片岩相、榴辉岩相、钠长绿帘角岩相、普通角闪石角岩相和辉石角岩相。综合实验岩石学资料，这些变质相在 P（压力）-T（温度）坐标图中的投影区间如图 3-29 所示。

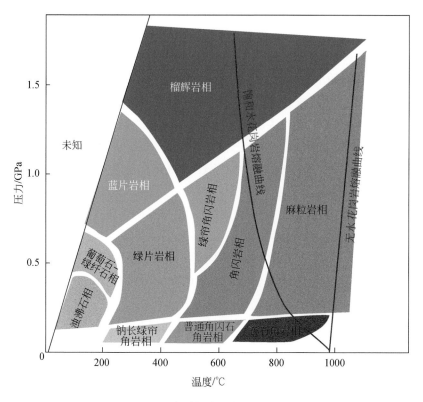

图 3-29　变质相的温度 – 压力区间

3.4.2　变质矿物

只有通过变质作用才会形成的矿物称"变质矿物"，例如，石榴子石、绿泥石、蓝晶石等。这些矿物不会从岩浆中结晶出来，虽然其中有些能在沉积岩中见到，但属于从母岩中剥蚀出来的碎屑矿物，而不是在成岩作用中形成的自生矿物。

变质矿物的成分受岩石化学成分和变质条件的控制，在相同的变质条件下，不同化学成分的岩石中会形成不同的变质矿物，而同种化学成分的岩石在不同的变质条件下会形成不同的矿物组合。通过变质矿物及其组合可以判断是哪一类岩石在什么样的温度－压力空间发生了变质作用。

变质矿物的形成是在固态岩石中进行的，称为"变质重结晶作用"，简称"重结晶作用"。这种重结晶的形成过程包括流体带出带入反应，交代反应和固体－固体反应等三类反应。

流体带出带入反应是指在形成变质矿物过程中通过 H_2O 和 CO_2 的带出和带入形成变质矿物，如高岭石在变质过程中会释放出 H_2O，形成红柱石和石英：

$$Al_4Si_4O_{10}(OH)_8 \longrightarrow 2\,Al_2SiO_5 + 2\,SiO_2 + 4\,H_2O$$
（高岭石）　　　　　（红柱石）（石英）

方解石受热作用后可以释放二氧化碳气体，剩余的氧化钙同岩石中的二氧化硅结合，形成硅灰石：

$$CaCO_3 + SiO_2 \longrightarrow CaSiO_3 + CO_2 \uparrow$$
（方解石）（石英）　（硅灰石）

逸出的 H_2O 和 CO_2 会在适当的地方与其他矿物反应，形成新矿物。如与橄榄石反应，形成滑石和铁菱镁矿：

$$4\,(Mg,Fe)_2SiO_4 + H_2O + 5\,CO_2 \longrightarrow (Mg,Fe)_3Si_4O_{10}(OH)_2 + 5\,(Mg,Fe)CO_3$$
（橄榄石）　　　　　　　　　　　（滑石）　　　　（铁菱镁矿）

交代反应是指在流体带入带出的同时，其他组分也成为活动组分随溶液迁移，形成新的变质矿物。如橄榄石经交代反应形成铁菱镁矿：

$$(Mg,Fe)_2SiO_4 + 2\,CO_2 \longrightarrow 2(Mg,Fe)CO_3 + (SiO_2)$$
（橄榄石）　　　　　　（铁菱镁矿）　（溶液中）

固体－固体反应是在没有流体参与时发生的变质反应，矿物的组分在温度和压力的影响下发生成分扩散和结构重组，从而形成新生变质矿物。如随着压力的增大，钠长石会分解为硬玉和石英：

$$NaAlSi_3O_8 \longrightarrow NaAlSi_2O_6 + SiO_2$$
（钠长石）　　　（硬玉）　（石英）

同质多象是一种常见的固体－固体反应。如同为 Al_2SiO_5，在不同变质温度和压力下，可发生红柱石－蓝晶石－夕线石间的相转变。当温度增高时，红柱石和蓝晶石都会转变为夕线石，而当压力增大时，红柱石和夕线石都会转变为蓝晶石（图 3-30）。

图 3-30　Al_2SiO_5 的同质多象

3.4.3　变质岩结构和构造

1. 变质岩的结构

变质岩是原岩经过变质重结晶形成的,具有晶质结构,这种晶质结构统称"变晶结构",如果变质作用进行得不彻底,还残留下原岩的原生结构,则称"变余结构"。

由重结晶作用形成的晶粒称"变晶",按照变晶颗粒的大小可以分为粗粒、中粒、细粒等。主要由石英、长石等粒状矿物组成的岩石具粒状变晶结构,而由云母、绿泥石等片状矿物组成的岩石具鳞片状变晶结构,主要反映了变质矿物的结晶习性。按照变晶颗粒大小的相对关系可以分为两类,岩石中变晶颗粒基本等大的称粒状变晶结构,颗粒明显分为大小两个群体的称斑状变晶结构。

2. 变质岩的构造

变质岩的构造同样分为两个大类,通过变质作用形成的新构造称"变成构造",当变质作用进行得不彻底时,会残留下来原岩的构造,则称"变余构造"。

在变成构造中，最具变质特征的构造是片理构造。在区域变质过程中，岩石中的片状矿物或长条状矿物在定向压力下可以发生位置转动，粒状矿物在定向压力作用下可以被压扁或拉长，从而定向排列。此外，矿物在平行于压力的方向上发生压溶作用，同时在垂直于压力的方向上生长，也会形成定向排列。从而，形成变质岩中特有的次生面状构造，可以是平面，也可以是波状起伏的面，统称"片理面"。片理构造由"劈理域"和"微劈石域"相间排列（图 3-31），使岩石具有潜在的可劈裂性。劈理域由云母、绿泥石等片状矿物以及碳质等组成，常呈薄膜状，又称薄膜域，微劈石域主要由石英、长石等粒状矿物组成，呈平板状或透镜状的岩片，又称透镜域。

劈理域(薄膜域)

微劈石域(透镜域)

图 3-31　片理构造的形成过程

根据矿物组合和重结晶程度，又可以进一步分为板状构造、千枚状构造、片状构造、片麻状构造及条带状构造。

板状构造指岩石中由微小晶体定向排列所成的板状劈理构造。板理面平整、光滑，沿着劈理可形成均匀薄板。板状构造是板岩所特有的构造（图 3-32A）。

千枚构造是指由细小片状矿物定向排列所成的构造，矿物晶粒微细，肉眼不容易辨别矿物成分，片理面上常具丝绢光泽。千枚状构造是千枚岩特有的构造（图 3-32B）。

片状构造是由粒度较粗的柱状或片状矿物组成的构造，矿物平行排列，形成连续的片理构造，片理面常微有波状起伏。片状构造是片岩特有的构造

（图 3-32C）。

　　片麻状构造是由较粗的粒状矿物和柱状、片状矿物共同组成的，其中的柱状、片状矿物不均匀分布在粒状矿物间，并且定向排列，形成断续的薄条带状构造。片麻状构造是片麻岩特有的构造（图 3-32D）。

　　条带状构造是由浅色粒状矿物和暗色片状、柱状或粒状矿物定向交替排列，形成颜色深浅相间的条带。这些条带具有一定的厚度，呈互层状产出，但在侧向上往往变薄或尖灭。条带状构造多见于混合岩中（图 3-34A）。

　　一些岩石中矿物颗粒没有明显的定向排列，表现为块状均一的构造，称"块状构造"。块状构造往往发育在成分比较单一的变质岩中，如石英岩、大理岩、榴辉岩等（图 3-33）。

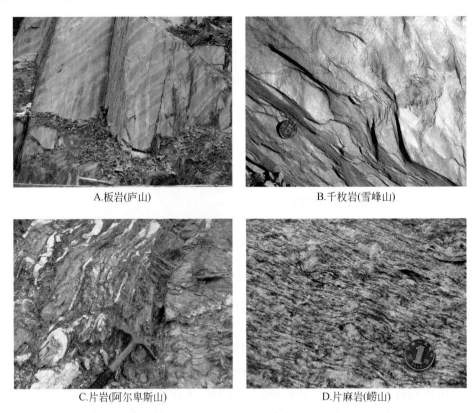

A.板岩(庐山)

B.千枚岩(雪峰山)

C.片岩(阿尔卑斯山)

D.片麻岩(崂山)

图 3-32　具有片理构造的典型变质岩

3.4.4　变质岩的主要类型

　　变质岩的类型是由类型划分依据决定的，划分依据不同，划分出的类型自

A.石英岩(武夷山)
B.大理岩(苏格兰高地)

C.榴辉岩(苏格兰高地)
D.榴辉岩(阿尔卑斯山)

图 3-33　几种没有片理构造的变质岩

然就不同。

　　例如，如果按照变质岩的形成原因划分，可以划分出一系列成因类型。在不同的地质环境中，可以形成发生不同的变质作用：在造山带中，构造应力和热共同作用，会发生的大规模的变质作用，称区域变质作用；区域变质作用进一步发展，深部的温度很高时，岩石会发生部分熔融并形成熔体和热液，这些熔体和热液贯入已形成的区域变质岩中发生化学反应，形成新的岩石，这样的变质作用称混合岩化作用；在岩浆侵入体和围岩接触带上，岩浆的活动散发出的热量和析出的气态或液态溶液会引起变质作用，称接触变质作用；在大型构造带中，单纯的构造应力也能使岩石发生变质，称动力变质作用；陨石冲击会在地球表面产生极高温高压条件，发生瞬间的变质作用，称为冲击变质作用。在这些变质作用中，除了冲击变质作用在地球上极少见到外，其他种变质作用都会形成各自的变质岩石。

　　然而，变质岩的形成原因不是一眼就能看出的，因此，地质学家们更倾向于用肉眼可见的矿物和岩石的结构、构造作为标志，这样很方便地把变质岩划分为一系列描述性类型。当然，在这种描述性岩石类型中，有一些是在各种变质作用中都能形成的，但也有一些只在特定的地质环境中形成，因此，它们依然具有成因意义。肉眼可鉴别的变质岩类型主要有以下数种。

具有板状构造的变质岩称"板岩"（图 3-32A）。板岩中的矿物成分基本没有重结晶，或只有部分重结晶，外表呈致密隐晶质，肉眼难以鉴别。当板理面上发育细小白云母时，可以显现丝绢光泽，当板岩中发育零星分布的细小矿物集合体时，会出现不同形状和大小的斑点，称"斑点板岩"。根据颜色和可见成分可以辨别出黑色炭质板岩、灰绿色钙质板岩等。板岩是泥质岩、粉砂岩或中酸性凝灰岩经轻微变质而成的浅变质岩。

具典型千枚状构造的变质岩称"千枚岩"（图 3-32B）。变质程度比板岩稍高，原岩成分基本上已全部重结晶，主要由细小绢云母、绿泥石、石英、钠长石等新生矿物组成。具细粒鳞片变晶结构，片理面上有明显的丝绢光泽，并常具细皱纹构造。有绿、灰、黄、黑、红等颜色。千枚岩也是由泥质岩、粉砂岩或中酸性凝灰岩经轻微变质而成的浅变质岩。

具有片状构造的变质岩称"片岩"（图 3-32C）。片岩的变质程度比千枚岩高，具有明显鳞片变晶结构。主要由片状和柱状矿物组成，如云母、绿泥石、滑石、石墨、角闪石等组成，并呈定向排列，间或有石英、长石等粒状矿物，有时含少量石榴子石、蓝晶石等特征变质矿物的变斑晶，形成变斑晶结构。片岩可以按照所含的主要矿物进行分类命名，如云母片岩、绿泥片岩、滑石片岩、蛇纹石片岩、角闪片岩、石英片岩、绿片岩、蓝闪石片岩等。不同种类的片岩，原岩成分和变质条件会很不相同。例如，绿片岩由绿泥石、绿帘石等绿色矿物组成，通常是从基性火山岩变成的；蓝闪石片岩又叫蓝片岩，是高压低温区域变质作用的典型产物。

具明显片麻状构造的变质岩称"片麻岩"（图 3-32D）。片麻岩是中–高级变质岩，具有各种变晶结构，主要矿物成分为长石和石英，其他可含云母、角闪石、辉石、夕线石、石榴子石等变晶矿物。可以按照岩石中长石种类和主要片状、柱状矿物进一步分类命名，如角闪斜长片麻岩、黑云斜长片麻岩、黑云角闪斜长片麻岩、黑云钾长片麻岩等。原岩可以是泥质岩、粉砂岩、砂岩和中酸性火成岩等。

一些变质岩没有明显的片理，外观呈现出块状构造（图 3-33）。它们的进一步分类命名主要依靠可见矿物。

石英岩：主要由石英组成，可含云母、赤铁矿、磁铁矿等，粒状变晶结构，是由石英砂岩及硅质岩变质成的。

大理岩：具粒状变晶结构，主要由方解石和白云石组成，可含硅灰石、滑石、透闪石、透辉石等。大理岩是由碳酸盐岩变质成的，因我国云南省大理市盛产这种岩石而得名。大理岩主要用作工艺品雕刻和建筑材料，质地均匀的白色大理岩称"汉白玉"，带有各种细条花纹的有各种名称，如艾叶青、水墨花等。

角岩：又称"角页岩"，细粒变晶结构，有时具斑状变晶结构，主要矿物有长石、石英、云母、角闪石等，但晶粒太小，容易难以分辨，岩石质地致密坚硬，一般为灰黑色和黑色。在旧石器时代就被用来打制石器。具有红柱石变斑晶的角岩称红柱石角岩，红柱石呈放射状排列时被用来做工艺品，称"菊花石"。

角闪岩：主要由普通角闪石和斜长石组成，粒状变晶结构，岩石颜色较深。如果斜长石含量增多则称斜长角闪岩。原岩主要是基性岩、中性岩，以及富铁白云质泥灰岩等。

麻粒岩：具粒状变晶结构，浅色矿物成分主要是斜长石，有时含有石英，暗色矿物主要为不含或基本不含水的矿物，如紫苏辉石、透辉石等，有时含黑云母、普通角闪石、石榴子石等。暗色矿物含量少于 30% 的称浅色麻粒岩或酸性麻粒岩，暗色矿物含量大于 30% 的称暗色麻粒岩或基性麻粒岩。麻粒岩是在高温高压条件下形成的区域变质岩。

榴辉岩：具粒状变晶结构，主要矿物成分为绿辉石和石榴子石，可含石英、蓝晶石等，但不含长石。岩石颜色较深，相对密度较大，是一种典型的高压变质岩石。

此外，还有两类成因比较特殊的变质岩（图 3-34），一种是混合岩，另一种是糜棱岩。

混合岩：通常由暗色和浅色两部分组成，一部分称为基体，暗色矿物以黑云母和角闪石为主，可含石榴子石等，代表岩石原来的成分，另一部分称脉体，主要由长石和石英组成，代表在变质过程中新生成的物质。混合岩是在高温条件下形成的，岩石发生了深熔作用，部分熔融的成分形成了花岗质熔体，在生成它们的岩石内部结晶，这种过程称"混合岩化作用"，是变质作用向岩浆作用过渡的岩石类型。混合岩化程度较低时，脉体会呈枝状、网状把基体切割成角砾状、碎块状，混合岩化程度较高时，基体和脉体常互层形成条带状构造。

糜棱岩：由基质和碎斑两部分组成，基质主要为微细粒石英和云母，成丝带状构造，碎斑主要为长石等矿物，常见碎斑旋转造成的各种构造，如 σ 构造、

δ 构造等。糜棱岩是韧性变形的产物，属动力变质岩，其原岩多为花岗质岩石。

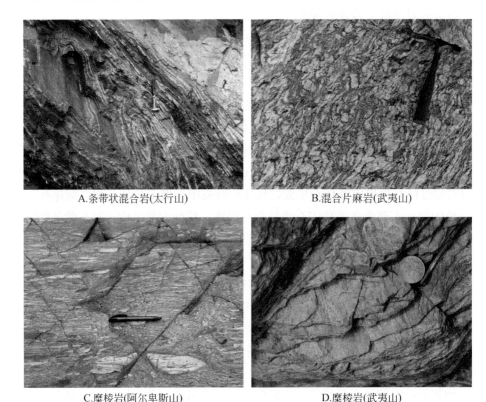

A.条带状混合岩(太行山)　　　　　　　　B.混合片麻岩(武夷山)

C.糜棱岩(阿尔卑斯山)　　　　　　　　D.糜棱岩(武夷山)

图 3-34　两类特殊成因的变质岩

3.5　岩石的相互转化

在地球形成初期，约在距今 44.5 亿年前，地球上只有岩浆岩。在那之后的 1 亿年中，壳、幔分层完成了。澳大利亚杰克山变质砂岩中锆石的年龄为 43.74 亿年，表明地球的海洋在 44 亿年前已经出现了，开始形成沉积岩。加拿大发现了年龄为 40 亿年的片麻岩，表明变质岩至少在 40 亿年以前就已经形成了。

岩浆岩、沉积岩和变质岩都是在特定的地质条件下形成的，尽管地球的演化进程是不可逆的，但在 40 亿年以来，形成它们的地质作用在地球上一直是长期共存的。岩浆岩、变质岩和沉积岩在地球演化过程中一直在不断地相互转化着

（图 3-35），一些岩石在形成，另一些岩石在消亡。已经形成岩浆岩、变质岩和沉积岩出露地表后，经表层地质作用（风化、剥蚀、搬运、沉积及成岩作用）可以重新形成沉积岩。出露地表的沉积岩、岩浆岩及变质岩经过构造运动可被带入地下深处，经过变质作用形成变质岩，或受到高温作用熔融为岩浆，再转变为岩浆岩。

　　这些转变过程相互衔接，有时甚至是无缝衔接。例如，沉积岩形成的成岩作用阶段和变质岩形成的低温变质阶段就很难截然分割，这使得低温变质作用的研究成为岩石学研究中的一个难点。再如，在变质作用的深熔阶段，高温和流体会使固态岩石发生部分熔融，形成混合岩，如果混合得均匀，会形成混合花岗岩，它和从岩浆中冷凝形成的花岗岩怎样区分？这成为一个困扰地质学家近 200 年的难题。后来有人提出"花岗岩化作用"的概念，认为地壳中各种不同成分的岩石经部分熔融、结晶会形成花岗岩，也就是说，花岗岩化作用是介于岩浆作用和变质作用之间的一种作用。不过，以这种作用形成的 S 型花岗岩至今仍然被作为岩浆岩的一个重要类型。

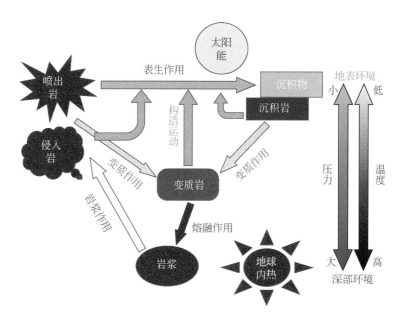

图 3-35　三大岩类的相互转化作用机制

3.6 小　结

3.6.1　矿物

矿物是具有一定化学组成的天然化合物或单质，它们的内部结晶习性决定了矿物的晶型，化学键的性质决定了矿物的硬度，矿物的化学成分、结合的紧密度决定了矿物的颜色和比重等。在识别矿物时，矿物的形态和物理性质是最常用的标志。

矿物按照化学成分可以分为五类，即自然元素矿物、硫化物及其类似化合物矿物、卤化物矿物、氧化物及氢氧化物矿物、含氧盐矿物。其中，最多的是含氧盐中硅酸盐类矿物，约占已知矿物的三分之一，按质量算，约占地壳的75%。其次是氧化物及氢氧化物矿物，占地壳总重量的17%左右。

在地壳中，O、Si、Al、Fe、Ca、Na、K、Mg等8种元素的质量百分比占97.60%，而由这些元素构成的7种主要造岩矿物占地壳体积百分比的87%。这7种造岩矿物是石英、钾长石、斜长石、云母、角闪石、辉石和橄榄石。其中，石英、钾长石和斜长石为浅色矿物，SiO_2和Al_2O_3含量高，不含FeO和MgO，又称硅铝矿物；云母、角闪石、辉石和橄榄石不含或少含Al_2O_3，FeO和MgO含量高，又称镁铁矿物。

3.6.2　岩浆岩

岩浆冷凝形成的岩石称岩浆岩。喷出地表的岩浆形成火山熔岩和火山碎屑岩，没能喷出地表的岩浆在地下一定深度就发生冷凝形成侵入岩。

岩浆是含有挥发成分的高温黏稠的硅酸盐熔融物质。成分均一的岩浆，在没有外来物质加入的情况下，在不断冷却过程中，矿物按照各自熔点的高低会依次结晶出来，构成不同种类的岩石。这种作用过程称为结晶分异作用。

岩浆的结构是指岩石中矿物的结晶程度、晶粒大小、晶粒形状及晶粒之间的相互关系。岩浆岩的构造是指岩石中不同矿物集合体之间或与其他组分之间的排列、充填方式等。岩浆岩的结构、构造和成分是分类命名的重要依据。

根据岩浆岩的结构和构造可以判断其冷凝环境，可以分为地表、浅部和深部三类，再根据其SiO_2含量分为超基性岩（小于45%）、基性岩（45%~52%）、中性岩（52%~65%）和酸性岩（大于65%）。超基性岩和基性岩中的镁铁矿物含量高，而中性岩和酸性岩中硅铝矿物含量高。常见的喷出岩包括玄武岩、安山岩和流纹岩，常见的侵入岩包括橄榄岩、辉长岩、闪长岩和花岗岩，以及各种成分的岩脉。

3.6.3　沉积岩

沉积岩是地表出露的岩石经过风化、剥蚀、搬运、沉积和成岩等作用形成的。那些出露地表作为沉积岩前身的岩石称作沉积岩的"母岩"或"源岩"。

沉积岩的原始组分主要来自母岩风化产物、生物遗体、火山爆发物以及来自太空的陨落物质。除太空陨落物因罕见而不能单独构成岩石外，其余产物可以构成四类岩石，即陆源碎屑岩、化学岩、生物岩和火山碎屑岩。陆源碎屑岩按照粒度大小进一步划分为砾岩、砂岩、粉砂岩和泥质岩，化学岩按照成分不同进一步划分为碳酸盐岩、硫酸盐岩等，生物岩可以根据其可燃性进一步细分为可燃生物岩（煤、石油、油页岩）和非可燃生物岩（礁灰岩、放射虫硅质岩等），火山碎屑岩可以按照碎屑粒径进一步细分为火山集块岩、火山角砾岩、凝灰岩。

沉积岩的颜色分为继承色、自生色和次生色。沉积岩的结构是指沉积岩组成物质的形状、大小和结晶程度，常见的为碎屑结构以及生物结构。沉积岩的构造是沉积组分在沉积和成岩过程中形成的各种空间排列关系，按其产出位置可见于层面和层内，按形成成因可分介质流动成因构造、侵蚀成因构造、准同生变形成因构造、大气下暴露成因构造、化学成因构造和生物成因构造。这些沉积构造的识别对鉴别沉积环境的作用极大。

3.6.4　变质岩

变质岩是经变质作用形成的岩石。

变质作用是指已存在的岩石在本质上处于固体状态下，受到温度、压力和化学活动性流体的作用，发生结构、构造和矿物成分、化学成分变化的地质作用。

变质矿物的形成是在固态岩石中进行的，称为"变质重结晶作用"。这种重结晶的过程包括流体带出带入反应，交代反应和固体－固体反应等三类反应。在恒定的温度、压力条件下通过变质作用达到化学平衡的矿物共生组合叫"变质相"。

变质岩结构和构造都分为"变成"和"变余"两种，前者是变质作用形成的，后者是变质作用不彻底时残留下来的。使用肉眼可见的矿物和岩石的结构、构造标志，可以很方便地把变质岩划分为一系列描述性类型。具有明显面理的变质岩包括：具有板状构造的板岩，具有千枚状构造的千枚岩，具有片状构造的片岩，具片麻状构造的片麻岩，由基体和脉体两部分构成的混合岩，由基质和碎斑两部分构成糜棱岩。没有明显的面理变质岩多呈现出块状构造，按照其中的可见矿物分类命名，如石英岩、大理岩、榴辉岩等。这些岩石的构造和矿物成分都是在一定的地质环境中形成，因此，这些岩石的描述性名称依然具有成因意义。

　　岩浆岩、沉积岩和变质岩都是在特定的地质条件下形成的，经过一定的地质作用可以相互转化。

第 *4* 讲

走向知识系统化

近代自然科学是在欧洲文艺复兴运动中历史背景诞生的（J. D. 贝尔纳，1956；吴国盛，2018）。近代自然科学的一个重要特征就是实验以及科学的思维方法。地质学和自然科学同步发展，以地壳为直接观察研究的对象，在对各种地质现象的成因探究中，深入的思考引发了不同观点、不同学派的争论，通过争论，终于走向知识系统化。

4.1　近代自然科学革命的第一枪

4.1.1　欧洲文艺复兴运动

14 世纪，欧洲新兴的资产阶级为自己的生存和发展，掀起了一场反对封建制度和教会专横统治的斗争，出现了人文主义的思潮。他们使用的战斗武器就是古希腊的哲学、科学和文艺。一场思想文化运动于 14 世纪中期在意大利各城市兴起。知识分子们宣称要"恢复伟大的过去（古典时期）"，因而，这场运动被称为"文艺复兴"运动。这场运动在 16 世纪扩展到波兰及欧洲其他国家，成为欧洲中世纪和近代时期的分界点。

创作了千古艺术珍品《蒙娜丽莎》的达·芬奇（Leonardo da Vinci）是意大利文艺复兴三杰之一，也是整个欧洲文艺复兴时期最完美的代表。他是一位天才，一方面热心于艺术创作和理论研究，一方面研究与绘画有关的光学，而且广泛涉猎数学、天文学、地质学、生物学等很多自然科学，是很多新兴领域的开路先锋。达·芬奇赞同古希腊人阿里斯塔克（Aristarchus）的看法，认为地球不是太阳系的中心，而只是一颗绕太阳运转的行星，太阳本身是不运动的；月球是由泥土组成的，靠反射太阳光而发光，地球像月球一样可以反射太阳光。他还在笔记中写道，地球的结构可能存在长期缓慢的变化。他把贝类化石和现代贝类进行比较，指出化石是过去海洋动物的遗体，强调是地壳运动造成了海陆变迁，把含有生物化石的岩层抬升到高处。达·芬奇倡导了一种亲自动手实验的科学态度和作风，他写道："自然界始于原因，终于经验。我们必须反其道而行之，即人必须从实验开始，以实验探究其原因。"

近代自然科学的首要特征就是注重实验。被誉为"整个实验科学的真正始祖"的英国哲学家 F. 培根（Francis Bacon）指出，必须重视观察经验，自然的知识只有通过对事物的观察才能发现。他发明了"归纳法"，指出正确的认识方法应该像蜜蜂那样，先采集花朵，然后用自己的力量去消化和处理，对收集到的经验事实通过分类、鉴别和归纳，得出新的认识。培根的"归纳法"在生物科学和地质科学中大有用武之地。不过，他并不重视数学在科学实验中的地位和作用。

近代科学的另一显著特征就是数学化。伽利略（Galileo Galilei）被称为"近代物理学之父"、"科学方法之父"。他最早提出，事物的本质属性是纯量的东西，可以用数学来处理。他注重实验，亲手设计了不少科学仪器，其中最重要的就是天文望远镜。他创造并示范了把实验和数学相结合的科学方法。正是他的工作开创了近代物理学，引领了近代科学的发展。

自 15 世纪中叶开始，近代自然科学开始了相对独立发展的新时代，而近代自然科学是在一场科学革命中诞生的，其重要特征就是实验以及科学的思维方法，这是近代自然科学区别于中世纪经院科学的关键所在。这场科学革命就是天文学领域的革命，由哥白尼向传统的"地心说"提出挑战，打响了近代自然科学革命的第一枪。

4.1.2　新宇宙观的建立

"天动说"是古希腊学者欧多克斯（Eudoxus of Cnidus）提出的，经过亚里士多德（Aristotle）、阿波罗尼奥斯（Apollonius of Perga）以及托勒密的发展成为"地心说"。这一宇宙几何模型认为，地球位于宇宙中心，日月围绕地球运行，物体总是落向地面。地球外围有 9 个等距天层，由里到外依次是：月球天、水星天、金星天、太阳天、火星天、木星天、土星天、恒星天和原动力天，此外空无一物（图 4-1A）。按照以毕达哥拉斯学派为代表的古典哲学，正圆匀速运动是最完美的，这一宇宙模型就体现了毕达哥拉斯学派的观念。

古代的天文学基本上是行星天文学，人们观测到的绝大部分星星都保持着相对固定的位置，仿佛镶嵌在一个巨大的透明的天球上，随着天球旋转。那些具有相对固定位置的星星被称为"恒星"，但有那么几颗星星，极为明亮，它们的相对位置总不固定，像是在众多恒星间穿行，被称为"行星"。肉眼能见到的行星有 5 颗，分别称为水星、金星、火星、木星和土星。所有的恒星都规则地由东往西转动，但行星的运动却很不规则，有时向东走，有时向西走，行踪有点诡秘，在日文中被译为"惑星"。为了解释这种现象，古希腊天文学家发起了"拯救行

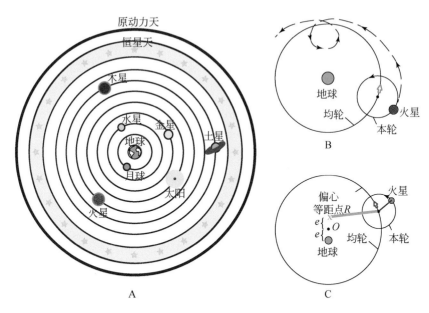

图 4-1 "地心说"宇宙模型

星运动",试图用一种复合的正圆匀速运动去再现行星的不规则运动。于是,阿波罗尼奥斯构建了"本轮－均轮"模型(图 4-1B),他把天球围绕地球转动的轨迹称"均轮",他提出,行星是在沿着自己的"本轮"转,而这个本轮的圆心在均轮上绕着地球转,当行星运行到最接近地球时,就会发生逆行,且在此位置上行星看起来最明亮。这样就解释了行星的"停留"和"逆行"现象。喜帕恰斯则提出了偏心圆的设想,认为地球并不在行星正圆轨道的中心点。托勒密于公元127 年至 151 年在埃及亚历山大城进行天文观测,在此期间,他完成了巨著《至大论》(又译《天文学大成》)。正是在这部巨著中,托勒密明确提出了自己的宇宙结构学说,也就是"地心说"。他把阿波罗尼奥斯的"本轮－均轮"模型和喜帕恰斯的偏心圆结合起来,建立了"本轮－均轮－偏心圆"宇宙模型(图4-1C)。在他的模型里,行星的均轮轨道是个正圆,但均轮的中心并不是地球,而是和地球有一定距离的"偏心等距点",换句话说,托勒密已经让地球偏离了宇宙中心。实际上,托勒密自己也意识到了这点,为此,他解释说,他的模型只是一个计算天体位置的数学方案,不具有物理的真实性。托勒密的模型可用来推算日、月、行星的运行轨迹和到达位置,而且大体与实际天象相符合,是对古希腊天文学成果的总结。因此,《至大论》出版后,一直到哥白尼时代都被作为世界学习天文学的标准教材。公元 800 年前后被译成阿拉伯文,1175 年又从阿拉伯文译成拉丁文（J. D. 贝尔纳，1956）。1323 年，托勒密的"地心说"阴差阳错地和基督教神学结合起来，得到了教会的官方认可，从此获得了正统的地位。

1492 年，哥伦布远渡重洋，"发现了新大陆"。1519 至 1521 年，麦哲伦和他的同伴航海绕地球一周，证明了地球是圆形的，使人们开始真正认识地球。航海事业的大发展迫切需要精确的天文历表，而天文观察数据越来越多，计算天文位置所需要的本轮就越多。在文艺复兴初期，只用 12 个小本轮就够用了，而到了哥白尼时代，小本轮的数量已经增加到 80 多个，计算越来越繁复费时。

哥白尼最初并没有反对"地心说"，只是想用当时更先进的技术来改进托勒密的测量结果。在长达近 20 年的时间里，他不辞辛劳，日夜测量行星的位置，但其测量获得的结果看上去仍然没有多少改进。哥白尼想到，既然前人有权虚构圆轮和偏心轮来解释星空的现象，他也有权尝试更为有效的方法去解释天体的运行。哥白尼发现，不管各个行星的运行情况怎么变，但太阳的周年变化却不明显，这意味着地球和太阳的距离始终没有改变。如果地球可以不在宇宙的中心，那么可以把太阳放在宇宙的中心，让地球绕着太阳运行。

哥白尼年轻时曾在意大利求学十年，学过古希腊的天文学理论，在他的笔记中曾抄下一些当时被认为是离经叛道的见解，如"大部分学者都认为地球静止不动，菲洛劳斯（Philolaus）和毕达哥拉斯却叫它围绕一堆火旋转"，"在行星的中心站着巨大而威严的太阳，它不但是时间的主宰，不但是地球的主宰，而且是群星和天空的主宰"。他熟知阿里斯塔克（Aristarchus）的观点。阿里斯塔克开创了对太阳、月亮和地球距离之比和大小之比的测量工作，求得日地距离是月地距离的 19 倍，太阳直径是月球直径的 19 倍，地球直径是月球直径的 3 倍。尽管这些数据与今天我们所知的真实数据差得很远，但阿里斯塔克就此认为，大的东西不能绕着小的东西转动，从而提出了朴素的"日心说"，认为太阳是不动的，"地球沿一个圆周的周边绕太阳运动，太阳则在轨道的中心"。哥白尼从意大利回国 3 年后，于 1509 年写了一篇简短的手稿，阐述自己对"日心说"的认识，在他的朋友圈中散发传阅。1516 年，哥白尼开始动手写作他的《论天球的旋转》（又译作《天体运行论》），系统论述"日心说"。1533 年，他在罗马做了一系列讲演，宣传了"日心说"的要点，1539 年，完成了书稿，哥白尼在书中阐述了对新宇宙体系的深入思考。出版过程一波三折，直至 1543 年他的 6 卷本巨著才出版刊行。据说，当刚刚印好的书送到中风很久的哥白尼面前时，他用颤抖的手抚摸了一下书后就与世长辞了。

哥白尼的"日心说"不只是天文学领域的革命宣言，而且是对宗教神学的宣战书，被誉为"哥白尼革命"。当然，受时代所限，哥白尼的"日心说"也存在缺陷，例如，他认为太阳是宇宙的中心，实际上，正如我们今天所知，太阳并不是宇宙的中心，而只是太阳系的中心。但这丝毫不会掩盖太阳的光辉，恩格斯在《自然辩证法》中高度评价哥白尼，说："他用这本书来向自然事物方面的教会权威挑战，从此自然科学便开始从神学中解放出来。"

哥白尼的"日心说"为我们建立了新的宇宙观，使地球成为不断运动的行星之一，为伽利略和开普勒（Johannes Kepler）的工作拉开了序幕。伽利略创制天文望远镜，观测到土星光环、太阳黑子和月球山岭等前所未知的天文现象，并于 1632 年出版《关于托勒密和哥白尼两大世界的对话》，捍卫哥白尼的"日心说"。该书出版后的第二年，宗教法庭宣布哥白尼的"日心说"为邪说，而伽利略也被宗教裁判所判处终身软禁。开普勒依据大量的天文观测数据提出了行星运动定律，其中第一定律就是"椭圆定律"，指出所有行星都是按照椭圆轨道围绕太阳运动的，彻底抛弃了古代天文学家理想中的正圆匀速运动。牛顿在伽利略和开普勒的工作基础上总结出物体运动的三大定律，并发现了万有引力定律。他于 1687 年出版《自然哲学的数学原理》一书，用万有引力的原理解释了行星的运行，给地球的绕日公转提供了更有力的证明。伽利略、开普勒和牛顿以自己的发现补充、修正和发展了哥白尼的"日心说"，人类的新宇宙观终于得以确立。1830 年，华沙斯塔锡茨广场前竖立起了哥白尼的纪念像。

4.2　文艺复兴与地质学

在文艺复兴中，地质学与自然科学同步发展，但这一发展历程比天文学和物理学缓慢得多，究其原因，是遵循了"培根模式"：重视观察经验，像蜜蜂那样辛勤工作，对事物进行观察，对收集到的经验事实通过分类、鉴别和归纳，得出新的认识。

4.2.1　地质学与博物学

我们在第二讲中论述了地质学萌芽的诞生（距今 5 万 ~ 7 万年前）要早于数学萌芽的诞生（距今 3.5 万年前），更早于物理学萌芽（距今 2.8 万年前）、化学萌芽（距今 2.7 万年前）及天文学萌芽（公元前 4000 年）。史前地质学家不仅掌握了大量岩石、矿物和矿石的知识，而且和史前化学家共同创造了金属冶炼技术，先是炼铜，后是炼铁，推动了人类社会从石器时代到青铜器时代，再到铁器时代的进步和发展。尽管如此，由于没有独立的学科名称，17 世纪之前的地质学一直被包含在博物学领域中。

博物学对应的英文为 natural history，源自老普林尼（Gaius Plinius Secundus）的《博物志》（*Historia Naturalis*）。拉丁文的 historia 意为"叙述、知道、了解"，因此，"Historia Naturalis"的原意是认知大自然。汉语译成"博物学"，有通晓众物的含义。老普林尼的《博物志》论及天文学、地理学、人类学、动物学、植物学、矿物学等多种学问。这为后来的博物学研究树立了典范。

翻开科学史，可以看到许多著名的博物学家，在他们的著述中都包含了地质学内容。例如古希腊的亚里士多德、古罗马的老普林尼、文艺复兴时期的达·芬奇、我国北宋的沈括等。在亚里士多德撰写的《气象学》中记载了许多关于岩石和矿物学知识。老普林尼于公元 77 年完成了书写在羊皮纸上的《博物志》。这是一部卷帙浩繁的百科全书，其中第 2 卷中记述了历史上比较大的地震，谈到地震的前兆、原因、后果以及如何预防等，第 33 至 37 卷中收录了大量矿物、宝石、采矿和淘金的知识。公元 79 年维苏威火山爆发，老普林尼乘船赶往那里，了解火山爆发的情况，救援灾民，他由于吸入火山喷出的含硫气体而中毒身亡，为科学捐躯。达·芬奇在《笔记》的"地球和海"一章中，反复论述了是地壳运动把含有生物化石的岩层抬升到高处。沈括博闻多学，对天文、地理、律历、音乐、医药等众多学科领域都有很深的造诣和卓越的成就，被誉为"中国整部科学史中最卓越的人物"。他于 1086 ～ 1093 年间完成了《梦溪笔谈》，全书分 30 卷，内容涉及天文、数学、物理、化学、生物、地理等各门类学科。沈括对东汉班固在《汉书》中记载的"高奴，有洧水，可燃"进行了实地考察，发现那里有一种褐色天然液体，当地人用它烧火、做饭、点灯。于是，他根据这种液体的性质和用途，在世界上第一次科学地把它命名为"石油"。公元 1074 年，他过太行山时，见"山崖之间，往往衔螺蚌壳及石子如鸟卵者，横亘石壁如带"，于是，他指出，"此乃昔日之海边，今东距海已近千里。"

博物学的基本工作是采集事实，描述命名，分类编目，并不注重去看现象背后的本质，属于"非证明性知识"，没有理论的升华，不是培根所讲的"蜜蜂的工作"。实际上，地质学的工作远超出了博物学的范围。地质学的工作一方面是在描述岩石和矿物的性质、种类和分布状态，另一方面还在研究岩石、矿物的成因和地壳运动的规律。更何况，地质学有其极大的社会实用性，是生产力的一部分。地质学从在旧石器时代诞生那一刻起，就在为改善人类的命运和生活质量服务。我国有实例表明，地质学在青铜器时代就已经成了富国强国之术。

管仲是我国春秋时期著名的政治家和经济学家，被尊称为"管子"。春秋战国时期撰写的《管子》一书反映了先秦时期政治家治国、平天下的思想和谋略。《管子·地数篇》讲："上有丹沙者，下有黄金。上有慈石者，下有铜金。上有陵石者，下有铅锡赤铜。上有赭者，下有铁。此山之见荣者也。"这里记述的是根据矿产垂直分带现象去找矿的经验。其中"上有赭者，下有铁"说的是铁矿的一种找矿经验，用现代语言表述，就是说地表如果见到"铁帽"，地下就会找到铁矿。这种"铁帽"是由土状赤铁矿组成的，呈赭红色，常被文人用来做画画的颜料，称为"赭"。

我国的春秋时期还处在青铜器时代，《管子》中的这段文字表明，那时人们已经掌握了寻找铁矿的地质学经验和知识。为什么找铁矿？当然是为了炼铁！齐桓公即位时拜管仲为国相，问他强国之策。桓公曰："然则吾何以为国？"管子对曰："唯官山海为可耳。"管子说的"官山海"，就是说国家要管制产铜矿石和铁矿石的矿山，管制生产盐的海滩，通过开发矿业促进国家经济的发展。齐桓公采纳了管仲提出的矿业兴国政策，齐国很快强盛起来，齐桓公本人也成为春秋时代的第一位霸主。春秋战国之交，我国进入了铁器时代。铁器坚硬，韧性大，制作出的武器锋尖刃利，胜过石器和青铜器，铁器在农业和手工业中广泛使用后，社会生产力得到极大的提高。

由此看来，把地质学塞在博物学中，总有一种脚大鞋小的不舒服的感觉，因为博物学这件外衣实在难以容纳地质学强壮的肌肉！

地质学对一个国家经济发展的重要性在古今中外是有目共睹的。终于，有人出来给"地质学"这一重要的学科命名了。欧洲文艺复兴时期的意大利博物学家 U. Aldrovandi（阿尔德罗万迪，又译作奥卓范迪）于 1603 年首次引入"giologia（地质学）"一词，把它作为一门研究岩石、矿物和化石成因的学科。英国自然科学家 R. 洛威尔（Robert Lovell）于 1661 年首先使用英语词汇"geology（地质学）"。瑞士地质学家 J. A. 德吕克（Jean-André de Luc）于 1778 年再次使用"geology（地质学）"一词，并且明确主张，要把地质学从博物学中分出来，地质学要把地球所呈现的现象研究与现象背后的原因研究结合起来。瑞士地质学家 H. 索叙尔（Horace-Bénédict de Saussure）于 1796 年出版《阿尔卑斯旅行》一书，在书中正式引入"geology（地质学）"一词，并把地质学定义为"关于地球的理论"。1800 年后，"geology（地质学）"成为通用词汇。

4.2.2　地质学走向知识系统化

地质学有资格、有能力从博物学中独立出来，是因为它已经积累了足够多的知识，而且在不断走向知识系统化。

1. 矿物学

首先构成知识系统的是矿物学。古老的炼金术是当代化学的雏形，而炼金术的目的之一就是想"点石成金"。炼金术在 16 世纪的实用化导致了医药化学和矿物学的发展。德国的阿格里科拉（本名是乔治·鲍尔）曾到意大利学医，同时对矿物感兴趣。他回国后利用在矿区行医的机会系统考察了采矿和冶金的情况，写出了著名的《论矿冶》（又译为《论金属》），在他去世的第二年（1556 年）出版。书中记述了当时采矿工人的实践知识，叙述了有用矿物、矿脉、矿石的生成过程，讨论矿床的成因。全书共 12 卷，还附有 290 幅木刻图件。在矿物学方面，他以物理性质为根据，对矿物进行了分类，较为完整地记载了当时已知的矿物。阿格里科拉的矿物学和矿床学理论在欧洲产生了深远的影响。

差不多与此同时，我国明代李时珍于 1578 年完成了《本草纲目》。他在书中不仅依据亲身考察结果订正了古代本草书中的错误，而且记载了 200 多种矿物、岩石和化石，把金石部细分为金类、玉类、石类、卤石类等，是对当时已掌握的矿物、岩石知识的总结。

在此之前，世界各地已经积累起大量的矿物识别和找矿经验，这些知识多被记录在历史文献中。

在我国，除了《管子》，还有战国时期成书的《山海经》，书中记载了 80 多种矿物、岩石和矿石，不仅记录了 600 多个矿产地，而且把矿产分为金、玉、石、土四类，并对矿床的产出环境进行了初步分类，如有的矿产生于山、有的矿产生于水、有的矿产生于谷。西晋张华的《博物志》（成书于公元 267 年）中记载了用特定植物当线索去寻找金属矿床的经验。南朝梁（公元 502 ～ 557 年）成书的《地镜图》中也记载了金属矿床的指示植物，如"草茎赤秀，下有铅"、"草茎黄秀，下有铜"、"山有葱，下有银"。南宋杜绾在《云林石谱》（约公元 1118 ～ 1133 年成书）中记载了 116 种岩石和矿物，描述了其产地、采法、产状、品位和物理性质，可以认为是中国第一部萌芽地质学专著。

在古希腊，除了亚里士多德的《气象学》，还有泰奥弗拉斯托斯（Theophrastus）所著的《石头论》。书中描述了 70 多种矿物，将岩石分为石质和黏土两大类，论述了颜色、硬度、结构，可燃性、可溶性等物理性质。

阿拉伯的阿尔·比鲁尼（Al-Biruni）于 1048 年出版《识别贵重矿物的资料汇编》，对阿拉伯地区发现的一些矿物和天然金属进行了描述，并精确地测定过 18 种宝石和金属的比重。与他同时代的阿维森纳（Avicenna）曾从事过关于矿物的成因和分类的工作，他著有《医典》一书，其中不仅涉及医学，而且还包括了地质学和矿物学知识。

2. 地层学

地层学的诞生是为了解读地球的历史。早期所解读的"地层"是所有成层的岩石，甚至包括不成层的岩石，经常把"地层"和"岩层"等同起来。地层中经常可以发现化石，有些化石是早在人类诞生之前就已经灭绝的生物遗体，如菊石（图 4-2）。

图 4-2　菊石化石（法国阿尔卑斯山）

17 世纪的英国有位著名的大科学家，叫 R. 胡克（Robert Hooke），对万有引力定律的发现起了重要作用，曾控告牛顿剽窃他的研究成果。胡克学识渊博，不仅是物理学家，而且是博物学家。他指出，化石是古代动物的残骸，是地球演变史中的"纪念碑"，人们可以根据化石去认识地球的历史。1668 年他在英国皇家学会做报告，对英格兰南部发现的龟、菊石等奇怪的化石进行了讨论，指出这些化石产地曾处于温暖气候的环境，进而推断英国曾位于赤道地带附近，提出地轴位置可能曾经发生过变动的科学假设。

丹麦医生 N. 史丹诺（Nicolaus Steno，又译为斯泰诺）曾在意大利的托斯卡纳大公国任宫廷御医，行医之余，他喜欢到山野去找化石，看石头，而且善于把自己在旅行中的见闻进行总结。托斯卡纳地区的岩石成层性很好，一层层岩石平平地躺着，一眼望不到头。有些地方岩层虽然倒塌了，但成层性依然保留着，经过侧向追索，可以发现这些倒塌的岩层与没有倒塌的水平岩层遥相连接（图4-3）。史丹诺如实记录了他的所见所想，于 1669 年发表《导言：论固体内天然包含的固体》一文，提出了他的认识：地层未经变动时产状是水平的，并且侧向连续延伸，未经变动的地层上层新、下层老。史丹诺的认识揭示了地层的原始产状特征和新老关系，被后人奉为地层学原理。

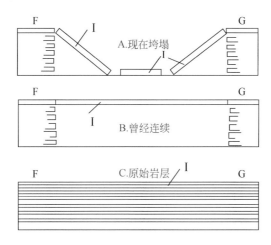

图 4-3　史丹诺的观察与推想

史丹诺在 F 和 G 两地见到被侵蚀和垮塌的岩层 I（A），推测并恢复了它们的原始水平产状（B）和（C）

3. 地球理论

17 世纪时，欧洲涌现出很多"地球理论"，主要讨论地球的起源和早期历史。总体来看，这些理论都具有思辨性架构，以对地质现象的猜测性解释为特征。

例如，德国有一位炼金术士，同时也是矿业工程师，叫 J. 贝歇尔（Johann Joachim Becher），他接受了矿工中流传的矿物和金属是由于某种交配过程而生成的思想，于 1669 年发表了《地下物理学》一书。他设想曾有过原始的混沌，从中分出了中心地球，地球内部的化学变化使土和水结合成动物和植物，水和水结合成雾、雪和冰雹，土和土结合成石头和金属。贝歇尔的思想是化学矿物学传统的源头，为后来的矿物学和岩石学发展提供了理论框架。

再如，大家所熟知的法国数学家和哲学家 R. 笛卡儿（René Descartes），他于 1644 年发表了重要著作《哲学原理》，系统阐述了他的科学观点，并且提出了他的地球理论。他认为，宇宙是由气、火、水、土等基本粒子构成的，这些粒子的涡旋运动形成了太阳系，火粒子集中在天体旋涡中心，形成太阳，较冷的表层物质位于外层，像熔炉中金属液体表层的矿渣一样，形成太阳的黑子。他说，地球的演化也是这样，火粒子集中在核部，外层是致密的太阳黑子物质层，再外层是土粒子层，再向外是水粒子层，形成了海水，最外层是地球的大气层，由气粒子组成。他指出，土粒子层形状不规则，会出现分岔，并会生长、变形，最终会发生断裂，产生坍塌构造，形成"空腔"，"空腔"中的水粒子层就成了地下水（图 4-4）。从笛卡儿的地球模型可以看出，其中已经包含了地球具有圈层构造和地球中心是火的原始思想。

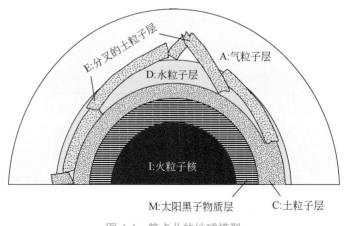

图 4-4　笛卡儿的地球模型

显然，贝歇尔和笛卡儿的"地球理论"多多少少都带有古希腊亚里士多德思想的影子。亚里士多德认为，地球的物体是由土、水、气、火四种元素组成的，这四种元素会做天然运动，重的向下，轻的向上。

从古希腊开始，欧洲人动不动就称"某某理论"，他们有这样的传统是得益于希腊科学精神。他们从事科学活动不以实用为目的，而是试图超越具体的自然现象去获得一般的认识，给出理性的理解。包括我们中国在内的其他古老文明都积累了关于自然界的理论或经验，都曾辉煌一时，但在古代都没有形成自然科学的理论体系。例如，我国古代文献中曾有不少关于海陆变迁的记录。《诗经》成书于周幽王六年（公元前 776 年），其中有首诗题为"小雅·十月之交"，记载了当年阴历十月一日的日食，而且提到"百川沸腾，山冢崒崩。高岸为谷，深谷为陵"，说江河可蒸干，山峰会崩塌，高岸能成深谷，深谷能变高山。东晋葛洪在《神仙传·麻姑传》中说，麻姑曾见过"东海三为桑田"，成为"沧海桑田"典故的来源。宋代沈括把山崖中的螺蚌壳化石当作沧海桑田变化的见证。他看到太行山的"山崖之间，往往衔螺蚌壳及石子如鸟卵者，横亘石壁如带"，就推测太行山曾经在海边，但距离今天的大海已有千里之远。宋代朱熹对地层和化石形成给予了科学的解释。他明确指出，岩石"即旧日之土"，化石螺蚌壳"即水中之物"。遗憾的是，我国古代并没有留下一项有科学价值的地质学理论。早在德吕克 1778 年主张地质学研究要把地质现象观察和对其原因研究结合起来之前，明代的徐霞客就于 1613~1639 年间对我国西南地区 100 多个岩溶洞穴进行了考察，指出岩洞是由于流水侵蚀造成的，从溶洞中滴下的水蒸发后，其中的石灰质凝聚形成钟乳石、石笋。然而，徐霞客的超前认识并没有被总结为"岩溶作用"，只是静静地躺在他的游记中。在徐霞客去世 200 多年后，位于斯洛文尼亚和意大利之间的喀斯特高原地貌才引起人们的关注和研究，塞尔维亚地貌学家 J. 茨维奇（Jovan Cvijic）在 1893 年根据他的研究成果首次提出了"喀斯特作用"这一科学术语。

4.3　对地质营力的思考

经过欧洲文艺复兴运动，地质学彻底从博物学中解放出来，成为独立发展的自然学科。自 18 世纪中叶开始的第一次工业革命对地质学的发展起到极大的促进作用。开发矿山、挖掘运河的社会实践日益普遍，在此过程中获得的岩石和化石资料越来越多，丰富多彩的地质现象引起观察者对所见地质现象成因的深入思考，从而引发了不同观点、不同学派的争论。其中最著名的争论就是"水火之争"。

4.3.1　水成论

水成论认为水对地表的改变起决定因素。古罗马人早已发现尼罗河两岸周期性地被洪水淹没，尼罗河的三角洲不断增大，另外，在陆地上发现了众多的海洋生物化石。英国的 J. 伍德沃德（John Woodward）在《地球自然历史初探》（1695年）中提出，是诺亚大洪水造成大部分生物死亡，沉积岩层中的化石就是这些死亡生物的遗体。18 世纪人们普遍接受伍德沃德的洪积说观点。这是最早的"水成论（Neptunism）"。

德国地质学家亚伯拉罕·维尔纳（Abraham G. Werner）被誉为"德国地质学之父"，是水成论的集大成者。他从 1775 年起任德国弗莱堡矿业学院的教授，以出色的教学吸引了大量青年学生。1787 年，维尔纳出版了一部仅 28 页的著作，题为《岩层的简明分类和描述》，把撒克逊地区的地层由老到新划分为 5 个层序（图 4-5）：Primitive series（原始统，也就是第一统），含花岗岩、片麻岩、板岩、玄武岩、斑岩等；Transition series（过渡统），含硬砂岩、砂质板岩、灰岩等；Secondary series（第二统）或 Stratified series（盖层统），含砂岩、灰岩、石膏、岩盐、煤等；Tertiary series（第三统）或 Alluvial series（冲积统），含现代粉砂、黏土、砾石、泥炭等；Volcanic series（火山统），从火山裂缝中流出的年轻火山岩。

图 4-5　维尔纳提出的"水成论"地层层序

维尔纳有一个基本的假定，即全球各地存在着所谓"普遍的层系"。他认为地球最初被"原始大洋"包围着，外力作用使大洋面下降，陆地是水下高地的出露。他设想，位于地层层序下部的花岗岩、片麻岩等各种结晶岩石是深水沉积物，灰岩和砂岩是浅水沉积物，砂、砾和泥炭之类是陆地沉积物，而年轻的火山岩是地下煤层燃烧形成的。维尔纳认为这个层序适用于全球。他认为是水的力量营造了一切地质系统，自原始海洋开始到诺亚大洪水结束，水面在不断地下降，原始岩石露出水面后，会发生风化和再堆积，从而形成新地层。

　　水成论是以观察为基础的，实证性地划分了地层形成的先后次序，而水成论对地层的起源和成因的讨论却是推测的和思辨性的。维尔纳十分大胆地推测，花岗岩最早从"原始大洋"的溶液中沉积下来，然后依次沉积了片麻岩、云母片岩、泥质片岩、原始石灰岩、玄武岩、正长岩、蛇纹岩、黄玉岩、石英岩和硅质片岩。维尔纳从来没有见到过火山活动。在东欧一些地方，山顶上盖着一层玄武岩，发育很好的柱状节理，维尔纳认为那是从溶液中结晶出来的。当时，水成论和火成论争论的焦点就是玄武岩的成因。

4.3.2　火成论

　　火成论把"地下热火"看成地质作用的主要动力，认为地球核心是熔融的液态。由于意大利西海岸火山岩带的强烈活动，古罗马人相信有一位主管火和锻冶的神住在火山之下，名叫"沃尔坎"（Vulcan）。火山（Volcano）、火山学（Volcanology）这些词就是源自意大利语的 Vulcan。剑桥大学的牧师和自然科学家约翰·雷（John Ray）曾提出，山脉和干燥陆地是通过地球内部火的作用从海里上升起来的。这是最早的"火成论（Plutonism，或 Volcanism）"。当时，在那些有活火山的国家中，这种说法比水成论更具有说服力。

　　威尼斯有一位修道院的院长，名叫 A. 莫罗（Antonio-Lazzaro Moro），是火成论的早期代表人物。1740 年，他发表《论在山里发现的海洋生物》一文，提出了岩石形成纯粹是地球内部热力所致的理论。莫罗认为，原始地球有一个光滑的石质表面，被不深的淡水所覆盖。地下火的作用破坏了地球的表面，使陆地和山脉隆起而升出水面，包含在地球内部的物质如黏土、泥、沙、沥青、盐等都被排放出来，在石质地表上形成了一层新的地层（图 4-6）。地下火的这种爆发一再重复就形成了更多的地层。化石是埋藏在新形成的地层中的动植物遗骸，由于陆地的隆起而出现在高山上。喷发出来的盐进入淡水就形成了苦涩的海水。莫罗承认曾发生过诺亚大洪水，但不足以覆盖欧洲大部分地区。莫罗特别强调火在形成岩石及形成岩层中化石过程中的作用。不过，莫罗把包括沉积岩在内的所有岩石的成因都归结为地下火的作用，显然难以服人。

　　英国地质学家詹姆斯·赫顿（James Hutton）在苏格兰高地进行了多年调查，那里发育了大量已经变质的岩石和各种形状的岩脉，无论怎么看都不像是从水中沉积下来的（图 4-7）。赫顿在 1788 ~ 1795 年间发表论文，系统论述了火成论。他和瓦特（James Watt）是好朋友，当时瓦特正在进行制造蒸汽机的试验。赫

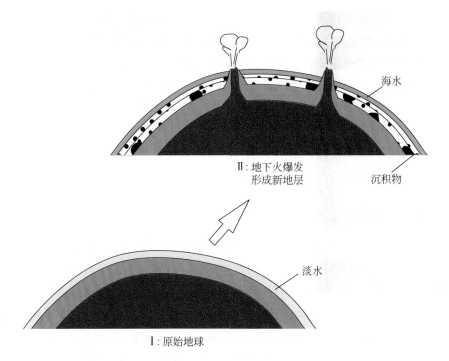

Ⅱ：地下火爆发
形成新地层

海水

沉积物

淡水

Ⅰ：原始地球

图 4-6　莫罗提出的"火成论"地层成因

A.岩石中有剪切的石英脉

B.发育长英质条带的岩石

图 4-7　苏格兰高地出露的岩石

顿认为，地球内部有熔融的岩浆，火山活动是在释放地下能量，有点像瓦特的蒸汽机。岩浆通过火山喷发出来，再固化为岩石，形成了玄武岩和花岗岩。赫顿并不完全否定水的作用，他认为，河水只是把风化了的岩石碎屑冲到海里才逐渐积累，形成砾石、砂子和泥土，而地层的固化和陆地从海洋中的上升是地下热火的作用。更为重要的是，赫顿认为维尔纳原始海洋的观点没有根据，他说，不能用假想的原始海洋去解释地质的过程，而应该用"现在还在起作用"的地质力量去解释。显然，赫顿的火成论更具说服力，不仅有大量实际观测证据，而且有深入的分析，他论述的地质营力现在仍然看得见，觉察得到。需要强调的是，赫顿提出了自然规律的同一性（uniform）理论。这被称为"现实主义原理（Actualism）"，也是现代地质学的认识观。赫顿不仅是火成论的代表人物，而且是现代地质学思想的奠基人。

4.3.3　水火之争

维尔纳本人和赫顿本人并没有直接交锋论战，但他们各自观点的拥护者们在 19 世纪初进行了大论战，争得面红耳赤，有时甚至挥动拳头。

维尔纳的口头禅是"百闻不如一见"。他有个出色的学生，叫冯·布赫

（Christian Leopold von Buch），被普鲁士政府聘为矿井视察员。1802年，布赫考察了法国中部奥弗涅地区的玄武岩，发现了一些火山熔岩流动的迹象，还发现了一些由火山灰堆起的穹隆状地貌隆起，他意识到，这可能是"隆起的火山口"。1815年，在考察了其他火山地区的地质情况后，他彻底倒向了火成论阵营。维尔纳的另一个优秀学生叫冯·洪堡（Alexander von Humboldt），同样在野外考察中倒向了火成论阵营，他在1800年前后的几年考察中发现，很多山脉的倾角和走向都表明是受到了地球内部的巨大抬升作用形成的（图4-8），而不像维尔纳所设想的是来自上面的物质沉积形成的。维尔纳这些优秀学生的观点都从水成论转向火成论，极大地动摇了水成论的优势地位。

图4-8　阿尔卑斯山倾斜的岩层

　　火成论取得决定性胜利的证据来自苏格兰地质学家詹姆士·霍尔（James Hall）的工作。霍尔曾经在赫顿带领下沿着贝里克郡的海岸航行，去寻找地层间的角度不整合关系。他们在一个叫作西卡角的岬角看到，那里下面的地层已经直直地翘起来，而平平的老红砂岩不整合地覆盖在上面。考察了西卡角的不整合面之后，霍尔在1790～1812年间进行了一些重要实验。水成论派曾提出反对赫顿的两点理由：①熔融的岩浆凝固时只能形成玻璃体而不会结晶；②石灰岩在受热以后会被分解掉。霍尔从维苏威火山和埃特纳火山弄来熔岩，放在炼铁炉里加热，他把熔融的样品分成两份，让一份缓慢冷却，另一份迅速冷却，结果，缓慢冷却的样品结晶成了玄武岩那样的物质，而迅速冷却的样品变成了玻璃状的东西。霍尔还进一步用实验表明，如果把石灰岩粉放在一个封闭容器中加热，就不会像水成论学派所说的那样分解掉，而确如赫顿所说的，在冷却后形成了大理岩那样的石块。霍尔的实验不仅对赫顿的火成论提供了有力的支持，而且他本人也成为实验岩石学的先驱。

支持赫顿的证据还来自对矿井温度的测量，在矿井工作的人们发现，越向矿井深处，温度越高。例如，法国矿业工程师科迪埃（Louis Cordier）于 19 世纪初在矿井下把温度计紧贴在岩石上测温，发现井下温度以 1 ℉ /25m 的高速度向下增长，他以此推算，认为地球内部一定有极热的液态物质，一旦地壳发生破裂，就会形成火山活动。

就玄武岩究竟是水成的还是火成的而言，火成论取得了最终的胜利。然而，"水火之争"实际上已经扩大到对地质营力究竟是水还是火的争论，就这点而言，水成论和火成论取得了双赢，因为水和火都是地球上重要的地质营力，水代表的地质营力来自地球的外部能量，而火代表的地质营力来自地球内部能量。

4.4　对地质作用进程的思考

水成论和火成论的论战平息不久，地质学界又爆发了第二场大论战，这次是灾变论和渐变论间的论战，论战的核心问题是，地质作用进程是灾变的，还是渐变的。

4.4.1　灾变论

在古希腊时代，亚里士多德就提出，生命的演化是积微渐进的。直到 19 世纪初，这一认识从来没有被动摇过，大多数动植物学家都没有认真地研究生物进化问题。法国有个生物学家叫 J. 拉马克（Jean-Baptiste Lamarck），在 1809 年出版了《动物哲学》一书，提出了"用进废退"和获得性遗传的进化理论。他认为，生物对环境有巨大的适应能力，环境的变化会引起动物习性的改变，进而会使动物某些器官经常使用而得到发展，另一些器官不使用而逐渐退化。他认为，这种后天获得的性状能够遗传，微小的变异逐渐积累，最终会使生物发生进化。

灾变论的代表人物是拉马克的法国同事 G. 居维叶（Georges Cuvier）。居维叶不相信 J. 拉马克提出的生物渐变进化论。他研究了从埃及带回的木乃伊猫的生物结构，认为几千年前生活的猫与现代仍然生存的猫没有任何差别。1796 年，居维叶在对象化石和现代象骨骼进行比较研究后指出，那些已经成为化石的象是经历了某种灾难后灭绝的。

居维叶被称为"古生物学之父"。他曾提出"生物器官相关原理"，认为生物体是一个统一的整体，各组成部分的结构和机能是相互联系和一致的。例如，如果发现了一副动物的尖牙利齿，就可以知道这是一个食肉动物，它必定有锋利的爪子和发达的咬肌，以及发达的颧骨弓等。如果生物的某一部分发生变化，其他部分必然会发生相应的变化。居维叶的"生物器官相关原理"丰富了比较解剖学的理论，应用这一原理，可以由动物残存的骨骼复原整个躯体。

居维叶和布容尼亚特（Alexander Brongniart）一起研究过巴黎盆地的动物化石，在沉积层中发现了4个先后不同的动物群(图4-9)。在冲积层中含有现代物种，在第三纪最老的地层中发现了原始的哺乳动物和胎生四足兽化石，在下伏的白垩系中，见到的四足兽类是卵生的，还有恐龙等大型爬行动物，而在更古老的地层中见不到四足兽类，只有鱼类和介壳类化石。他们的研究成果于1811年发表。居维叶确信，那些与现代动物不同的古老化石代表了已经灭绝的动物群。

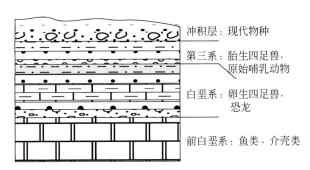

图 4-9　居维叶和布容尼亚特描述的 4 个古生物化石群

居维叶的地球观显然受到1789 ~ 1799 年法国大革命的影响。在1813 年出版的《地球理论随笔》和1826 出版的《论地表的革命》中，居维叶都指出，地层中不同生物化石种属的灭绝，是在一次次突然灾变中造成的，而一个地域动物群发生灭绝后，又会有其他地域迁移来的生物种属接替它们的空间。他根据岩层不整合面上下生物群的不同，提出海盆一定经历过革命，并认为"作用的线断了，自然的进程改变了，地球上现在没有任何营力足以产生古代的作用效果。"这使居维叶成为灾变论的代表人物。

4.4.2　渐变论

居维叶的灾变论显然与詹姆斯·赫顿提出的"现实主义原理（Actualism）"

是相抵触的。

　　这位詹姆斯·赫顿就是我们在前面讲到的火成论的代表人物。赫顿 23 岁时在荷兰莱登大学获医学博士学位，他毕业后没去行医，而是买了一个大农场，当起了农场主，出色的经营让他赚足了钱。但赫顿不甘寂寞，于 39 岁时放弃了农场经营，开始广泛阅读，到处游览，去野外看岩石，观察大自然的作用过程，关注地球的运行机制，42 岁时专门从事地质学研究。当他看到河流把他的农场里的土壤带到海里时，感觉到了缓慢的破坏。他突然想到，如果在足够长的时间里所有的河流都这样做的话，那世界上就没有土地可以耕种了。所以世界上一定有新土壤的来源，极可能来自高海拔地区，雨水和霜冻缓慢地削蚀山脉，在河流中，大石块一步一步地磨成砾石，再磨成砂、粉砂、泥。河流把携带的泥沙负荷带到大海，也会在途中把这些负荷卸载下来，变成肥沃的平原。这是一个"从山到海"的系统。泥、粉砂、砂和砾石会层层堆积在海里，直到它们达到一个深度，受到热和压力的作用成为岩层。赫顿意识到，故事至此远没有结束。如果就这样结束，那么地球表面早就磨平了，变成了某种全球性的沼泽。他由此推论，"旧大陆正在逐渐消失，新大陆正在海底形成，"是地下热火的作用使固化的岩层和新形成的陆地从海洋中上升。赫顿在《地球的理论》一文明确指出，地质现象可以用今天看得见的天然过程去解释，那些在遥远的过去曾经改变地球面貌的作用过程在遥远的未来也将继续进行，这些作用过程一直在缓慢地进行着，看不到开始，也看不到结束。这就是赫顿主张的自然规律的同一性（uniform），是一个在动态循环中渐进和重复的过程。1785 年，他向英国皇家学会报告了自己的理论。为了让人们能感觉到地质作用过程的缓慢性，他希望能找到一个形象的实例，一个包含了时间深度的天然图像，一个足以让人惊掉下巴的地质露头。终于，他在苏格兰海岸的西卡角看到，低缓倾斜的老红砂岩不整合覆盖在几乎直立的希斯特斯片岩上（图 4-10）。他用这个露头告诉当时的人们，"这里有三个不同的接续存在的时期，每一个时期的持续时间都是无限长的。"

　　赫顿的革命性地球观经过约翰·普莱费尔（John Playfair）宣传而得以广为传播。普莱费尔是爱丁堡大学的自然哲学教授，也曾经在赫顿带领下去西卡角寻找地层间的角度不整合。1802 年，他出版了《关于赫顿地球论的说明》，这本书是赫顿《地球的理论》一书的简写本，用通俗的语言阐述了赫顿的理论，使赫顿的革命性地球观广为传播。英国地质学家查尔斯·莱伊尔就受到了这一革命性地球观的深刻影响。

图 4-10　苏格兰西卡角老红砂岩和希斯特斯片岩间的角度不整合（图片据 https://iat-sia.org/wp-content/uploads/2020/07/Siccar_Point-1024x597.jpg）

查尔斯·莱伊尔于 1816 年进入牛津大学学习法律，1821 年获硕士学位。他在学习法律期间有机会环游英国乡村，对所见到的地质现象非常感兴趣，就开始在业余时间研究地质学，并在 1822 年发表关于淡水灰岩成因的论文。1823 年，他被选举为伦敦地质学会秘书，到 1827 年时，他已经彻底放弃了律师行业，专心研究地质学。

莱伊尔曾在那不勒斯参观了一座罗马时代的建筑。在海边的三根石柱上，他看到有浅海动物钻孔留下的印记（图 4-11）。这表明，自罗马时代以来，在 1700 多年中，这里的地面曾经下降了 2.7m，海水淹没这些柱子的下半截；其后，地面又上升了 6.3m，这些柱子上的虫孔被抬升到水面之上。莱伊尔就此

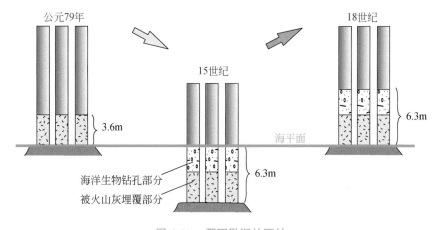

图 4-11　那不勒斯的石柱

指出，重大的地质变化能以"渐变的"方式发生。莱伊尔还实地考察了法国奥弗涅地区的玄武岩和意大利的埃特纳大火山。他根据熔岩层的厚度、山脉的增高速率及山脉的高度估算出，火山喷发至少有几十万年的历史。在他的估算背后隐藏着一个假设，那就是，山脉增高的速率是基本不变的。换句话说，他认为过去的地质进程变化速率和今天是相同的。他的这一思想被概括为"渐变论（uniformitarianism）"。他强调，一切地质变化都是在漫长的过程中逐步完成的，应该利用对正在发生的地质过程的观察去说明地球过去发生了什么变化。

从意大利和法国考察回来，莱伊尔就着手写他的《地质学原理》，这部巨著于 1830～1833 年分三卷出版，书的副标题是"用现在起作用的原因来说明地球表面以前的变化"。他用这个长长的副标题表达了自己的地质学思想方法。这无疑是继承了赫顿的革命性地球观。不过，莱伊尔认为过去地质进程的变化速率和今天是相同的，这却不是赫顿的主张。在这一点上，莱伊尔的"渐变论（uniformitarianism）"不能和赫顿的"自然规律同一性（uniform）"画等号。当然，在本质上，从赫顿到莱伊尔都强调，过去地球上发生的地质作用今天依旧在进行着，现在是认识过去的钥匙。

4.4.3　"灾变"还是"渐变"？

无论是灾变论者还是渐变论者，面对的都是看得见的地层剖面，在这些剖面中有沉积间断，也有古生物化石的明显变化。居维叶正是依据巴黎盆地这两种表观地质现象提出了灾变论，但是，面对同样的巴黎盆地地层剖面，莱伊尔认为，沉积间断有可能是那里的陆地在海平面之上停留了很长时间没有发生沉积，或是河流的长期缓慢侵蚀造成的，是沉积记录的不完整性，完全不用求助灾变论。对剖面中古生物化石的变化，莱伊尔认为生物的物种变化受生活环境的控制，他在《地质学原理》书中郑重地指出，如果适合的环境条件出现，恐龙可以再次在地球上漫游。莱伊尔认为，古生物演化也是一个缓慢的进程。他观察到，在第三系地层中既有现在还生存着的生物物种，也有已经不复存在的物种。于是，他根据法国巴黎盆地第三系地层所含软体动物化石中现存物种的比例进行了划分和命名，把含 3% 现代种化石的地层时代称作"始新世"，把含约 17% 现代种的地层时代称作"中新世"，而把含 35%～50% 现代种化石和含约 96% 现代种化石的地层时代分别称作"早上新世"和"晚上新世"。不过，莱伊尔和居维叶对于生物物种变化原因的认识是完全一致的，莱伊尔认为是受生物生活环境的控制，居维叶则提出"生存环境决定论"。

　　居维叶作为灾变论的代表人物，曾经在 1830 年和渐变进化论的代表人物
E. 若弗鲁瓦（Etienne Geoffroy de Saint Hilaire，也译作圣提雷尔）在法国科学
院进行了 2 个多月的面对面公开辩论。辩论的焦点是：若弗鲁瓦主张动物的结构
是从一个基本一致的简单型式逐渐演化成复杂的结构，而居维叶主张所有动物的
结构都是由动物所需功能或生存环境决定的。居维叶有扎实的生物解剖学功底，
口才极好，又用精心准备的彩色图件做辅助，很快就赢得了大多数听众的信服。
莱伊尔同样不同意"生物渐变进化论"，而对居维叶的"生存环境决定论"持赞
同的态度。

　　查尔斯·达尔文于 1831 年带着莱伊尔刚出版的《地质学原理》第一卷登上
"贝格尔号"进行环球探险。在为期 5 年的考察中，达尔文"用莱伊尔的眼睛去
观察"，并在考察结束后出版了一系列地质考察报告，成为远近闻名的地质学家。
1838 年，他被选为伦敦地质学会秘书。1859 年，达尔文出版了《物种起源》，
建立起以"物竞天择、适者生存"为核心的生物进化论学说。达尔文在整理动
物标本时，也曾注意到物种灭绝现象，但他拒绝接受居维叶的灾变论。达尔文
对物种灭绝的解释是，生物个体或种数是由种内和种间竞争决定的，生物个体
将死于敌手，物种也难免灭绝。应该说，在达尔文以"物竞天择、适者生存"
为核心的生物进化论中，既有拉马克"生物渐变进化论"的思想，又有居维叶"生
存环境决定论"的思想。

　　今天看来，在地质作用过程中，"渐变"和"灾变"两种进程都是客观存在的。
河流的侵蚀、搬运、沉积作用是长期的、缓慢的，而山洪和泥石流的爆发是不常
见的、迅速的；沙漠中的飞沙走石是常见的，造成了沙丘的缓慢移动，而大规模
的沙尘暴是不常见的，几天就消失了；岩浆的孕育是长期的、缓慢的，而火山喷
发是突发的、迅速的；地应力的积累是长期的、缓慢的，一旦积累到超过岩石的
强度极限，就会在瞬时发生地震。当然，这些都是相对于人类生活的时间尺度而
言的。在地质时间尺度上，生物的进化是极其缓慢的，而它们生存环境的突发事
件却能在短期内造成物种的大灭绝，例如，白垩纪末的恐龙灭绝事件。

　　怎么样理解在地质作用过程中的"渐变"和"灾变"？可以把地质作用过
程理解为一个个"事件"累积的过程，这些事件的能量和规模有大有小，发生的
频率有高有低，对环境造成的影响和后果也极不相同。频发的小规模事件表现为
寻常事件和普通事件，给人以渐变的印象，而罕见的大规模事件表现为非常事件
和稀罕事件，给人以灾变的印象。统计数据表明，地质事件的强度（M）越大，
发生的频率（F）就越低（图 4-12），在寻常事件、普通事件和非常事件、稀罕

事件之间存在着如下的关系：

$$F = k / M$$

式中，k 为"比例系数"，M 为事件的强度，它的单位与地质事件的性质相关，例如，对浊流来说，为浊流层的厚度，是长度量纲的一次方，对滑坡来说，为滑塌岩的体积，是长度量纲的三次方。显然，对不同的地质事件来说，"比例系数（k）"的量纲是不同的。

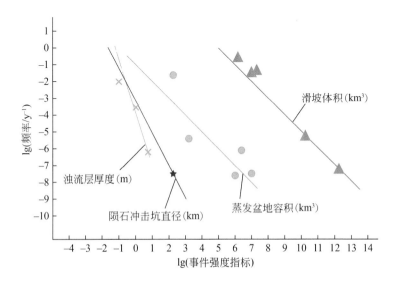

图 4-12　地质事件强度与发生频率间的关系（数据来自 Hsu，1983）

4.5　小　　结

近代自然科学是在欧洲文艺复兴运动中诞生的，其重要特征是观察实验和科学思维方法。地质学与自然科学同步发展，以地壳为直接观察研究的对象。

遥远星空中的星星看得见却摸不到，天文学家们对不规则的行星视轨迹进行解释，形成了不同的观点。哥白尼用"日心说"模型挑战托勒密的"地心说"模型。经过伽利略、开普勒和牛顿的工作，哥白尼的"日心说"得到了修正和发展，人类的新宇宙观终于得以确立。在这一过程中，天文学家和物理学家们不仅进行了大量的观察实验，而且一直借助于数学这一逻辑工具，遵循着数理传统发展轨迹。

岩石、矿物和化石存在于人类身边，人们看得见，摸得到，而且能从野外带回室内陈列，和只会闪光的星星相比，它们不仅有多种形态，而且有丰富的色彩，还有各种可触知的属性，但是，人们觉察不到它们的运动。这使人们很自然地把对它们的研究首先放在形态、属性的描述和分类上，也就是说，地质学的早期发展与天文学的早期发展不同，没有进入数理传统发展轨迹，而是进入了博物学传统发展轨迹。

从18世纪起，人们开始深入研究岩石、矿物和化石成因，于是，地质学从博物学中独立出来了，对所见地质现象成因的深入思考引发了不同观点、不同学派的争论。其中最著名的争论就是水成论和火成论之间的"水火之争"和灾变论和渐变论之间的论战。在这些争论和论战中诞生了现代地质学的思想，这一思想就是赫顿的"自然规律的同一性"，即过去地球上发生的地质作用今天依旧在进行着。莱伊尔继承了这一思想，进一步提出了"将今论古"的研究方法，强调应该"用现在起作用的原因来说明地球表面以前的变化"，现在是认识过去的钥匙。

现在回头再去看这些争论可以发现，在对于地质营力究竟是水还是火的"水火之争"中，水成论和火成论取得了双赢，因为水和火都是地球上重要的地质营力，水代表的地质营力来自地球的外部能量，而火代表的地质营力来自地球的内部能量。对于地质进程的灾变论与渐变论之争，实际上反映了对地质事件的规模和发生的频率之间关系的理解。可以把地质作用过程理解为一个个地质事件的累积过程，频发的小规模事件表现为寻常事件和普通事件，给人以渐变的印象，而罕见的大规模事件表现为非常事件和稀罕事件，给人以灾变的印象。统计数据表明，地质事件的强度越大，发生的频率就越低。

第 5 讲

地球的年龄

自创造出文字算起，人类文明史已经有约 6000 年。自进化成能人算起，人类演化史已经有 250 万年，那么，自地球诞生算起，它的演化史有多少年了？或者，换一种问法，地球的年龄有多大了？人类产生这样的疑问自然是出于好奇。好奇是人类的天性，好奇是产生一切知识的原动力。

很久很久以前，这个问题的答案是从神话和神学得到的，到了近代，这个问题的科学答案才逐步浮出水面。

5.1 从神学到科学

5.1.1 我国的记载

我们中国把盘古开天辟地作为世界的发端。盘古开天地是在哪一年？

三国时期，魏国有个名叫张揖的文人，他在魏明帝太和年间（227 ～ 233 年）编写了一本百科词典《广雅》。其中第 9 卷"释天"中写道："天地设辟，人皇以来至鲁哀公十有四年，积二百七十六万岁，分为十纪。"他说，盘古开天辟地后，自人皇算起，到春秋鲁哀公十四年（公元前 481 年），共 276 万年。计算依据呢？没有。不过，有人说，这可能算少了！

这个人就是唐代史学家司马贞，他认为，司马迁的《史记》以"五帝本纪"为始，缺少了之前的"三皇"。于是，他为司马迁的《史记》补写了"三皇本纪"，并在书中引用《春秋纬》的说法，"自开辟至于获麟，凡三百二十七万六千岁"。就是说，加上"三皇"这段历史，从盘古开天辟地到鲁哀公十四年捕获麒麟，一共经历了 327.6 万年，比张揖的估算多了 50 多万年。虽然司马贞补写了"三皇本纪"，但他引用的《春秋纬》是汉代无名氏撰写的一本神学著作，其中有古代神话传说，也有占卜灾祥福瑞的内容。因此，盘古开天地是在 327.6 万年之前的说法没有任何科学依据，只不过是我国古代神学著作中的一个记载。

5.1.2 圣经的记载

《圣经》讲，世界是上帝用 6 天创造的，并没有指明具体是哪 6 天，也没有说在哪一年。17 世纪时，爱尔兰有个天主教会的大主教，名叫詹姆斯·乌雪（James Ussher，文献中多译为詹姆斯·厄谢尔）。他在 1625 年上任后，想做一件轰轰烈烈的大事，要计算一下地球的年龄。于是，他就从考证上帝创造世界的时间入手。

乌雪很博学，精通数学和历史。他找了一些《圣经》和史书中都明确记载的同一事件，这样，就能把《圣经》中提到的年份和历史文献的年份对上号。例如，新巴比伦国以未·米罗达登基是在主耶稣诞生前 562 年，也就是公元前 562 年；罗马凯撒大帝于公元前 44 年去世，那一年是儒略历第 2 年，等等。经过多年考证，乌雪大主教终于在 1654 年得出了一个"无比精确"的结论：上帝创造世界是在公元前 4004 年 10 月 22 日星期六下午 6 点完成的。这就是说，地球的年龄差不多有 6000 年。

乌雪对他的推算结果十分得意，迫不及待地发表了《乌雪年表》。他的推算结果刚一公布，立即得到了宗教界的广泛认可。乌雪的推算被印进了英国 1701 年出版的《圣经》。从此，乌雪给出的"地球年龄是 6000 年"的结论就成了整个宗教界信奉的真理，也成了世人的常识。

5.1.3　科学家向神学的挑战

德国的数学家和哲学家 G. 莱布尼茨（Gottfried Wilhelm Leibniz）于 1693 年发表了《原始地球》的提纲。他认为，按照笛卡儿的旋涡理论，地球是太阳系中旋转的星体。莱布尼茨把对熔炉中化学反应过程的观察扩大到地球，提出地球表面曾是熔融的玻璃质，被矿渣似的黑子覆盖着，后来才逐渐冷却。

法国博物学家 G. 布丰（Georges Louis Leclere de Buffon）接受了旋涡理论，并且采用英国宇宙学家 W. 惠斯顿（William Whiston）的观点，提出太阳系是太阳和彗星撞击形成的，炽热的熔岩冷却以后形成了地球。布丰按照地球不断冷却的理论，着手去测定地球的年龄。他在铸铁厂里准备了一套不同大小的铁球，把这些铁球加热到几乎熔化的程度，然后放到地窖里去冷却，测量不同大小的铁球冷却到地窖的室温各用多少时间，从而，得到了不同大小铁球的冷却速率。他发现，这些铁球的冷却速率和它们的直径具有明确的比例关系。由此，他计算出了地球直径那样大的铁球冷却到地窖室温需要多长时间。接着，布丰又用金属和非金属的混合物模仿地球的成分进行试验，并在计算中考虑到，地球在冷却过程中还会吸收太阳热。最后，布丰计算出，地球自熔融状态冷却下来，至少需要 75000 年，或许需要更长的时间，比如说，300 万年。这就是地球的年龄。1749 年，布丰出版《博物志》（又译《自然史》），发表了他的观点。不过，布丰只公布了他计算的最小值。

最小值？布丰给出的 75000 年要比乌雪推算的 6000 年大多了！这显然是对《圣经》的大不敬！果然，布丰的观点立即受到天主教的谴责和反对。1751 年，巴黎大学神学院警告他，《博物志》中的这些观点必须收回。布丰感到压力山大，只好公开表示放弃这些观点，但内心并不屈服。他在后来的著作中继续宣传他的思想，在一些没来得及发表的手稿中，他明确指出，地球的年龄在 300 万年以上。

当时英国的地质学研究受到宗教界更为严密的监控。英国甚至出现"圣经地质学（Scriptural Geology）"学派。他们认为，地质学家应该在教会的允许下进行研究，并为神学服务。不过，"草根"地质学家们可是从来不服管。英国的"草根"地质学家詹姆斯·赫顿根据自己的观察，提出了现实主义原理。1785 年，赫顿不顾宗教界的反对，在《地球的理论》中明确指出，自然规律是不变的，过去留下的地质现象可以用今天看得见的自然过程去解释，而这些作用过程一直在缓慢地进行着，看不到开始，也看不到结束。1830 ~ 1833 年，查尔斯·莱伊尔出版了三卷本《地质学原理》，在赫顿现实主义原理的基础上提出了渐变论。他把"用现在起作用的原因来说明地球表面以前的变化"作为书的副标题，并在书中明确指出，地壳岩石记录了亿万年的地质演化历史，可以用自然过程进行解释，根本不需要去求助《圣经》。赫顿和莱伊尔都认为，地球上的地质作用是极其缓慢的，自然法则始终如一。他们都强调地球年代的无限久远和地质过程的无始无终。换句话说，他们都认为地球的年龄"无穷老"！

5.2　地层的相对年龄

在科学家们向神学挑战的同时，他们还在进行着另一项重要的工作，那就是着手建立地球上岩石年龄新老的次序，也就是厘定地层的相对年龄。在这项工作中，先后创立了七条地层学原理，成为判断地层相对年龄的法则。

5.2.1　七大地层学原理

前面已经提到，17 世纪时，丹麦有一位名叫 N. 史丹诺的医生，1665 年，他去了意大利的佛罗伦萨，被任命为托斯卡纳大公斐迪南二世的医生。行医之余，他喜欢到山野去找化石，看石头，而且善于把自己在旅行中的见闻进行总结。他擅长解剖学，曾经在解剖刚捕获的大鲨鱼时发现，鲨鱼的牙齿和在一些地方挖到的一种叫"舌石"的化石很像。于是，史丹诺指出，这些"舌石"就是石化的鲨鱼牙齿。

　　史丹诺根据他对意大利西部托斯卡纳成层岩石产状的观察，于 1669 年出版了《导言：论固体内天然包含的固体》一书，提出了他对这些地层年代关系的认识。他指出，岩层是一层层沉积下来的，新岩层沉积在老岩层之上；岩层最初是水平的，侧向连续延伸着，这些岩层是在创世的同一时间从覆盖了一切的大水中形成的；如果岩层中有其他岩石的碎块或动、植物化石，这种岩层就不是在第一次创世时形成的，而是被大洪水冲到那儿的；如果地层被岩石体或不连续面穿切，这个岩石体或不连续面一定比被穿切的地层年轻。他相信，这些岩层是在两个时期形成的，第一期是在创世的时候，第二期是在诺亚大洪水的时候。尽管史丹诺的思想仍然受到《创世记》神学的禁锢，但他揭示了地层的原始特征，并且指出了判断地层新老关系和在不同地点进行地层对比的方法，被后人奉为四大地层学原理（图 5-1）：

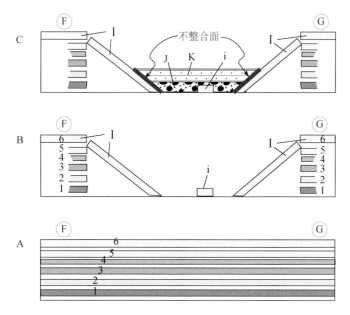

图 5-1　史丹诺提出的四条地层学原理

A 图中数字 1 至 6 表示沉积顺序，图示了地层下老上新的叠置原理，不同岩层的水平产状和侧向连续性图示了原始水平原理和侧向连续原理；B 图中在地点 F 和 G 处只能见到残存的地层 1 至 6，其中 1 至 5 在两地中间都已经剥蚀殆尽，只有被断裂破坏的第 6 层（即 I 层）残存下来，倒塌成多段；C 图中第二期的地层 J 层和 K 层顺序形成，和第一期形成的 1 至 6 层由不整合面分开，图示了穿切关系原理，被不整合面穿切的地层 I 比不整合面更老。J 层中包含着来自 I 层的岩块 i，表明 J 层不是在第一次创世时形成的，而是第二期岩层

（1）地层叠置原理，地层未经变动时沉积年龄下老上新；

（2）原始水平原理，地层未经变动时呈水平产状；

（3）侧向连续原理，地层未经变动时侧向是连续延伸的；

（4）穿切关系原理，被穿切的地层年龄比穿切它的岩石体或不连续面更老。

史丹诺的书出版 100 年后，英国也诞生了一位业余地质学家，名叫威廉·史密斯（William Smith）。史密斯 7 岁丧父，18 岁时给一个测量员当学徒。他于 1793 ~ 1799 年间参加了开凿运河的测量与调查工作。在长期的野外测量中，史密斯发现岩层结构是有规律的，相同岩层总是以同一叠覆顺序排列着，每一岩层都包含了自己特有的化石，利用这些化石可以把上下不同的岩层区分开，并且对不连续出露的岩层间进行上下关系的对比，也就是岩层新老关系的对比。史密斯把自己这套方法称为"用化石鉴定地层"，并用这一方法于 1799 年编绘出第一张彩色地层图，又于 1815 年完成了具有跨时代意义的现代地质图《英格兰和威尔士地质图》，确立了地层学中的"动物群顺序原理"，按照地层学原理提出的时间顺序，这是第五条原理（图 5-2）：

（5）动物群顺序原理，又称化石对比原理，是利用化石建立地层层序，并对远距离出露的岩层进行地层新老对比。

史密斯的杰出成就使他于 1835 年获爱尔兰都柏林大学特林尼蒂学院（Trinity College）法学博士学位，并使他被后人誉为"地层学之父"。

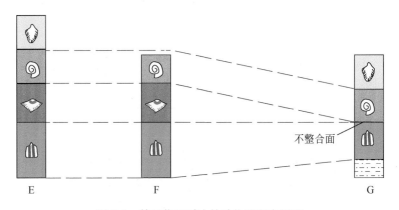

图 5-2　基于化石对比的动物群顺序原理

按照化石建立层序，并对 E、F、G 等地点的地层进行年代新老对比（地点 G 不连续地层的化石对比曾被称为"灾变论原理"）

在史密斯之后，法国著名的古生物学家 G. 居维叶研究了法国巴黎盆地的地层层序，发现那里的地层存在着不整合面，而在不整合面上下地层中的化石动物群并不是连续渐变的（参见第 4 讲的图 4-9）。他在 1811 年提出"灾变论"的同时还指出，动物群的灭绝总是和地层的不整合面吻合的，不整合面之上的动物群是新创造的。这一认识曾被作为"灾变论原理"，但实际上它只是"动物群顺序原理"的一个特例或补充。"动物群顺序原理"是针对连续地层的，而居维叶的"灾变论原理"是针对包含不整合面的不连续地层的。

莱伊尔曾在《地质学原理》指出，当在一个大岩石体内包含有小岩石碎块时，被包含的岩石碎块一定老于包含它的大岩石体。例如，如果在砂岩层中见到花岗岩的砾石，这些砾石一定是来自年龄更老的花岗岩。另一种情况是，花岗岩侵入到砂岩中时，会包含砂岩的捕虏体，作为捕虏体的砂岩一定比花岗岩的年龄更老。这是第六条地层学原理，称"包含物原理"（图 5-3）：

（6）包含物原理，被包含的岩石碎块一定老于包含它的大岩石体。

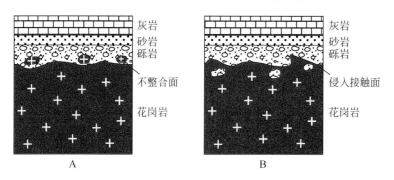

图 5-3　包含物原理

A. 花岗岩砾石被包含在年轻的砾岩中；B. 砾岩块作为年轻花岗岩中的捕虏体

1894 年，德国地质学家 J. 瓦尔索（Johannes Walther）提出沉积相对比定律，指出只有侧向相邻发育的相才能垂向依次叠置而无间断（图 5-4）。受瓦尔索相对比定律的影响，1926 年，英国地质学家 W. 莱特（W. B. Wright）在论述他所研究的磨石粗砂岩时指出，这套粗砂岩具穿时性。1948 年，美国地质学家 H. 惠勒（Harry Weeler）把同一个地层组在不同地点具有时间迁移的特征概括为时侵原理。1964 年，美国地质学家 A. 肖（A. B. Shaw）把陆表海沉积物分为两种沉积环境的产物，一类直接来自海水本身的原地沉积物，另一类为来自海水范围之外的（异地）陆源沉积物。他指出，所有非火山成因的异地沉积物和侧向连续的陆表海沉积物，都必然是穿时的。这就是由瓦尔索的相对比定律发展成的第七条地层学原理：

（7）岩石地层穿时普遍性原理，全部侧向可追索的非火山成因的浅海沉积地层都必然斜交等时面。

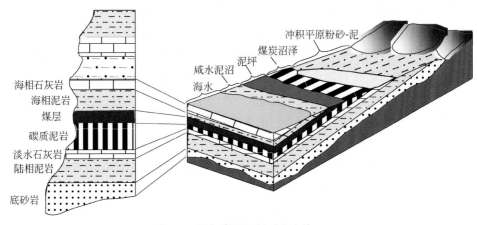

图 5-4　瓦尔索沉积相对比定律

瓦尔索的相对比定律是现实主义原理的具体体现，除对沉积相分析具指导意义外，还是对现代地层学发展的重大贡献。由瓦尔索的相对比定律发展成的"岩石地层穿时普遍性原理"使地层学从传统观念中摆脱出来，修正了那种"千层糕"地层学的片面认识。例如，史丹诺提出的"地层叠置原理"暗指沉积作用像"天上下毛毛雨"，因此才有"沉积年龄上新下老"。实际上，很多环境中的沉积作用往往是通过侧向加积完成的，在垂向堆积的地层中包含了侧向加积的过程。例如，经典的三角洲沉积分为顶积层、前积层和底积层，但这三层的界面却并不是等时性界面。在真实环境中，三角洲沉积物会逐步向海中推进，形成大规模的侧向加积砂体，这些砂体的内部等时面和砂体的顶底岩性界面是斜交的，砂体本身的顶底岩性界面也是穿时的，向海方向逐步变年轻（图 5-5）。荷兰 2000 多年来

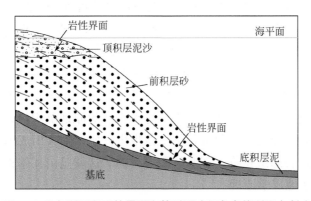

图 5-5　三角洲沉积层的界面和等时面（红色虚线所示）斜交

的滨外沉积很好地诠释了穿时性原理。在海平面不断上升的背景下，海岸线不断向陆地方向移动，远滨沉积的泥层覆盖到近滨沉积的砂层上，海底面不断抬高。在这里，泥质层和砂质层的层面并不是等时面，而不同时期的海底面才是等时面（图 5-6）。

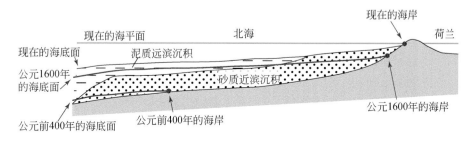

图 5-6　荷兰近岸沉积层的穿时性（转引自张守信，1992）

5.2.2　全球统一年代地层系统

1. 地质"系"的命名

七大地层学原理在 1669 ~ 1833 年间逐步提出。到 19 世纪初，经过地质学家们的努力，已经创立了一系列研究沉积地层的理论和方法。在这一基础上建立统一的地层系统已是"万事俱备、只欠东风"。

火成论早期代表人物意大利的 A. 莫罗曾把见到的山脉分成两类，一类是层状山，另一类是非层状山，层状山盖在非层状山之上。他按照史丹诺提出的地层叠覆原理，把早期形成的非层状山称为"第一代山（primary mountain）"，晚期形成的层状山称为"第二代山（secondary mountain）"。被誉为"意大利地质之父"的 G. 阿杜诺（Giovanni Arduino）于 1758 年把意大利北部的山脉分成三个时期的产物（图 5-7），由老到新为：由片岩组成的山脉核部是"第一统（Primitive series）"，山脉翼部坚硬的沉积岩是"第二统（Secondary series）"，山脚处不太硬的沉积岩是"第三统（Tertiary series）"。差不多与此同时，德国和英国的地质学家也都认识到山脉的分层性。如德国地质学家 J. 莱曼（J. G. Lehmann）于 1756 年第一次实测了层状岩石的实际剖面，建立了和阿杜诺类似的地层序列。德国动物学家 P. 巴拉斯（P. S. Pallas）在俄罗斯圣彼得堡科学院任教期间，曾到乌拉尔山考察，在他 1777 年发表的考察报告中也指出了山脉的三分性序列。人们开始思考，这些不同地区山脉的各岩层会不会是同一时间段形成的呢？

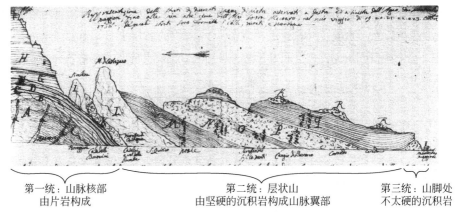

第一统：山脉核部　　　　　　　　　第二统：层状山　　　　　　　　第三统：山脚处
由片岩构成　　　　　　　　　　　由坚硬的沉积岩构成山脉翼部　　　不太硬的沉积岩

图 5-7　阿杜诺于 1758 手绘的意大利维琴察附近的阿格诺山谷剖面（底图据 http://
astrogeodata.it/id283.htm [引用日期 2022-02-06] ）

　　我们在第 4 讲中曾提到，"水成论"的代表人物亚伯拉罕·维尔纳于 1787
年出版了他的代表作《岩层的简明分类和描述》。他在书中把撒克逊地区的地层
由老到新划分为 5 个层序：第一统（或原始统），过渡统，第二统（或盖层统），
第三统（或冲积统）和火山统。维尔纳认为，这个层序适用于全球。他提出，地
球最初被"原始大洋"所包围，外力作用使大洋水面下降，露出由花岗岩、玄武
岩等各种结晶岩石构成的第一统岩层。这些岩层露出水面后开始发生风化、堆积，
逐渐形成后来的新地层。

　　既然沉积地层的分层性和先后顺序可以在不同地区进行对比，并且有可能
是同时形成的，就需要给它们起个名，老大、老二、老三。那时虽然没有全世
界统一的国际地质学组织，但科学家们都墨守长期以来约定俗成的命名优先原
则。这样，"意大利地质之父"阿杜诺命名的第一统（Primary series），第二
统（Secondary series）和第三统（Tertiary series）就被大家接受了。不过，他
的划分太过粗略，他的第一统和第二统早已经被后人的研究成果肢解了，只有
第三统（Tertiary series）寿命较长，一直使用了 200 多年，在 2004 年公布的《国
际年代地层表》中被正式弃用 *。

<hr>

　　* 据《大英百科全书》（网络版，britannica.com）"新生代（Cenozoic Era）"条目，1856 年，奥
地利地质学家 M. 赫奈斯（Mauritz Hörnes）依生物群和沉积物的相似性，把 Tertiary 划分为 Paleogene 和
Neogene。由于 Paleogene 年代老于 Neogene，国内一般都把 Paleogene 译为"老第三纪"，把 Neogene 译
为"新第三纪"，其相应的地层被译为"老第三系"和"新第三系"。在全国自然科学名词审定委员会
于 1993 年审定公布的《地质学名词》中，Paleogene 和 Neogene 分别被译为"古近"和"新近"，相应的
地质年代单位被译为"古近纪"和"新近纪"，相应的年代地层单位被译为"古近系"和"新近系"。在
2004 年召开的第 32 届国际地质大会上，Paleogene 和 Neogene 取代 Tertiary，成为正式地质年代单位和年
代地层单位，"古近纪"、"古近系"和"新近纪"、"新近系"的译名随之普及起来。

维尔纳的学生、德国地理学家 A. 洪堡曾于 1795 年到法国与瑞士交界的侏罗山（Jura）进行考察，发现那里出露的都是灰岩，而且在维尔纳的地层系统中并没被提到。于是，洪堡于 1799 年把这些灰岩命名为"侏罗灰岩（Jura-Kalkstein）"。

曾任比利时布鲁塞尔科学院院长的奥马利达鲁瓦（J. d'Omalius d'Halloy）年轻时在法国和意大利进行了近 20 年的地质考察。这些研究成果于 1822 年发表。其中，奥马利达鲁瓦把巴黎盆地中一套富含海相贝壳化石的灰岩地层命名为"白垩系（Cretaceous）"。拉丁文"Creta（白垩）"是指一种微细粒的碳酸钙沉积物。这套白垩层灰岩在欧洲西部广泛发育。

"石炭系（Carboniferous）"这一名称首次见于 1822 出版的《英格兰和威尔士的地质报告》，作者是英国的地质学家 W. 科尼比尔（W. D. Conybeare）和 W. 菲利普斯（W. Phillips）。拉丁文 carbō 的含义是"煤"，ferō 的含义是"带有"，Carboniferous 的含义是"含煤的"。在英国命名的这套含煤地层在欧洲、亚洲、美洲等都十分发育，包括我国在内，世界上很多国家的工业煤层都采自石炭系。

1829 年，法国地质学家 J. 德努瓦耶（J. Desnoyers）在研究巴黎盆地沉积物时，把那些比第三统更年轻的松散沉积层称为"第四统（Quaternary series）"，这是按照阿杜诺命名的 Primary，Secondary 和 Tertiary 顺序向上排的。有一种说法认为，"Quaternary"这个词是阿杜诺于 1759 年在一篇私人信件中首先提出的，指那些比"Tertiary"更年轻的沉积层。Primary、Secondary 和 Tertiary 三个名称已经先后弃用，只有 Quaternary 一直沿用到今天。

德国盐矿专家 F. 阿伯蒂（F. A. von Alberti）在寻找岩盐时，发现在侏罗系灰岩下出露了一套由红砂岩 – 灰岩 – 黑色页岩组成的海 – 陆交互相沉积地层，这套地层的红、白、黑三色十分引人注目，在德国和欧洲西北部广泛出露。1834 年，阿伯蒂发表专著，把这套地层称为"三叠系（Triassic）"。拉丁文 trias 的含义是"三分性"。

18 ~ 19 世纪的英国是地质大国，涌现出一批大牌地质学家，如詹姆斯·赫顿、威廉·史密斯、查尔斯·莱伊尔等。在命名地层系统的竞争中，英国地质学家表现得十分突出。

R. 莫企逊（Roderick Impey Murchison）年轻时曾在军队服役 8 年，26 岁以后才开始学习地质学。他很活跃，参加伦敦地质学会后和 A. 塞奇威克（Adam Sedgwick）、科尼比尔、莱伊尔、达尔文等都成了好朋友。1831 年，莫企逊去威尔士和塞奇威克一起对老红砂岩之下的一套沉积岩进行研究，用笔石与壳相化石进行了广泛的对比。1835 年，塞奇威克和莫企逊联合发表研究论文《英格兰和威尔士的寒武系和志留系》，把他们研究的这套地层划分出两部分，莫企逊把上部地层命名为 Silurian（志留系），这一名称来源于威尔士地区一个古老部族的名称（Silures），塞奇威克把下部地层命名为 Cambrian（寒武系），Cambria 是古威尔士的拉丁文名称（Cymru）。

在对威尔士进行地质考察过程中，莫企逊和刚刚担任大不列颠地质调查局主任的 T. 贝什（T. De la Beche）发生了一场争论。贝什在英格兰西南的德文（Devon）郡发现了一套被称为老红砂岩的地层下部发育石炭系的化石。由于这套砂岩要老于石炭系，因此，贝什说，用化石去鉴定地层时代是靠不住的。莫企逊认为贝什一定是错认了化石产出的层位，指出那些化石产于砂岩的顶部而不是底部。贝什争辩说，即便如此，也不能否认这套砂岩是志留系的一部分。莫企逊当然不能认可贝什的看法，因为他和塞奇威克正在研究的寒武系 – 志留系地层明明是位于老红砂岩之下！为了反驳贝什，莫企逊说服塞奇威克一起去寻找新的证据，从英格兰向东追索到德国莱茵河谷，甚至一直追索到俄罗斯。莫企逊发现，那里有一套和德文郡杂砂岩完全类似的地层被夹在标准的石炭系和志留系之间。于是，塞奇威克和莫企逊于 1840 年联合发表了《德文郡的物理结构和老地层的划分》。在这论文中，他们用德文郡的名字 "Devon" 把夹在石炭系和志留系之间的这套地层命名 Devonian system（泥盆系）。

正是在这次考察中，莫企逊熟悉了俄罗斯和乌拉尔山的地质构造。1841 年，莫企逊在乌拉尔山脉西坡发现一套富含化石的地层覆盖在石炭系之上，这套地层在卡玛河上游的彼尔姆地区（英文为 Perm）出露最好，于是，莫企逊就依出露地点命名为 Permian（二叠系）。

塞奇威克和莫企逊虽然联合发表了《英格兰和威尔士的寒武系和志留系》，但他俩对寒武系和志留系的界线却一直争论不休。莫企逊命名上部地层为志留系，塞奇威克命名下部地层为寒武系，那么，这两套地层的确切界线在哪里？于是，两人约定分头去寻找。莫企逊从北威尔士出发，由地层顶部向底部工作，塞奇威克则从南威尔士出发，由地层底部向顶部工作。威尔士出露的这套寒武系 – 志留系地层顶部含化石较多，底部含化石较少。莫企逊仔细收集化石，一层一层地分辨地层归属，而塞奇威克只能靠岩石岩性的差别划分上下归属。显然，他们使用了不同的标准去划分地层。这样，当他们两在威尔士中部相遇时，追索到的界线相差很大（图 5-8），都认为对方把手伸到了自己地盘里。两人

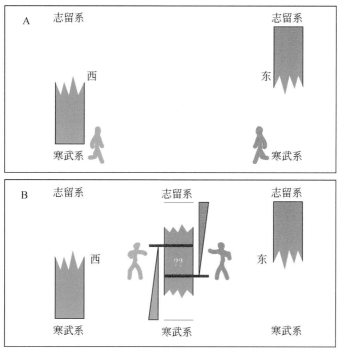

图 5-8　寒武系和志留系界线之争

相持不下，互不让步，进行了激烈的争吵，最终导致私人友谊的破裂！这场争论直到他们去世也没得到最终结果。

　　《英格兰和威尔士的寒武系和志留系》一文发表 44 年后，另外一位杰出的英国地质学家 C. 拉普沃思（Charles Lapworth）最终解决了莫企逊和塞奇威克的争端。拉普沃思一直致力于志留系地层和化石的研究。他对志留系的笔石研究造诣颇深，创立了使用标准化石（index fossil）研究地层时代的方法。他还发现，看似很厚的志留系实际上是很薄的地层被一系列断层和褶皱搞重叠了。1879 年，拉普沃思发表题为《论下古生界岩石的三分性》的论文，指出莫企逊和塞奇威克发生争执的地层是客观存在的，既然作为"寒武系上部"或"志留系下部"都不合适，不如作为一个单独的地层单位（即图 5-8B 中画"？？"的部分）。于是，他用一个英国古老部落的名字（Ordovices）把这套地层命名为"奥陶系（Ordovician System）"。

　　至此，经过 120 年（1759 ~ 1879 年）的努力，地球上有化石的全部地层被划分为 11 个"系"，并且有了自己的名称，统一的年代地层系统初步建立（表 5-1）。这是传统地层学发展的顶峰，为地质年表的建立奠定了基础。

表 5-1　1879 年完成的统一年代地层系统

地层单位划分		地层特征	命名年代
新生界	第四系	现代松散沉积物	1829（1759）
	第三系	半固结沉积物	1759
中生界	白垩系	首见于巴黎盆地，含白垩土	1822
	侏罗系	首见于欧洲侏罗山	1799
	三叠系	三层结构，上下陆相、中夹海相（德国）	1834
古生界	二叠系	双层结构，下红砂岩 – 上镁质灰岩（德国）	1841
	石炭系	苏格兰北部，含煤炭	1822
	泥盆系	首见于英国 Devon 郡，日语汉字音译	1840
	志留系	威尔士古民族名 Silures，日语汉字音译	1835
	奥陶系	威尔士古民族名 Ordovices，音译 *	1879
	寒武系	威尔士寒武山 Cambric，日语汉字音译	1835
前寒武系			1841

* 泥盆系、志留系和寒武系都是根据日语汉字译来的，只有奥陶系是我国地质学家章鸿钊和翁文灏于 1916 年给出的译名。

2. 地质年表的建立

实际上，早在 1879 年统一年代地层系统建立之前，英国地质学家 J. 菲利普斯（J. Phillips）已经在 1841 年发表了世界上第一个全球地质年表。菲利普斯的舅舅是著名的"地层学之父"威廉·史密斯。由于父母早亡，菲利普斯小时候是随史密斯长大的，在学习之余帮助舅舅做些力所能及的地质工作，耳濡目染使他喜欢上地质研究。1824 年，史密斯应邀去约克郡讲学，菲利普斯随行，应邀参加了约克郡博物馆整理工作，从此在约克郡定居。菲利普斯在比较古生物学研究方面造诣颇深，于 1834 年被聘为伦敦国王大学的地质学教授。

在 1841 年出版的地质年表中，菲利普斯把地层的年代分为"代"和"纪"两级（表 5-2）。他扩大了术语"Paleozoic（古生代）"的时限，并创立了"Cenozoic（新生代）"和"Mesozoic（中生代）"两个术语。Paleozoic 是英国地质学家 A. 塞奇威克于 1838 年创立的，原写为 Palaeozoic，源自希腊文，palaios 意为老，zoe 意为生命。菲利普斯创立的两个术语也都源自希腊文，Cenozoic 原写为

Kainozoic， kainos 意为新，meso- 意为中间的，指 Mesozoic 位于古生代和新生代中间。在"代"之下是"纪"。菲利普斯把新生代划分为 2 个纪（第三纪和第四纪），把中生代划分为 3 个纪（三叠纪、侏罗纪和白垩纪），把古生代划分为 5 个纪（寒武纪、志留纪、泥盆纪、石炭纪和二叠纪）。那时候，莫企逊和塞奇威克的争端还没有解决，寒武纪之后就是志留纪。

表 5-2　菲利普斯在 1841 年建立的地质年表

代	纪
新生代	第四纪
	第三纪
中生代	白垩纪
	侏罗纪
	三叠纪
古生代	二叠纪
	石炭纪
	泥盆纪
	志留纪
	寒武纪
前寒武纪	

菲利普斯的地质年表只包括了有化石的那些地层，他把寒武系之下更古老的岩石地层统称为 Precambrian。pre- 是个英文前缀，意为先于、在……之前，中文译为前寒武纪。

至 1879 年，地质学家对时间的度量主要是依靠地层叠覆关系和生物化石产出顺序。为建立国际统一的地质年代单位和计时系统，1875 年组成了国际地质大会创立委员会，美国地质学家 J. 霍尔任主席。他长期研究纽约州地质，创建了当时最杰出的无脊椎动物化石收集室，并于 1848 年被选为伦敦地质学会外籍会员。第一届国际地质大会于 1878 年在巴黎召开。会议研究了地质报告中如何统一术语和图例的问题，并授权一个 14 人委员会提出解决方案。1879 年，拉普沃思命名"奥陶纪"就是在这一背景下进行的。

1880 年在意大利博洛尼亚召开的第二届国际地质大会对 14 人委员会提交的

草案进行了激烈的辩论，经过表决，形成了地层划分和单位术语国际统一方案，于 1881 年公布实施，后来被称为"1881 年方案"（表 5-3）。这是第一个国际性双重术语体系方案，其中定义了地质年代单位术语和年代地层单位术语，把时间间隔划分为代（Era）、纪（Period）、世（Epoch）、期（Age）四级，相应的地层单位划分为界（Erathem）、系（System）、统（Series）、阶（Stage）四级。

表 5-3 地层划分和单位术语国际统一方案（1881 年）

地质年代单位术语	年代地层单位术语
代	界
纪	系
世	统
期	阶
	层
	地层、岩层

1952 年，第十九届国际地质大会建立了一个国际地层术语分会，1956 年改称国际地层划分分会。1976 年，国际地层划分分会出版了《国际地层指南》（第一版），其中，在"代"之上增加了"宙（Eon）"，相应地，在"界"之上增加了"宇（Eonothem）"。更重要的是，《国际地层指南》提出了多重地层划分概念（表 5-4）。这一概念是由瓦尔索相对比定律及岩石地层穿时普遍性原理发展起来的，标志着地层学已经进入现代地层学的历史新阶段。

表 5-4 国际地层指南（1976 年）的多重地层划分术语

岩石地层术语	生物地层术语	年代地层术语		其他类术语
	各类生物带：		对应的年代术语	
群	组合带	宇	宙	矿物的、磁性的、不整合界线的、等等
组	延限带	界	代	
段	顶峰带	系	纪	
层	间隔带	统	世	
		阶	期	
	其他种生物带	时间带	时	

3. 前寒武纪地层划分

　　菲利普斯的地质年表（表 5-2）只包括了有化石的那些地层，他把寒武系之下更古老的岩石地层统称为前寒武纪。那时人们还不知道地球有 46 亿年的历史，更不知道前寒武纪的时间跨度竟然占了地球历史的 88%。在 1841 年之前，塞奇威克曾经于 1838 年建议，把所有比寒武纪更老的地层称为 Protozoic（原生界）。菲利普斯 1841 地质年表出版后，前寒武纪得到越来越多的关注。

　　前寒武纪年代地层划分的历史沿革从一个侧面折射出地质学和地层学发展的过程。

　　1872 年，美国地质学家 J. 丹纳用 Archean（太古界）称谓全部前寒武纪岩石，相应的时期称太古代。Archean 源自古希腊文 Arkhē，意为诞生。

　　1887 年，美国地质学家 S. 埃蒙斯（Samuel Franklin Emmons）建议用 Proterozoic（元古代）去称谓介于寒武纪和太古代之间的时期。Proterozoic 源自希腊文 perotero- 意为较早的。

　　1930 年，美国地质学家 G. 查德威克（George Halcott Chadwick）把全部地质时代分为两部分，寒武纪到第四纪称为"Phanerozoic（显生宙）"，寒武纪以前称为"Cryptozoic（隐生宙）"。这两个词都源自古希腊文，phanerós 意为可见的，crypt 意为隐秘的。不过，由于前寒武纪晚期的地层中不断发现可见的软体动物的化石，"crypt（隐秘的）"一词已经不切实际，Cryptozoic（隐生宙）这个术语逐渐被弃用。

　　1972 年，美国地质学家 P. 克劳德（Preston Cloud）建议用 Hadean（冥古宙）去称谓那些地球上迄今所知最古老岩石形成之前的时期。该词源自古希腊地狱之神 Hades。

　　在 2015 年国际地层委员会公布的《国际年代地层表》中，地球历史被分为 4 个宙，由新到老为显生宙、元古宙、太古宙和冥古宙。显生宙岩石地层的生物化石资料丰富，地质年代划分比较精细，分为新生代、中生代和古生代，向下再细分为第四纪至寒武纪等 12 个纪。相比之下，前寒武纪岩石和地层的年代划分较粗略，仅仅把元古宙划分到纪，太古宙划分到代。冥古宙用以指 46 亿年前地球形成之初至 40 亿年前的地球天文时期，未做进一步划分（表 5-5）。

　　需要指出的是，《国际年代地层表》只是规定了一个划分方案，前寒武纪形成的地层在世界各国之间存在很大的差异。例如，我国早期把寒武系之下的基本没变质的地层称为"震旦系"。1975 年，在寒武系之下建立四个系，自下而上分别命名为长城系、蓟县系、青白口系和震旦系，底界年龄分别建议为 1900Ma、

1400Ma、1000Ma 和 800Ma。2014 年公布的中国地层表把新元古界三分为震旦系、南华系和青白口系，各自的底界年龄为 635Ma、780Ma 和 1000Ma。显然，与国际地层委员会划分方案的对比问题仍然有待解决。

表 5-5　国际地质年表的前寒武纪划分方案（2015 年）

宙	代	纪	年龄值 /Ma
显生宙			
			541
元古宙	新元古代	埃迪卡拉纪	
			635
		成冰纪	
			720
		拉伸纪	
			1000
	中元古代	狭带纪	
			1200
		延展纪	
			1400
		盖层纪	
			1600
	古元古代	固结纪	
			1800
		造山纪	
			2050
		层侵纪	
			2300
		成铁纪	
			2500
太古宙	新太古代		
			2800
	中太古代		
			3200
	古太古代		
			3600
	始太古代		
			4000
冥古宙			
			4600

5.3　地层的绝对年龄

5.3.1　19 世纪科学家们的争论

年代地层系统建立起来了。然而，这些地层的形成究竟用了多长时间？像 17 世纪的史丹诺那样，把所有地层的形成放进创世和诺亚大洪水两个时期肯定是不行的。19 世纪，神学已经阻挡不住科学的进步了，"地球年龄是 6000 年"的说法已经成为笑谈。然而，科学的进步又是曲折的。科学家们每人的知识结构不同，掌握的资料不同，看问题的角度不同，思考问题的方式也不同。于是，地质学家和物理学家对地球的年龄发生了争执。

受现实主义渐变论的影响，查尔斯·达尔文在 1859 年出版的《物种起源》中提出，生物的进化是极其缓慢的，地球的年龄极其古老。他眺望着维尔德山谷进行估算，如果海水以每个世纪一英寸的速度侵蚀岩层，那么，维尔德山谷的形成至少需要 3 亿年时间。

有一位和达尔文同时代的物理学家，对这种估算很不以为然。这位物理学家就是热力学的开创者之一威廉·汤姆森（William Thomson）。由于对热力学的重大贡献，汤姆森被册封为开尔文勋爵（Lord Kelvin），他创建的绝对温度温标体系的单位就是以开尔文的字头 "K" 命名的，0 K ≈ −273.15℃。1862 年，也就是在《物种起源》出版三年后，开尔文发表论文，说太阳在不断冷却，从太阳系诞生到冷却至今天的温度，大约用了 1 亿年至 5 亿年，这就是地球的年龄。文中直言不讳地批判了达尔文提出的生物演化需要无限"时间支出"的"无穷老"论点。

1863、1864 和 1868 年，开尔文连续发表论文，从热力学角度详细论证了地球从熔融状态到全部固结冷却所需要的时间。他综合考虑了地球的地热梯度、地球的扁球形状、旋转速率以及潮汐的摩擦力等因素，最终估算出，地球冷却固结到今天所需要的时间是 1 亿年。

地质学家认为，1 亿年太短了，根本容纳不下缓慢的地质过程和生物演化进程。但是，物理学家的严谨论证摆在那里，简直无懈可击，他们非常尊重物理学家的论证过程，但又不情愿去接受物理学家的结论，不懂热力学的达尔文更是无力回应开尔文的挑战。地质学家们心中忐忑，却对"地球年龄是 1 亿年"的观点无可奈何。

5.3.2　20 世纪初的矿物年龄测定

19 世纪最后几年至 20 世纪初是物理学大发展时期。

1895 年 11 月，德国物理学家 W. 伦琴（Wilelm Conrad Röntgen）意外地发现了 X- 射线。他本来是在进行阴极射线研究。为防止静电场产生的阴极射线外泄，他用黑色硬纸板给放电管做了一个防护板。在对这套防护装置进行测试时，偶然发现 1m 外的工作台上出现闪光。由于阴极射线在空气中只能传播几厘米，伦琴意识到，这是一种新的未知射线在闪烁。当天是星期五，伦琴在接下来的周末连续进行试验，确认这不是阴极射线。他把这种未知的射线叫作"X-射线"。在接下来的实验中，伦琴发现，这种射线可以穿透几厘米厚的木板、硬橡皮和铝板，但不能穿透 1.5mm 厚的铅板。X-射线能穿透人的肌肉，显示出骨骼的轮廓。1895 年 12 月 28 日伦琴向维尔茨堡物理医学学会递交了第一篇 X-射线的论文《一种新射线——初步报告》。1901 年，伦琴荣获世界上第一个诺贝尔物理学奖。

法国物理学家 A. 贝可勒尔（Antoine Henri Becquerel）一直在进行磷光试验。1896 年初，他在一次学术会上得知伦琴的发现后，想看看他的磷光材料中能不能发出 X-射线。1896 年 5 月，同样是一个偶然的机会，他发现了非磷光材料铀同样具有自发的放射性，不需要外部能量的刺激就可以发射出具有穿透性的射线。

伦琴和贝可勒尔的发现激励玛丽·居里（Marie Curie）夫人投入对铀射线的研究。她丈夫皮埃尔·居里（Pierre Curie）设计了一个能精确测量电荷的仪器。1898 年，她们利用这台仪器从沥青铀矿和铜铀矿中发现了两种新的放射性元素：钋和镭。

她们指出放射性射线是自发产生的，而不是化合物反应产生的。居里夫妇与贝可勒尔一起，于 1903 年被授予诺贝尔物理学奖，表彰她们对放射性现象研究的非凡成果。

1903 年获得诺贝尔奖后，皮埃尔·居里代表居里夫人发表了关于镭的演说。他说："镭这种放射性物质是一个持续不断的能源。"他在演说提到："放射性现象对地质学也有意想不到的重大意义。……某些元素是在一定时间内由其他元素产生的，这个时间可能就是地质年代的标志。这是一个新的观点，地质学家们将会加以考虑。"

听到这个演说，乔治·达尔文（George Darwin）异常兴奋。他是查尔斯·达尔文的儿子，是一位杰出的天文学家和地球物理学家。他曾经很为父亲这些地质学家打抱不平，但又找不出开尔文论证中的问题，因为就连他自己都曾经估算过，地球的年龄只有 5600 万年。现在好了，放射性拯救了地质学家。乔治·达尔文于 1903 年指出，开尔文的模型错了，地球不只是向太空散热，放射性元素衰变产生的热会给地球带来持续的热量补充。是颠覆开尔文结论的时候了。

1903 年，欧内斯特·卢瑟福（Ernest Rutherford）发表论文指出，对每一种放射性同位素来说，任一时刻放射性母体同位素的衰变速率都和当时的母体剩余量成正比，这个比例系数 λ 是恒定的，称为"衰变常数"：

$$-\mathrm{d}N/\,\mathrm{d}t = \lambda N \qquad\qquad (5\text{-}1)$$

每种同位素衰变到最初总量（N_0）只剩一半时所用的时间（$t_{1/2}$）也是恒定的，称为这种同位素的"半衰期"：

$$t_{1/2}=\frac{\ln\dfrac{N_0}{N}}{\lambda}=\frac{\ln 2}{\lambda}=\frac{0.693}{\lambda} \qquad\qquad (5\text{-}2)$$

当知道了某一放射性元素的衰变常数（λ）后，含有这一元素的矿物晶体自形成以来所经历的时间（t）就可以根据这种矿物晶体中所剩下的放射性元素（母体同位素）的总量（N）和蜕变产物（子体同位素）的总量（D）的比例计算出来。一般情况下，在时间 $t=0$ 时，系统中总有些数量为 D_0 的子体原子。即

$$D = D_0 + N\,(\mathrm{e}^{\lambda t} - 1) \qquad\qquad (5\text{-}3)$$

这是地质年代学定年的基本原理公式。

根据这一原理，卢瑟福提出，可以用含铀矿物中累积的氦的数量来测定铀矿物的年龄。1904 年，卢瑟福用这种方法实际测定了几块铀矿物，得到的年龄都在 5 亿年以上。他在一次学术会上报告了初步成果，开尔文勋爵去听了，就坐在听众席的前排。当卢瑟福讲到关键点时，看到了开尔文勋爵"怒视的目光"。卢瑟福忽然灵机一动，他说："开尔文勋爵已经给出了地球的年龄，条件是没有新的热源。他预见中的新热源就是我们今天讲的放射性矿物！"开尔文勋爵苦涩地笑了，他的方法和结论都被颠覆了。

回想起 1879 年的地质年代划分方案，只有寒武纪……白垩纪、第三纪、第四纪等这些时间代名词，只能表示岩石地层相对年龄的新老。现在不同了，岩石有了确定的同位素年龄数值，与"寒武纪"、"侏罗纪"等那些相对年龄相比，这无疑称得上是"绝对年龄"。

5.3.3　第一个测定地球绝对年龄的人

卢瑟福没有再测更多的矿物年龄，而是去继续他的核物理研究。英国地质学家 A. 霍姆斯（Arthur Holmes）继承了这一事业，成为测定矿物放射性年龄的开路先锋，后来被誉为"地质年代学之父"。

霍姆斯于 1907 年进入英国帝国理工学院学习，先是学习物理学，后改学地质学，1917 年获博士学位。1920 年作为一个石油公司的首席地质学家到缅甸工作，1924 年就任英国杜伦大学地质系主任。大学学习时，霍姆斯就精确地测定了挪

威泥盆系岩石的放射性年龄值为 370 Ma（地质学家更习惯用"Ma"，是"million years ago"的缩写，意为"百万年前"），并于 1911 年发表。他在读研期间出版了《地球的年龄》（1913 年）一书，大力提倡使用放射性方法测定地质年龄，认为这比估计地球冷却所需时间要准确得多！他在书中估算了太古界岩石的年龄为 1600 Ma，也就是 16 亿年，但他没有估算地球的年龄。

　　历史把测算地球年龄的任务交给了 C. 帕特森（Clair Patterson）。帕特森在读研究生期间就参加了美国政府制定的"曼哈顿"核研究计划，在那里学会了使用质谱仪。1948 年，他在导师 H. 布朗（Harrison Brown）教授的指导下，在芝加哥大学做关于陨石年龄的博士论文。方法是布朗新开发的，帕特森的任务是收集陨石样本，分析和测定陨石中铅同位素含量，然后进行计算。1952 年，获得博士学位的帕特森去加州理工学院任教，但一直还在想着测算地球年龄的事。他知道，如果陨石是太阳系中没能形成较大天体而散落在太空的遗留物，那就意味着陨石是地球的孪生兄弟。只要测出陨石的年龄，就差不多知道地球的年龄了。1953 年，他拿到了来自亚利桑那州巴林杰陨石的样品，立即带到芝加哥大学的阿贡国家实验室，那里曾是"曼哈顿计划"的实验基地，有世界上最先进的质谱仪。帕特森对由三个石陨石、两个铁陨石和地球上大洋沉积物的样品进行了测定，实测结果很快出来了：45.5 ± 0.7 亿年（图 5-9），这就是地球的精确年龄值。1956 年，成果发表了，帕特森成为地球上第一个测算出地球"绝对年龄"的人。

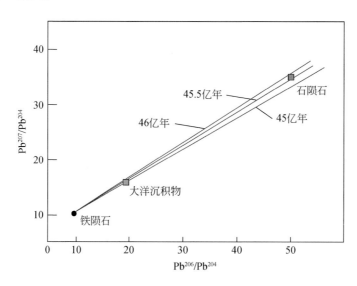

图 5-9　帕特森于 1956 年测定出地球年龄值

5.4　测定地质年龄的代表性方法

地质年龄测定方法大致可以分为两类：

第一类是放射性同位素年龄测定方法，以锆石 U-Pb 法为代表。此类方法是基于放射性衰变定律，通过测量放射性母子体同位素组成计算获得的地质年龄。如 K-Ar、Rb-Sr、Sm-Nd、Lu-Hf、Re-Os、U-Th-Pb、铀系不平衡体系、宇宙成因核素（如 ^{14}C、^{10}Be、^{26}Al 等）等。

第二类是非放射性同位素年龄测定方法，以磁性地层年代学方法为代表。这些定年方法包括热释光、光释光、电子自旋共振、纹层定年方法（包括树轮、冰芯、珊瑚、贝壳等基于年纹层数年方法）、比较年代学方法（如磁性地层年代学方法、深海氧同位素方法）等。

5.4.1　锆石 U-Pb 法

锆石 U-Pb 法的基本方程为：

$$^{206}\text{Pb} = {}^{206}\text{Pb}_I + {}^{238}\text{U}(e^{\lambda_{238}t}-1) \tag{5-4}$$

式中，Pb_I 为初始铅。如果有一种矿物在初始形成时就没有铅 ^{206}Pb，那么，就可以简化为

$$^{206}\text{Pb} = {}^{238}\text{U}(e^{\lambda_{238}t}-1) \tag{5-5}$$

进一步变换为

$$\frac{^{206}\text{Pb*}}{^{238}\text{U}} = e^{\lambda_{238}t}-1 \tag{5-6}$$

式中，^{206}Pb* 代表放射性成因铅。同理，有

$$\frac{^{207}\text{Pb*}}{^{235}\text{U}} = e^{\lambda_{235}t}-1 \tag{5-7}$$

锆石就是这样一种富铀并且没有初始铅（Pb_I）的矿物，广泛分布在大多数中‒酸性岩浆岩中，成为 U-Pb 定年方法中的主要测定对象。从岩石中分选出锆石颗粒，用离子探针对锆石进行原位微区分析，可得到锆石颗粒中的 Pb 同位素组成及 U/Pb 值，进而可获得岩石的锆石 U-Pb 年龄。

图 5-10 为一锆石 U-Pb 年龄实测实例。样品来自中国科学院大学东区侏罗系龙门组露头。"现代地质学概论"课程把这一露头作为学生的户外实习点，教研

组林伟教授对侵入其中的次火山岩岩床（标五星处）采集样品，进行了锆石 U-Pb 年龄测定，结果为 150Ma。

图 5-10 侏罗系龙门组中次火山岩岩床（照片由林伟拍摄）及其锆石 U-Pb 年龄

用于地质年龄测定的放射性同位素很多，在进行同位素年代学研究时应注意两点：

1. 选对方法

虽然同位素定年的基本原理相同，但地质体组成和地质作用变化多样，所含的放射性同位素种类和丰度各不相同，而不同的放射性同位素又有不同的半衰期。因此，一定要选择适合的定年方法和测定对象。

对岩浆岩而言，锆石 U-Pb 和含锆、钛副矿物 U-Pb 法分别是硅饱和与硅不饱和岩浆岩定年的首选方法，而 Ar/Ar 法适合于火山岩的精确定年。

对变质岩而言，Sm-Nd、Lu-Hf、锆石和独居石 U-Pb 法比较适合高级变质岩石峰期变质作用时代的测定。

对沉积岩而言，Ar/Ar 法和锆石 U-Pb 是最主要的同位素方法，此外还有 ^{14}C 法和古地磁法（图 5-11）。

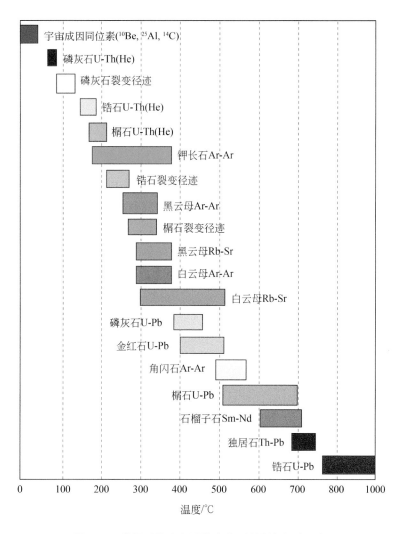

图 5-11　常见矿物中各同位素体系的封闭温度区间

2. 封闭温度

除磁性地层学方法外，上述所有方法都涉及计时体系开始计时的时刻。对一个地质事件所涉及的各种计时体系来说，必须当温度降低到能使该计时体系达到封闭状态时，即子体由于热扩散导致的丢失量可以忽略不计时，子体才开始积累，这个开始计时的温度就是封闭温度，所测得的年龄实际上从封闭温度开始冷却时的年龄（图 5-11）。

5.4.2 磁性地层学方法

磁性地层学方法是一种对地层进行年代学进行测定的物理学定年方法。

地球磁场是由液态外地核的对流引起的。在地质历史中，地球磁场曾多次发生非周期性极性倒转事件。每次倒转持续的时间长短不等。岩石磁轴指向磁北极方向称为具正极性，反之称为具反极性。地磁极倒转事件具全球同时性，这是磁极性地层定年的重要前提。

古地磁学家和年代学家通过多年对地球磁场倒转进行年代标定，已经建立了地磁极性年表（GPTS, Geomagnetic Polarity Timescale）。地磁极性年表像是一个黑白条形码，黑色代表正极性，白色代表负极性，长短代表不同极性期的持续时间（图 5-12）。对年代未知地层逐层进行古地磁测定后，与地磁极性年表进行对比，就可以得到所测地层的年代。最好能有其他佐证材料，如化石、同位素年龄值等。

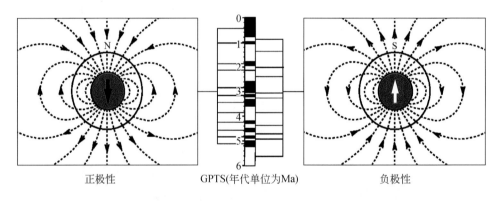

图 5-12 地磁极性年表与地磁场极性期（据 Langereis, et al., 2010）

地磁场为正极性期间，平均磁北极为地理北极，负极性期间正好相反。在地磁极性年表（GPTS）中，黑色为正常极性（又称正极性），白色为倒转极性（又称负极性）

5.5 小 结

地球的年龄有多大？怎么样才能知道？

5.5.1 相对年龄

地质学家们经过从 17 世纪到 19 世纪的长期努力，在有化石的岩层中建立起了相对新老的年龄次序,从老到新为:寒武纪、奥陶纪、志留纪、泥盆纪、石炭纪、二叠纪、三叠纪、侏罗纪、白垩纪、第三纪和第四纪,分别属于古生代、中生代和新生代。在相应时期形成的地层被称为"系",从老至新为:寒武系、奥陶系、志留系、泥盆系、石炭系、二叠系、三叠系、侏罗系、白垩系、第三系和第四系,分别划归古生界、中生界和新生界。

在建立这一年代地层系统的过程中,地质学家们逐步创立了判断地层相对年龄新老的七大地层学原理:

(1)地层叠置原理,地层未经变动时沉积年龄下老上新;

(2)原始水平原理,地层未经变动时呈水平产状;

(3)侧向连续原理,地层未经变动时侧向是连续延伸的;

(4)穿切关系原理,被穿切的地层年龄比穿切它的岩石体或不连续面更老;

(5)动物群顺序原理,又称化石对比原理,是利用化石建立地层层序,并对远距离出露的岩层进行地层新老对比;

(6)包含物原理,被包含的岩石碎块一定老于包含它的大岩石体;

(7)岩石地层穿时普遍性原理,全部侧向可追索的非火山成因的浅海沉积地层都必然斜交等时面。

1841 年,英国地质学家 J. 菲利普斯发表了世界上第一个全球地质年表。1881 年,第二届国际地质大会制定了第一个国际性双重术语体系方案,定义了地质年代单位术语和年代地层单位术语,把时间间隔划分为代、纪、世、期,相应的地层单位划分为界、系、统、阶。1976 年,《国际地层指南》(第一版)公布,在"代"之上增加了"宙",相应地,在"界"之上增加了"宇",并且提出了多重地层划分概念。这一概念是由瓦尔索沉积相对比定律及岩石地层穿时普遍性原理发展起来的,标志着地层学已经进入现代地层学的历史新阶段。

5.5.2 绝对年龄

19 世纪末至 20 世纪初,物理学家们发现,具有放射性的原子可以自发地发射出 α 粒子、β 粒子和 γ 粒子,然后可变得比较稳定,这个过程被称为衰变。物理学家们还发现,任一时刻放射性母体同位素的衰变速率都和当时的母体剩余量成正比,这个比例系数 λ(称"衰变常数")是恒定的。每种放射性同位素都具有自己的半衰期($t_{1/2}$),它与衰变常数 λ 呈反比。

当知道了某一放射性元素的衰变常数(λ)后,含有这一元素的矿物晶体自形成以来所经历的时间(t)就可以根据这种矿物晶体中所剩下的放射性元素(母体同位素）的总量（N）和蜕变产物（子体同位素）的总量（D）的比例计算出来。一般情况下，在时间 t=0 时，系统中总有些数量为 D_0 的子体原子，因此，蜕变产物（子体同位素）总量 D 和放射性元素（母体同位素）总量 N 有如下关系

$$D = D_0 + N(e^{\mu} - 1)$$

这是同位素地质年代学定年的基本原理公式。

物理学给地质学带来了一种用数值表示地质年龄的地质年代术语体系，与寒武纪、奥陶纪这些表示岩石地层相对年龄新老的时间代名词相比，同位素年龄数值无疑称得上是"绝对年龄"。

C. 帕特森是地球上第一个测算出地球"绝对年龄"的人，他对由三个石陨石、两个铁陨石和地球上大洋沉积物的样品铅同位素进行了测定，在 1956 年发表了地球的精确年龄值：45.5 ± 0.7 亿年。

地质年龄测定方法除了放射性同位素年龄测定方法，还有非放射性同位素年龄测定方法，如磁性地层学方法、热释光方法、裂变径迹方法等。需要注意的是，不同地质过程中形成的不同岩石和矿物所含的放射性同位素种类和丰度各不相同，而不同的放射性同位素又有不同的半衰期和封闭温度。因此，一定要根据实际情况选择适合的测定对象和适合的定年方法。

第 *6* 讲

地质构造与构造运动

岩石圈的机械运动称为构造运动。构造运动会引起地质体的永久性变形，表现为平移、转动、形变和体变，这永久性变形的产物称为地质构造。最基本的地质构造包括褶皱和断裂两大类。

从这些定义可以体会到，地质构造中的"构造"和构造运动中的"构造"显然具有不同的尺度。地质构造的"构造"是露头尺度的和显微尺度的，对应着英文的"structure"，而构造运动的"构造"是区域尺度的和全球尺度的，对应着英文的"tectonics"。地质学家们往往把"structure"叫作"小构造"，属于构造地质学，把"tectonics"叫作"大构造"，属于大地构造学。自地质学奠基以来，地质构造和构造运动一直是地质学家研究的重要领域，尤其是大地构造学，被当作地质学的"上层建筑"学科，综合性、哲学性很强，形成了很多不同的认识、观点和学说，一百多年来争论不断，以至于给人留下"小构造小吵小闹，大构造大吵大闹"的印象。

6.1 地质构造

6.1.1 地质体的产状要素

无论是沉积岩、岩浆岩或变质岩，作为自然形成的地质体，尽管它们的原始形态不同，但都占据着一定的空间位置。地质体在三维空间的几何状态称为地质体的产状。

沉积岩以成层性为特征，岩浆岩中的火山熔岩、火山碎屑岩、岩盖、岩床等，以及变质岩中大多数岩石都显示出似层状构造，这些都可归纳为面状构造，抽象为平面。沉积岩中的波痕走向、剥离线理，岩浆岩中的岩墙走向，变质岩中的矿物拉伸线理等则可归纳为线状构造，抽象为直线。

以倾斜的沉积岩层面为代表，面状构造的产状是指层面在三维空间的延伸方位及倾斜程度，用走向、倾向和倾角三个要素的数值表示（图 6-1）。

（1）走向。层面与水平面的交线称走向线，其两端延伸的方向称走向，用方位角表示。走向有两个方位角数值，彼此相差 180°。

（2）倾向。与走向线垂直并沿倾斜层面向坡下所引的直线叫倾斜线，其在水平面上投影所指示的方向称倾向，用方位角表示。倾向只有一个方位角数值，表示层面倾斜的方向。

（3）倾角。层面倾斜线和层面走向线的夹角，称倾角，又称真倾角。倾角的大小表示层面的倾斜程度。

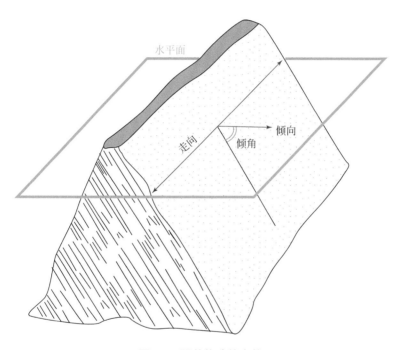

图 6-1 面状构造的产状

以矿物拉伸线理为代表，线状构造的产状是指线理在三维空间的延伸方向和倾斜程度，用倾伏向及倾伏角，或侧伏向及侧伏角等要素的数值表示。

（1）倾伏向及倾伏角（图 6-2A）。倾伏向是指线理在空间的延伸方向，即线理在水平面上的投影线所指的向下倾斜的方位，用方位角表示。倾伏角是指线理的倾斜角，即线理与其水平投影线间所夹之锐角。

（2）侧伏向及侧伏角（图 6-2B）。当线理包含在某一倾斜面内时，线理与该平面走向线间所夹的锐角称为线理在那个面上的侧伏角。侧伏向就是构成上述锐夹角的走向线那一端的方向，用方位角表示。

测量岩层的产状要素须用地质罗盘。

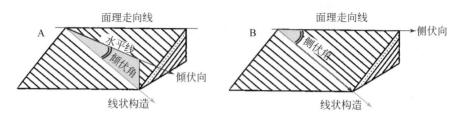

图 6-2　线状构造的产状

应该指出，对于层状、似层状岩石来说，它们的空间位置用倾向和倾角就可以确定。当然，水平岩层的倾角为零，没有走向和倾向，而直立岩层的倾角为90°，只有走向没有倾向。对于岩浆侵入体来说，其空间位置取决于岩体外壁的产状要素。

6.1.2　褶皱

褶皱是指任何具有面状构造的岩石发生弯曲变形所形成的构造。单个的弯曲称褶曲。形成褶皱的变形面绝大多数是层理面，变质岩的劈理、片理或片麻理以及岩浆岩的原生流面等也可成为褶皱面，有时岩层和岩体中的节理面、断层面或不整合面也可能变形成褶皱。褶皱是岩石圈中一种最常见的地质构造，在层状、似层状岩石中表现得最明显，形象直观地表明岩石曾发生过变形。

褶皱的规模有大有小，大者可形成绵延数百上千千米的褶皱山脉和构造盆地，小者在几米宽的露头上或几厘米的手标本上就可看到，甚至在岩石薄片中看见到毫米级的显微褶皱构造。

褶皱的形态千姿百态、复杂多变，而褶曲的形态只有两种基本形式：一种是岩层向上凸曲，核部的岩层时代较老，外侧翼部的岩层较新，称为背斜；另一种是岩层向下凹曲，核部的岩层较新，外侧翼部的岩层较老，称为向斜。如果褶皱岩层不是原生的水平岩层，或者褶皱的变形面不是层理面而是其他构造面，则把向上凸曲的褶曲称为背形，向下凹曲的褶曲称为向形。

褶曲包括如下几何要素（图6-3）：

（1）翼部，指褶曲岩层的两坡。

（2）核部，指褶曲岩层的中心。

（3）轴面，指褶曲两翼近似对称的面，它是一个假想面，其产状随着褶曲形态的变化而变化。

（4）枢纽，指轴面与层面的交线。

根据轴面产状和两翼产状的关系，褶曲可进一步分为直立褶曲、倾斜褶曲、倒转褶曲和平卧褶曲等四类（图 6-4）。

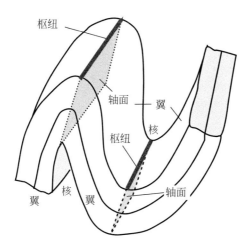

图 6-3 褶曲的几何要素

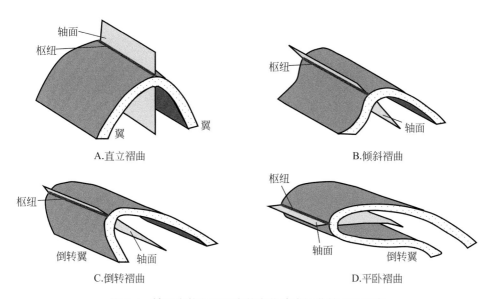

图 6-4 轴面产状和两翼产状变化造成褶曲的不同形态

（1）直立褶曲的轴面近于直立，两翼倾向相反，倾角大小近于相等。

（2）倾斜褶曲的轴面倾斜，两翼岩层倾斜方向相反，倾角大小不等。

（3）倒转褶曲的轴面倾斜，两翼岩层向同一方向倾斜，倾角大小不等，其中一翼岩层为正常层序，另一翼岩层为倒转层序。如两翼岩层向同一方向倾斜，而倾角大小相等，则称为同斜褶曲。

（4）平卧褶曲的轴面近于水平，两翼岩层产状近于水平重叠，一翼岩层为正常层序，另一翼岩层为倒转层序。

6.1.3　断裂

断裂是岩石的破裂，是岩石的连续性受到构造破坏的表现。断裂的存在是构造运动的另一直观反映。断裂包括节理和断层两类。通常把没有明显位移的断裂称为节理，具有明显位移的断裂称为断层。

1. 节理

节理是一种脆性破裂构造，有原生节理和构造节理之分。在文献中，如果没有特别说明，一般所说的节理都是指构造节理。

原生节理是岩石形成过程中所产生的节理，与变形无关，如沉积岩中的泥裂、火山熔岩中的柱状节理、岩浆侵入体中的冷凝节理等（图 6-5）。

A.泥裂(云蒙山中元古界)　　　　　　B.岩浆冷凝节理(长白山第四系)

图 6-5　原生节理

构造节理是构造变形产生的节理，经常和褶皱及断层相伴出现。按照节理与所在岩层的几何关系，可以把节理分为走向节理、倾向节理、斜向节理及顺层节理，也可按照节理与所在褶皱枢纽的几何关系把节理分为纵节理、横节理及斜节理。

按照产生构造节理的力学性质，可以分为张节理和剪节理（图6-6）。

A.张节理(雪峰山奥陶系)

B.张节理(天山侏罗系)

C.剪节理(天山侏罗系)

D.剪节理面上的擦痕(陕西三叠系)

图 6-6　张节理和剪节理

张节理是岩石在张应力作用下所产生的节理。上述纵节理和横节理都属于张节理。张节理常具有如下的特征：

（1）产状不稳定，在岩石中延伸不远；

（2）多具有张开的裂口，节理面粗糙不平，没有擦痕，节理有时被矿脉填充；

（3）在碎屑岩中的张节理常绕过砂粒和砾石，节理随之呈弯曲形状；

（4）节理间距较大，分布稀疏而不均匀，很少密集成带；

（5）常平行出现，或呈雁行式斜列出现，有时沿着两组共轭呈 X 形的节理断开形成锯齿状张节理，称追踪张节理。

剪节理又称剪切节理，是岩石在剪切应力作用下产生的节理，一般产生在与压应力呈45°角左右的平面上，即最大剪切面上。上述斜向节理或斜节理多属于剪节理。剪节理具有下述特征：

（1）产状比较稳定，在平面中沿走向延伸较远，在剖面上向下延伸较深；

（2）常具紧闭的裂口，节理面平直而光滑，沿节理面可有轻微位移，因此在面上常具有擦痕、镜面等；

（3）在碎屑岩中的剪节理，常切开较大的碎屑颗粒或砾石，或切开结核、岩脉等；

（4）节理间距较小，常呈等间距均匀分布，密集成带；

（5）常呈平行排列、雁行排列，成群出现，或两组交叉，称"X节理"或"共轭节理"，两组节理有时一组发育较好，另一组发育较差。

剪节理都具有一定的剪切动向。经验表明，当节理错断了细脉、包体、砾石、化石等物体时，可以观察这些节理的动向。此外，剪节理的羽饰构造也可以帮助判断其剪切动向（图6-7）。从垂直于剪节理走向看，前一条节理向后面一条节理的右侧方向延伸的为右行剪切，反之为左行剪切。

图 6-7　剪节理面上的羽饰构造（陕西三叠系）

2.断层

断层包括如下几何要素（图 6-8）：

（1）断层面，指分隔两个岩块并使其发生相对滑动的面。断层面呈面状，它的走向、倾向与倾角为断层面的产状要素。断层面有的平坦光滑、有的粗糙、有的略呈波状起伏。

（2）断层盘，指被断开的两部分岩块，各为一盘，断层面以上的岩块称为上盘，断层面以下的岩块称为下盘。相对上升的一盘称为上升盘，相对下降的一盘称为下降盘。上盘和下盘都可以成为上升盘或下降盘。如果断层面直立，就分不出上下盘，如果岩块水平滑动，就分不出上升盘或下降盘。

（3）断层位移，指断层两盘相对移动的距离。断层两盘的两个对应点（断层错动前为同一点）由于断裂活动造成的实际位移距离称为滑距，代表真位移。它还可以分解为沿水平方向的真位移及沿垂直方向的真位移。断层两盘中相当层(未断裂前为同一层)由于断裂活动造成的移动距离称为断距，代表视位移。

根据断层两盘的相对运动，可把断层分为以下三类（图 6-9）：

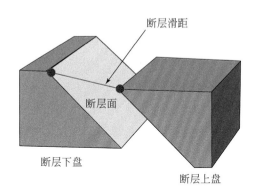

图 6-8　断层的要素

 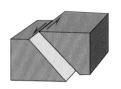

A.正断层　　　　　　　B.逆断层　　　　　　　C.平移断层

图 6-9　断层的类型

（1）正断层。正断层的断层上盘沿断层面相对向下滑动，下盘则相对向上滑动。正断层产状一般较陡，大多在45°以上，以60°左右较为常见。也有一些大型正断层的倾角很低缓，而且越向地下越缓，总体呈铲状或犁式。

（2）逆断层。逆断层的上盘沿断层面相对向上滑动。根据断层面倾角的大小，可分为高角度逆断层和低角度逆断层。高角度逆断层的断层面倾角大于45°。倾角小于45°的逆断层称为低角度逆断层。倾角在30°左右或更小的低角度逆断层称为逆冲断层或逆掩断层，其上盘位移距离很大，常达数千米以上，称为推覆体，为异地系统，而逆冲断层的下盘为原地系统（图6-10）。一些推覆体的前缘部分会遭受剥蚀而与后面的主体分割开，这些孤立的前缘体被称为"飞来峰"，遭受剥蚀的推覆体底下会露出断层的下盘，称为"构造窗"。

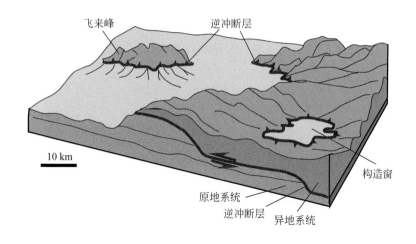

图 6-10　推覆体

逆冲断层的活动还会形成双冲构造（duplex），又称双重逆冲构造，是1970年由加拿大地质学家 C. 达尔斯特伦（C. D. Dahlstrom）提出的，由顶板逆冲断层（roof thrust）、底板逆冲断层（floor thrust）和夹于其中的分支断层（branch fault）或连接断层（link thrust）组成（图6-11）。

（3）平移断层。平移断层的两盘顺断层面走向相对移动。平移断层通常称为走向滑动断层，简称"走滑断层"。站在走滑断层的一盘上，断层面对面一盘向左移动的称"左行走滑"，向右移动的称"右行走滑"。也可骑在断层上，两脚各踩一盘，左盘迎面而来的称"左行走滑"，右盘迎面而来的称"右行走滑"。断层面直立的走滑断层往往在平移时伴随有挤压或拉张，在剖面上出现小型分支断层，切割出一系列小断块，产生"花状构造"。伴随有挤压活动时产生压扭性构造，形成"正花状构造"，整体表现为背形特征（图 6-12A）。伴随有拉张活动时产生张扭性构造，形成"负花状构造"，整体表现为向形特征（图 6-12B）。

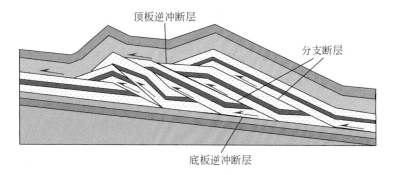

图 6-11　双冲构造

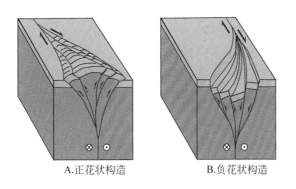

图 6-12　右行走滑断层造成的花状构造

6.1.4　岩石的变形机制

1. 应力与应变

岩石圈中的地质体都会受到相邻地质体的作用力，相对于被研究的地质体而言，这种作用力是来自外部的，被称为"外力"。外力使被研究地质体内部各部分间产生相互作用的力，被称为"内力"。显然，外力和内力是相对的概念，随研究范围的扩大或缩小，外力会变成内力，内力也会变成外力。

在地质体内任意取一个截面，一定受到内力的作用，作用在这个截面上的内力被称为"应力"。换句话说，应力是单位面积上受到的内力。因此，应力是一个矢量，有方向，有大小。任一截面上的应力都可以分解成和该截面垂直的分量和相切的分量，垂直的分量称"正应力"，记作"σ"，相切的分量称"剪应力"，记作"τ"。

地质学中所说的"应力"或"压力"是指单位面积上受到的力，其单位与物理学的"压强"相同，所用的国际单位是帕斯卡，简称"帕（Pa）"，在 1960 年第十一届国际计量大会上推荐使用：

$1Pa = 1\,N\,m^{-2} = 1\,kg\,m^{-1}\,s^{-2}$。

在 1960 年之前的地质学文献中，度量应力或压力的单位是使用气象学中度量大气压用的单位—"巴（bar）"。"巴"是 1929 年在国际上得到认可和使用的，1 个标准大气压被定义为 1.01325 巴。这样，在现在读到的地质学文献中可以看到"巴（bar）"和"帕（Pa）"这两种单位都在使用。在地质学中涉及到的数值往往比较大，因而，常用"千巴（kbar）"、"兆帕（MPa）"或"吉帕（GPa）"这样"大吨位"的单位。它们的换算关系为：

1 巴（bar）= 100 千帕（kPa）= 0.1 兆帕（MPa）；

1 千巴（kbar）= 100 兆帕（MPa）= 0.1 吉帕（GPa）。

岩石体变形的程度称"应变"。应变主要有线应变和剪应变两类（图 6-13）。线应变是岩石变形前后内部质点间线段长度的改变，而剪应变是两条以直角相交线段间夹角的变化。

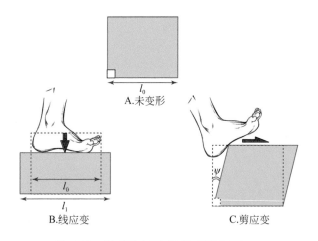

图 6-13　线应变（B）和剪应变（C）

线应变用 ε（或 e）表示，是变形后长度（l_1）与原长度（l_0）的比值：

$$\varepsilon = \frac{l_1 - l_0}{l_0} \tag{6-1}$$

剪应变又叫切应变，用 γ 表示，是变形后两条线段夹角改变量（ψ）的正切值：

$$\gamma = \tan \psi \tag{6-2}$$

2. 岩石的变形阶段

关于岩石力学性质的资料是通过岩石力学实验获得的（图 6-14）。实验装置主要为温度和围压可控的三轴压力机。通常使用直径约 1cm 的圆柱状岩石试样。岩石试样在围压相等的条件下受到轴向压力（σ_1）或拉力（σ_3）发生变形，轴向应力与围压之差叫差应力，用 $\sigma_1 - \sigma_3$ 表示。

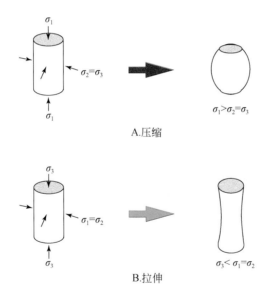

图 6-14　岩石力学实验

实验的结果常用应力 (σ) – 应变 (ε) 曲线表示（图 6-15）。该曲线表明，岩石的变形可分为三个阶段：

（1）弹性变形阶段。在变形的初始阶段，应力 – 应变图上为一段斜率较陡的直线（O-A 段），指示应力与应变成正比。A 点对应的应力值 σ_A 称弹性极限。如果在到达弹性极限前撤除应力，则岩石将立即恢复原状。这种变形称为弹性变形，其应力 σ 与应变 ε 的关系符合于胡克定律：

$$\sigma = E\varepsilon \qquad\qquad （6\text{-}3）$$

式中，比例系数 E 为弹性模量，或称杨氏模量。服从（6-3）式的材料称为胡克固体，也称线弹性体。

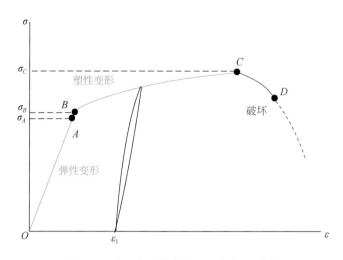

图 6-15　岩石变形的应力 (σ)- 应变 (ε) 曲线

（2）塑性变形阶段。当应力超过弹性极限（σ_A）后，很快会达到屈服极限（σ_B），到达或超过屈服极限后，岩石将发生永久性变形，称塑性变形。这时如果撤去应力，曲线并不回到原点，而与 ε 轴交于 ε_1 点，表明试样发生了永久变形。如果再把应力立即施加上去，应力 – 应变曲线几乎是沿着先前的路径回到塑性变形曲线的位置上，好像岩石有了一个增大的弹性范围和增高了的屈服应力。这种现象被称为材料的变形硬化（或工作硬化）。

（3）破裂变形阶段。当应力超过一定值时，岩石就会以某种方式而破坏，发生断裂变形。这时的应力值（σ_C）称为岩石的破裂极限，又称强度极限。实际上，一些岩石往往在到达曲线的 C 点后并不马上发生断裂，而是经历了一个短暂的应力负载阶段，至 D 点后才完全断开。介于曲线的 C、D 两点间的阶段是微裂隙积累阶段。

岩石的强度是一种抵抗外力破坏的能力，与加力的方式或变形的方式有关。实验数据表明，在常温常压条件下，岩石的抗压强度 > 抗剪强度 > 抗张强度。

岩石变形与岩石力学性质密切相关。

（1）弹性与塑性。弹性是岩石所受应力卸载后仍能回复原形的一种性质。图6-15中 O-A 线段的长短反映弹性的大小，弹性较大的岩石具有较大的弹性极限。

塑性是岩石所受应力超过弹性限度后产生永久变形的性质。图 6-15 中 *B-C* 线段的长短反映塑性的大小。

（2）脆性与韧性。脆性是岩石受力容易发生破裂的特性。岩石经过弹性变形后，应变量不大于 5% 的变形就很快破裂的称脆性材料，其在图 6-15 中的 *A-D* 线段很短。韧性是岩石受力不容易发生破裂的性质。经过弹性变形后，在破裂以前能承受 10% 或更多的塑性变形的岩石称为韧性材料，其在图 6-15 中的 *A-D* 线段较长。相应地，在弹性变形后至破坏变形前应变量小于 5% 的变形为脆性变形，大于 10% 的为韧性变形，介于 5%~10% 间为脆性 – 韧性过渡变形（图 6-16）。

（3）刚性与黏性。刚性是岩石不易变形弯曲的性质，刚度（*C*）的表达式为：$C=AE$，式中 *A* 为横截面积，*E* 为杨氏模量。黏性是材料容易流动变形的性质。

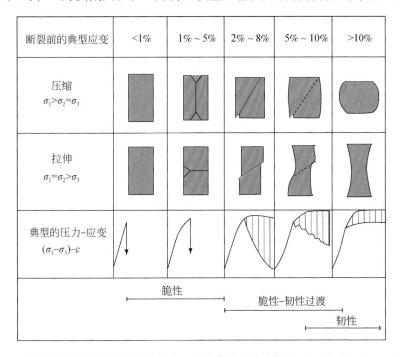

图 6-16　脆性至韧性变形行为及其应力 – 应变曲线形式（据 Griggs 和 Handin，1960）

上述三组岩石力学性质决定着岩石的变形行为。具有弹性、脆性和刚性的岩石通常表现为强硬性，这种岩石构成的岩层称"强岩层"或"能干岩层"。具有塑性、韧性和黏性的岩石，则表现为软弱性，这种岩石构成的岩层称"弱岩层"或"非能干"岩层。强、弱岩层在相同变形条件下，会有不同的变形方式。

　　岩石的力学性质并不是固定不变的，除受岩石本身的成分、结构和构造等内在因素影响，还受到变形时所处的外界地质环境因素的影响。这些因素包括围压，温度，溶液，应力作用时间及变形速率等（表6-1）。

表 6-1　影响岩石力学性质的外部因素

	强度	脆性	韧性
增大围压	↗	↘	↗
增高温度	↘	↘	↗
增加流体	↘	↘	↗
长期施力	↘	↘	↗

注：表中"↗"为增加，"↘"为降低

　　（1）围压。地壳岩石的围压随埋深的增大而增高，两者大致为线性关系。非均匀的各向压缩能增强岩石的弹、韧性，并提高岩石的强度。通常在地壳浅部显示脆性较强的岩石，在地下深处围压较大的条件下可以呈高度的韧性。

　　（2）温度。岩石变形实验结果表明，增高温度后，岩石的弹性极限和抗压强度明显降低，易于形成塑性变形，从而会使岩石由脆性向韧性的转化。

　　（3）流体。在地壳岩石中常有孔隙流体存在。溶液和水汽等流体会降低岩石的弹性极限，提高岩石的塑性，使岩石软化。在温度条件相同时，湿性比干性的岩石更容易发生塑性变形。当存在异常孔隙流体高压时，岩石强度极限会降低，易于发生脆性破坏。

　　（4）时间。岩石在长时间的微小应力作用下会发生缓慢的持续塑性变形，这是一种流变现象。实验表明，应变速率增大可提高岩石的屈服极限，从而降低岩石的韧性，使其呈现脆性变形特征，而应变速率降低会降低岩石的屈服极限，使岩石的韧性增大。如果保持应力不变，则应变会随时间的增长而逐渐加大，这种现象称蠕变。蠕变现象表明，在漫长的地质历史时期中，不超过弹性极限的应力也能导致岩石的永久变形。

　　3. 褶皱的形成机理

　　褶皱的形成方式和岩层受力的状态、变形的环境及岩层的变形行为密切相关。按照褶皱过程中岩层在不同温度和围压条件下的变形行为，可以把褶皱作用分为三类。

1）弯曲褶皱作用

层状岩系受到顺层挤压后，会发生弯曲，形成褶皱，称"弯曲褶皱作用"（图 6-17）。在地壳的中浅部（约 10km 以内），层状岩系中不同岩石的力学性质差异性突出，使岩层界面成为调节变形的重要界面，换句话说，岩层界面在褶皱形成过程中起着明显的控制作用，是界面真正发生了弯曲，褶皱的形态直接由岩层界面的弯曲显示出来。在同样的温度和围压条件下，层状岩系中的强岩层发生弯曲，在整体褶皱形态中起着骨干作用，强岩层之间的弱岩层发生顺层剪切变形，而其中物质的运动又分为滑动与流动两种机制。弱岩层的层间发生滑动，称弯滑作用，如果剪切发生在晶粒或晶格尺度上，没有明显的滑动面，只是发生顺层流动，称弯流作用。由于岩层界面在褶皱过程中起主导作用，所以，弯曲褶皱又称"主动褶皱"。

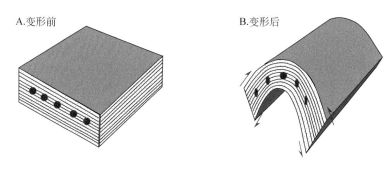

图 6-17　弯曲褶皱

在弯曲褶皱中，层状岩系内部强弱岩层的应力分布状况和应变也不相同。在强岩层中，变形时仅环绕褶皱轴发生弯曲，褶皱层的外弧伸长、内弧缩短，中部有一个既不伸长也不缩短的无应变面，称中和面。这种褶皱称"中和面褶皱"。在强弱相间的岩层中，强岩层间的弱岩层会发育不对称小褶皱，在背斜左翼的小褶皱为"Z"形，右翼为"S"形，指示上层向背斜顶滑动的方向；如果相反，则指示上层背离背斜顶向下滑动的方向。

2）剪切褶皱作用

剪切褶皱作用，又称滑褶皱作用。在地壳中深度大于 10km 的部位，由于温度和压力增高，层状岩系中的岩石都会表现出很大的韧性，岩层间的韧性差别趋向于消失，岩层界面就不再具有力学性质的分隔面，在受到侧向挤压时，所有岩层都会沿着一系列不平行于岩层界面的密集剪切面或劈理面发生差异性滑动，这种作用形成的褶皱称"剪切褶皱"（图 6-18）。

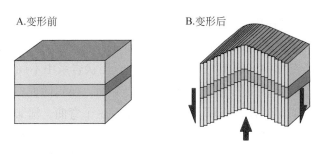

图 6-18　剪切褶皱

在剪切褶皱中，滑动剪切面不是原生层面，而是次生的变形面；活动方向不是顺层，而是切层；滑动作用不受层面控制，而是穿层的。岩层面本身并没有真正弯曲，只是作为反映差异滑动或不连续位移的一种标志面。换句话说，是穿层的剪切面滑动使岩层面被动地发生了位移，表现出褶皱的形态。因此，剪切褶皱作用又称"被动褶皱作用"。

3）柔流褶皱作用

岩石在固态流变条件下，发生黏滞性流动而产生褶皱的作用称柔流褶皱作用。所产生的褶皱形态十分复杂，看起来也很不规则，既不顺层流动，也没有固定的流动方向（图 6-19）。物质的黏性流动不仅有层流，而且有紊流。

图 6-19　柔流褶皱（苏格兰高地）

柔流褶皱常见于盐丘核部和混合岩化岩石中。在层流条件下形成的柔流褶皱是一种剪切褶皱，可以再造其反映的岩体运动方式，但在紊流条件下形成的柔流褶皱形态极为复杂，已经很难再造其运动学过程。

上述三类褶皱形成于不同的地质环境中，在岩石圈中，褶皱作用发生的次序由浅至深为弯曲褶皱作用、剪切褶皱作用和柔流褶皱作用。

4. 断层的成因

1）应力状态

断层的形成与地壳中的压力状态有直接的关系。E. 安德森（E. M. Anderson）于 1951 年提出了一个被长期广泛应用的模式（图 6-20）。他选择了最简单的边界条件，可以表示地表或地下不太深处的近似状态。这个模式假定岩石为各向同性，内摩擦角为 30°，应力在垂直和水平方向上都没有变化。安德森模式指出，当 σ_1 直立，σ_2 和 σ_3 水平时，会产生正断层，断层面倾角约 60°；当 σ_3 直立，σ_1 和 σ_2 水平时，则产生逆断层，断层面倾角约 30°；如果 σ_2 直立，σ_1 和 σ_3 水平，就会产生直立的平移断层，断层面和 σ_1 的交角约 30°。

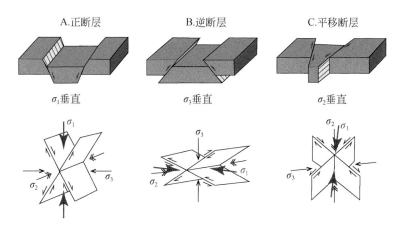

图 6-20　安德森断层模式

在达到地下一定深度后，安德森断层模式不再适用。这是因为从地表浅部向下，温度和围压逐渐增加，岩石的变形逐渐表现为韧性变形，脆性断层会被韧性断层所取代。韧性断层称为韧性剪切带，从剪切带的一侧至另一侧，岩石发生强烈变形和明显位移，但没有明显的断面。脆性断层转变为韧性断层发生在地下 10～15km 深处，称为脆–韧性过渡带。R. 西布森（R. H. Sibson）于 1977 年对此进行概括，提出了断层的双层结构模式（图 6-21）。

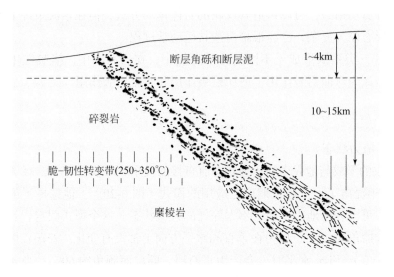

图 6-21　西布森提出的大型断层带双层结构模式

2）脆性断裂定律

18 世纪时，C. 库仑（Charlas-Augustin de Coulomb）指出，当作用力达到材料的强度极限时，材料会沿最大剪应力面发生剪切破坏，此剪应力面与 σ_1 和 σ_3 呈 45° 角相交，为一组共轭剪裂面（图 6-22）。共轭剪裂面的夹角称剪裂角（2α）。破坏时的强度极限值为：

$$\tau_{\max} = \frac{\sigma_1 - \sigma_2}{2} \tag{6-4}$$

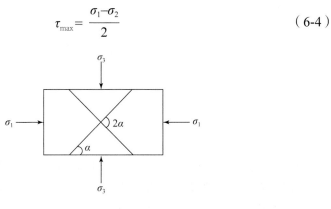

图 6-22　库仑准则

库仑强调了最大剪应力，却忽视了正应力。20 世纪初，莫尔（O. Mohr）对此进行了补充修正，指出材料发生剪切破坏不仅和剪裂面上的剪应力（τ_n）有关，还和剪裂面上的正应力（σ_n）有关，即材料被剪切破裂时还要克服剪裂面上因正应力作用而存在的摩擦力 $\mu\sigma_n$。μ 为摩擦系数，是剪裂角（2α）余角（ϕ）的正切值，即：$\tan\phi=\mu$。这样，破坏时的强度极限值（图 6-23）为

$$\tau_n = \mu\sigma_n + \tau_0 \qquad\qquad (6\text{-}5)$$

式中，τ_0 为材料的剪切强度，即（6-4）式中的 τ_{max}。

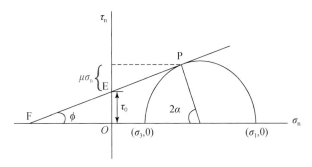

图 6-23　摩尔包络线

拜尔利（James Byerlee）在 1978 年做了一系列实验，去检验正应力和最大剪切应力之间的关系（图 6-24）。他根据实验结果指出，在地壳浅部，当正应力（σ）

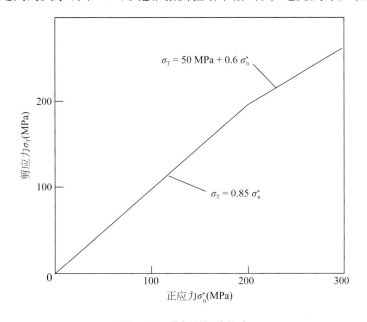

图 6-24　拜尔利经验公式

很低时，摩擦系数会因材料而不同，而当正应力增大后，材料的摩擦系数变得不重要了，可用一个常数取代。当正应力小于 200 MPa 时，最大剪切应力（τ）为：

$$\tau = 0.85\,\sigma \tag{6-6}$$

当正应力大于 200 MPa 时，最大剪切应力为：

$$\tau = 0.6\,\sigma + 50\ \text{MPa} \tag{6-7}$$

这就是著名的拜尔利定律（Byerlee's law），是很实用的经验公式，可用于地壳浅部断层发生的边界条件。

3）韧性变形的蠕变指数定律

地壳深部岩石的韧性变形所遵从的蠕变指数定律中，温度是重要的参数：

$$(\sigma_1 - \sigma_3) = \left(\frac{\varepsilon}{A}\right)^{\frac{1}{n}} \exp\left(\frac{E}{nRT}\right) \tag{6-8}$$

式中 $(\sigma_1 - \sigma_3)$ 为应力差，ε 为应变速率，A 和 n 为岩石的蠕变参数，E 为激活能，R 为气体常数，T 为绝对温度。

表 6-2 综合了文献中岩石圈代表性岩石的蠕变参数。根据这些参数，再结合岩石圈浅部脆性变形的拜尔利定律和深部的韧性变形的蠕变指数定律，可以勾画出岩石圈的强度剖面（图 6-25）。

表 6-2　岩石圈代表性岩石的蠕变参数

	岩石	$A\ [\text{MPa}^{-n}\text{s}^{-1}]$	n	$E\ [\text{kJ mol}^{-1}]$
上地壳	石英岩（湿）	3.2×10^{-4}	2.3	154
	花岗岩（干）	1.8×10^{-9}	3.2	123
	花岗岩（湿）	2.0×10^{-4}	1.9	140
	石英闪长岩	1.3×10^{-3}	2.4	219
下地壳	长英质麻粒岩	8.0×10^{-3}	3.1	243
	辉绿岩（干）	8.0×10^{-3}	4.7	484
	辉绿岩（湿）	2.0×10^{-4}	3.4	260
岩石圈地幔	橄榄岩（干）	2.5×10^{4}	3.5	532
	橄榄岩（湿）	2.0×10^{3}	4.0	471

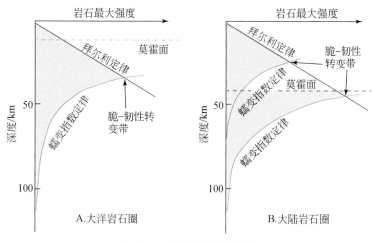

图 6-25　岩石圈的强度剖面

6.2　构造运动

　　根据构造运动发生的时间，可以分为老构造运动和新构造运动。一般把第四纪以前的构造运动称为老构造运动，但通常不加"老"字，第四纪的构造运动称为新构造运动，并把人类历史时期所发生的和正在发生的构造运动称为现代构造运动。现代构造运动是新构造运动的一部分，对人类的生活和生产活动会产生重要影响。

　　从本质上讲，新、老构造运动都会产生地质体的变形。新构造运动，尤其是现代构造运动，除了在地质体中有显示外，还常常表现在火山、地震、地表隆起、沉降、掀斜以及各种地貌形态上，而老构造运动是很早以前发生的，当时的地貌形态已不存在了，它所产生的结果和痕迹，主要记录在地质体中。新、老构造运动所表现和保存的形式不同，其研究方法也不完全一样。一般地讲，研究老构造运动主要靠地层等地质体中的记录，研究新构造运动除用地质体、地貌方法外，还可利用测量仪器进行观测，得出当前构造运动的速度和方向。此外，还可考察和研究人类文化遗迹考古和历史记载。

6.2.1　构造运动的证据

1. 来自地貌的证据

地貌形态是内外地质作用相互制约的产物。构造运动常控制外力地质作用进行的方式和速度。因此，完全不受外力作用影响的地貌是罕见的，绝大多数构造地貌都经受了外力作用的雕琢。由构造运动起主导作用形成的地貌形态称构造地貌。由于新构造运动的时间较近，构造地貌形态保留得较好，成为新构造运动的研究对象之一。

构造地貌分为三个等级，第一级是大陆和洋盆，第二级是山地、平原、高原和盆地，第三级是方山、单面山、背斜脊、断裂谷等小地貌单元。第一级和第二级属大地构造地貌，其基本轮廓直接由地球内力作用造就。第三级是地质构造地貌，或称狭义的构造地貌，除由现代构造运动直接形成的地貌（如断层崖、火山锥、构造穹隆和凹地）外，多数是地质体和构造的软弱部分受外力作用改造的结果。如水平岩层地区的构造阶梯，倾斜岩层被侵蚀而成的单面山和猪脊背，褶曲构造区的背斜谷和向斜山，以及断层线崖、断块山地和断陷盆地等。

这些大型地貌的证据只能定性地指示发生了构造运动，很少能给出构造运动的定量化信息。依靠现代的全球定位系统（GPS）的中长期观测可以给出大型地块的运动方向和速率。

2. 来自地层的证据

构造地貌不能用来研究老构造运动，因为所有老构造地貌都被后期的地质作用破坏了。但老构造运动的进程却留下了各种地质记录。认真分析这些记录就能找到构造运动的信息，重塑构造运动的发展历程。地球表面的构造沉降引起沉积，构造上升造成剥蚀。因此，沉积地层的各种接触关系成为这样一种记录构造运动的证据（图 6-26）。

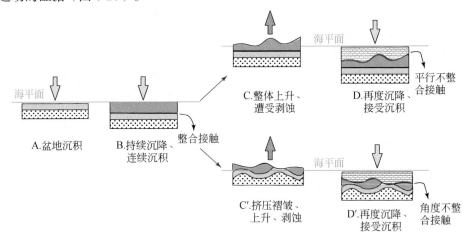

图 6-26　地层接触关系与构造运动

（1）整合接触。当一个地区处于相对稳定下降时，会形成连续沉积的岩层，老岩层沉积在下，新岩层在上，二者间不缺失岩层，这种关系称整合接触。其特点是，岩层互相平行，上下地层的时代是连续的，古生物特征是递变的。地层的整合接触说明沉积地区的构造运动是平静的。

（2）平行不整合接触。构造运动使一个地区的沉积作用发生长时间中断，上下两套岩层中间出现不连续面，不连续面本身会有起伏，但不连续面上下的岩层产状彼此平行，这种关系称平行不整合接触。其特点是，不连续面上下的化石群显著不同，不整合面上往往保存着古侵蚀面的痕迹。平行不整合接触说明沉积地区发生过显著的升降构造运动，古地理环境有过显著变化。

（3）角度不整合接触：构造运动使一个地区的沉积作用发生长时间中断，上下两套岩层中间出现不连续面，不连续面上下的岩层产状呈明显的角度相交，上覆岩层覆盖在下伏倾斜、褶皱岩层的侵蚀面之上，这种关系称角度不整合接触。其特点是，不连续面上下的化石群显著不同，不整合面上往往保存着古侵蚀面的痕迹。角度不整合接触说明，沉积地区发生过显著的升降运动和挤压褶皱，古地理环境有过极大的变化。

此外，地层厚度和岩相的变化也可以在一定程度上反映出构造运动。例如，在沉积盆地中常有生长断层发育，生长断层又称同沉积断层或同生断层，是在伸展断陷形成发育的过程中，边缘断层的不断活动使正断层的上盘沉降速率大于下盘沉降速率，同时进行的沉积作用使上盘的沉积物明显厚于下盘的沉积物（图6-27）。一般用上盘相应地层厚度（图 6-27 中的 A′、B′、C′ 及 D′ 层）与下盘地层厚度（图 6-27 中的 A、B、C 及 D 层）的比值去描述生长断层的活动性，该比值称"生长指数"，生长指数越大，表明断层活动越强烈，生长指数等于 1 则说明断层不活动。再如，沉积岩相是沉积环境的记录，岩相的变化记录了沉积环境

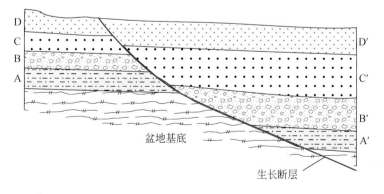

图 6-27　生长断层

的变化，而地表沉积环境的剧烈变化是大地构造变动和海平面升降联合作用的结果，而且，往往主要受大地构造活动的控制。

3. 来自地质构造的证据

地质构造是构造运动引起地质体的永久性变形，无疑是最好的证据。仔细观察褶皱和断裂的几何形态和伴生的构造，可以发现不少指示构造运动相对方向的标志，从而判断其运动学特征。常见的构造运动学指向标志可以分为如下三类：

1）褶皱中的运动学指向标志

褶皱是岩层的弯曲变形构造，褶曲就是褶皱中单个的弯曲。直立褶曲的轴面是近于直立的，而倾斜褶曲和倒转褶曲的轴面是倒伏的，它们轴面的倒伏方向就指示了顶部岩层的剪切运动方向（图 6-28）。

图 6-28　褶皱中的运动指向（宁夏贺兰山）

有些褶皱是在断层活动时产生的，这些褶皱的形态指示了断层的运动学方向。例如，断层牵引褶皱的弧顶指示了断层本盘的运动方向（图 6-29）。

2）脆性断裂中的运动学指向标志

脆性断层的活动会造成两侧岩层的错断，其中标志层错断的方向指示了其所在断层盘的运动学方向，上盘标志层向下错断的为正断层，上盘标志层向上错断的为逆断层。

节理面上和断层面上往往会发育擦痕（图 6-30），呈现出明显的线理，这些线理的形成温度远低于变质岩中线理的形成温度，因此，又被称为"冷线理"。

冷线理平行于断层的运动学方向。沿着冷线理的方向用手去来回抚摸擦痕，可以感觉到在一个方向很平滑，而相反的方向很粗糙，平滑度好的那个方向就是断层对盘运动的方向。在有擦痕的断层面上往往会发育纤维状矿物晶体，形成阶步，这些阶步的下台阶方向指示了对盘的运动方向。

图 6-29　牵引褶皱的运动指向（美国科罗拉多高原）

A.砂岩中的擦痕和阶步(新疆侏罗系)

B.砂砾岩中的擦痕阶步(新疆新近系)

图 6-30　擦痕的运动指向

　　断层滑动面的两侧会发育一些张裂隙，往往被石英、方解石等矿物充填，形成小岩脉。这些张裂隙和断层滑动面所夹的锐角指示了断层本盘的运动方向（图6-31）。
　　断层两侧的岩层中还会发育伴生劈理，这些劈理和断层所夹的锐角指示了断层对盘的运动方向（图 6-32）。

图 6-31　张裂隙和方解石脉的运动指向

图 6-32　劈理的运动指向

3）韧性剪切带中的运动学指向标志

韧性剪切带中的变形产物明显不同于脆性断裂带，在露头常见的有残碎斑旋转形成的 σ 构造和 δ 构造，以及面理（S）和剪切条带（C）构成的 S-C 构造。它们都明确指示了韧性剪切带两侧岩体的运动方向（图 6-33、图 6-34）。

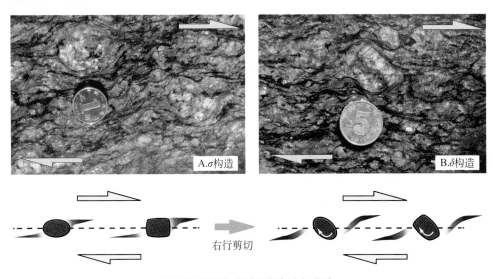

图 6-33　韧性剪切带中的 σ 构造（A）和 δ 构造（B），它们是在韧性剪切变形过程中逐步形成的（C）

图 6-34　韧性剪切带中的 S–C 构造

6.2.2　构造运动的方式

构造运动在传统地质学中称"地壳运动"，而在现代地质学中，这一概念的涵盖范围已经从地壳扩大到岩石圈。按照运动的方向可以把构造运动分为垂直运动和水平运动两类。

1. 垂直运动

1854 年，J. 普拉特（J. H. Pratt）在喜马拉雅山的印度侧进行重力测量，发现那里铅垂线的倾向程度比理论计算值要小。普拉特提出，高山下面物质的密度要小于周围物质的密度，只有这样才能合理解释测量的结果。他认为，这种密度差别会延伸到一定的深度（图 6-35A），从这一深度向上，山脉越高，下面的密度越小。1855 年，G. 艾里（G. B. Airy）提出了不同看法，认为高山下面物质的密度与周围物质的密度是相同的，只是高山下面轻物质的厚度较大（图 6-35B），类似于冰川浮在水面上，山越高，山根越深。他们两人都假定地下某处存在一个补偿平面，补偿面之上单位面积承载的质量相等。这就是重力均衡原理，那个补偿面又称"重力均衡面"。

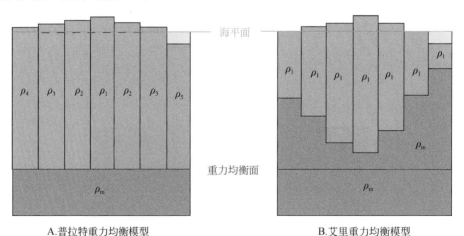

图 6-35　重力均衡模型

1859 年，美国地质学家 J. 霍尔在研究北美地层时注意到，古生界同一时代的地层在阿帕拉契亚山要比毗邻的密西西比河平原几乎厚十倍，从而提出，褶皱山系是在地壳的巨大拗陷里生成的（图 6-36）。1873 年，J. 丹纳把这种强烈下降并逐渐被沉积物充填的拗陷称为"地槽（geosyncline）"。霍尔认为，由地槽向山脉的转变主要是由于地壳的垂直隆起造成的。他并没有说明地壳垂直隆起的原因是什么，只是笼统地说，造成地壳中的巨大拗陷最终必然会隆起。实际上，他是下意识地使用了重力均衡原理。

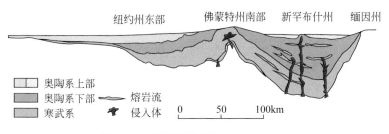

图 6-36　地槽原型（据 Kay，1951）

1889 年，美国地质学 C. 达顿（C. E. Dutton）提出了解释地壳垂直运动的学说，称"均衡说"。他认为，根据重力均衡原理，较轻的硅铝层位于较重的硅镁层之上，地壳本应处于均衡状态。但由于地壳表面高低不平，在外力作用下，山脉遭受剥蚀、盆地接受沉积，大陆遭受剥蚀、海洋接受沉积，这样就使这种均衡状态受到破坏。重力的不平衡会导致地壳的垂直运动，山脉因被削低重量减轻，产生上升运动；盆地因接受沉积物重量增加，产生下降运动。

沉积盆地是岩石圈表面相对长时期沉降的区域，不同的盆地有不同的沉降机制。沉积盆地的形成无疑是盆地基底发生垂直沉降的最好证据。深入剖析沉积盆地基底的沉降发现，至少有 7 种不同的沉降机制。

（1）由伸展作用或地表剥蚀作用引起的地壳减薄；

（2）软流圈熔体加积之后的冷却过程引起的岩石圈增厚；

（3）沉积和火山物质负载导致的重力均衡补偿；

（4）表壳构造负载导致的重力均衡补偿；

（5）岩浆垫托作用或地幔片仰冲造成的壳下高密度物质负载；

（6）冷岩石圈板块俯冲作用导致的地幔流动；

（7）温度–压力条件变化及高密度熔体侵入引起的地壳密度增大。

在这 7 种沉降机制背后仍有更深层次的物理机制。例如，岩石圈伸展减薄、岩石圈俯冲等都与岩石圈机械运动造成的构造应力状态有关，而岩石圈板块的冷却、地幔流动等则属热作用过程。因此，盆地基底的沉降未必都是岩石圈垂直运动的结果。

2. 水平运动

创造"地槽"这一术语的丹纳并不同意霍尔对地槽回返原因的解释，他在1873 年的论文中指出，地槽和山脉的形成都是地球收缩的结果。他认为这些垂直升降只是水平运动的副产品。丹纳的解释是依据了曾经风靡一时的地球"收缩说"。"收缩说"是法国地质学家 E. 博蒙（Elie de Beaumont）于 1829 年提出的，认为早期灼热的地球由外向内逐步冷缩，在地球内部的冷却收缩的同时，地球外层的地壳为了保持平衡，就挤压成褶皱，并产生山脉，这个过程类似苹果的干缩过程。

19 世纪末叶，阿尔卑斯山的地质学家们就认识到大规模水平运动的存在。法国地质学家 M. 贝特朗（M. Bertrand）于 1884 年把阿尔卑斯山的格拉乌斯"平卧褶皱对"解释为大型逆冲构造。1893 年，瑞士地质学家 H. 沙尔特（H. Schardt）发表论文，揭示并命名了阿尔卑斯山的推覆构造（Nappe structure）。Nappe 是餐桌上覆盖的桌布，受到侧向挤压时会在桌面上滑动，形成一系列褶皱。推覆体可以在一条倾角平缓的逆冲断层上水平运移数十千米。1901 年，奥地利地质学家 E. 修斯（Eduard Suess）的巨著《地球的全貌》第 3 卷出版，其中论证了水平运动的重要性，指出倒转褶皱带是地壳水平运动的证据，Nappe structure（推覆构造）的观念从此得到公认。

德国气象学家、地球物理学家 A. 魏格纳于 1915 年出版《大陆和海洋的形成》，提出大陆漂移学说。他在书中论证了大西洋两岸在古生物学、地质学和古气候学资料的高度吻合性，指出欧洲、非洲和美洲以前是连在一起的，并把这个曾经的超大陆叫作"泛大陆（Pangaea）"。在中文文献中，"Pangaea"这个词有"联合古陆"和"盘古大陆"等不同译名。魏格纳还提出，泛大陆的地壳是"硅铝质"的，再向下是地幔顶部的"硅镁层"，大陆就是在硅镁层上漂移的。

A. 霍姆斯（Arther Holmes）是大陆漂移学说为数不多的支持者之一，但他并不同意魏格纳提出的大陆漂移机制。1929 年，霍姆斯提出了地幔对流模式（图6-37），在 1944 年出版的《物理地质学原理》一书中，单独开设一章讲解大陆漂移说，并在其中提出了"海底扩张（seafloor spreading）"的概念。他指出，在地幔深部，由于高温和高围压的结果会使物质具有黏性，从而发生对流。地壳因受张力作用发生大断裂和大规模的水平运动，海底不断地扩张，大陆地块也因此分裂向两边漂移。

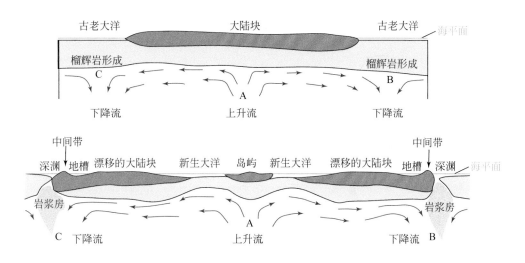

图 6-37　霍姆斯 1929 年提出的地幔对流模式

霍姆斯指出，地幔上升流（A 处）使大陆块受到拉张，产生新生洋壳，地幔下降流汇聚，使角闪岩层受到
挤压，密度增大，形成榴辉岩（B 和 C 处），榴辉岩会因重力均衡作用下沉，留下的空间被岩浆房填充

　　H. 赫斯是美国普林斯顿大学的地质学家，曾在第二次世界大战期间担任一艘兵员运输舰的舰长，他利用那时刚发明的声呐技术对太平洋进行了海底调查，发现海底有规律地排列着一些死火山，但山顶显然已经被波浪削蚀掉，成了平顶山，当时他并不知道这是怎么形成的，就用普林斯顿大学十九世纪一位地质学家的名字命名它，叫"盖奥特（Guyot）"。战后，赫斯继续进行着海底地貌的观测调查。1960 年，他根据多年观测的结果提出了"海底扩张"学说，认为海底正从洋中脊向外扩张，新的海底在洋中脊不断被创造出来，那些盖奥特就是洋中脊处的火山，高出浪基面，被波浪作用削蚀成平顶山，并从洋中脊向两侧缓慢地移动，沉入深海。

　　1962 年，英国剑桥大学的研究生 F. 瓦因参加了对印度洋卡尔斯伯格海岭的地磁调查，发现海底存在着非常奇怪的磁条带，像斑马纹一样，一条磁条带的磁极和现代磁场一致，而相邻磁条带的磁极和现代磁场正好相反。他和他的导师 D. 马修斯把这些资料和北大西洋中脊的洋底磁异常资料进行了对比，发现它们有共同的特征，这些磁条带都具有相间的相反磁极性，并且平行于大洋中脊分布（图 6-38）。他们于 1963 年发表论文，提出了"传送带"模型，对这一现象进行解释，认为地球深部的岩浆会沿大洋中脊喷出地表，形成新生洋壳。新生洋壳会被地球的磁场磁化，和地球磁场具有相同的磁极。在地球的磁极反转期，新生的洋壳就会具有反转的磁极。不断新生的洋壳像传送带一样被带离大洋中脊，于是，就形成了一条条磁极彼此相反的斑马纹条带。

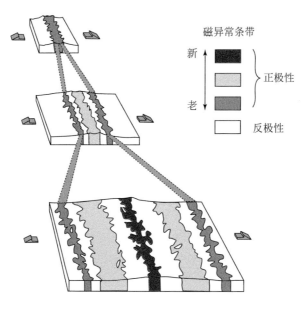

图 6-38　大洋中脊两侧的磁异常条带

　　1965 年，伦敦皇家学会主办了一个以"大陆漂移"为主题的科学研讨会。这次会议被认为是板块构造理论首次面世。加拿大地球物理学家 J. 威尔逊（John Tuzo Wilson）于 1965 年发表论文，提出"板块"的概念，把板块的边界分为离散型（拉张型）、汇聚型（挤压型）和转换型（走滑型）三类，并且论述了"转换断层"的作用。1967 年，美国地球物理学家 W. 摩根（William Jason Morgan，多称其为"Jason Morgan"）在美国地球物理学联合会（AGU）年会上提出，地球的表层由 12 个板块组成，并演示了板块相互运动的过程。美国地球物理学家 D. 麦肯齐（Dan Peter McKenzie）提出了与摩根模型相似的板块构造模型，对板块在球面上平移和转动过程进行了计算模拟。AGU 年会闭幕后 2 个月，法国地球物理学家 X. 勒皮雄（Xavier Le Pichon）发表论文，把地球表层划分为 6 个板块，详细论述了板块构造活动过程。1968 年，勒皮雄、摩根和麦肯齐等联袂发表论文《海底扩张和大陆漂移》，标志着板块构造理论确立。板块构造学理论强调了大规模的水平运动，指出洋中脊是洋壳新生的地方，而贝尼奥夫带是洋壳消亡的地方，大陆块在地幔对流带动下，随大洋地壳的新生和消亡共同移动。运动的板块一端以洋中脊为边界，一端以贝尼奥夫带所在的海沟为边界。

6.3　造山带与造山作用

6.3.1　基本概念

造山带（Orogens 或 Orogenic belts）、造山作用（orogeny）和造山运动（orogenesis）一直是 19 世纪末叶以来地质学的核心研究课题。这几个英文术语的词根都源自希腊语，"oros"是山脉（mountain），而"-gen"是产生、诞生，组合起来，字面的意思就是"造山"，在英语文献中是"mountain building"。随着地质学的不断发展，这些古老概念的实际含义一直在发生着变化。

造山带是地球上经受强烈褶皱和变形的狭窄线形构造带。造山带内岩浆作用和变质作用产物集中，是研究岩石圈组成、结构、构造和地球演化历史的重要场所。造山带是经过造山作用或造山运动形成的。

1874 年，奥地利地质学家 A. 布韦（A. Boué）创造了"orogeny（造山作用）"一词（原文是 orogenie），他指出地貌意义上的山脉是经过构造活动形成的。造山作用的概念是在地槽学说框架中诞生的。地槽学说的创始人霍尔和丹纳认为，地槽是地壳上巨大狭长的活动地带，在地槽沉积了数千米甚至一两万米的沉积物，并伴生熔岩流。经过构造运动，地槽中的充填物发生褶皱，并伴有强烈的岩浆活动和变质作用，然后转变成相对稳定的褶皱带。褶皱带形成后仍不断上升，地貌上表现出巍峨的山势。这种地槽回返隆起的山脉被称为褶皱带。

G. 吉尔伯特（Grove Karl Gilbert）在 1890 年提出了"造陆作用（opeirogeny）"的概念，把它和"造山作用（orogeny）"并立，认为二者是地壳运动的不同形式，造陆作用是地壳大范围缓慢的垂直升降形成大陆和海盆的作用过程，而造山作用是使地壳隆起形成山脉，并引起山脉内岩石变形的作用过程。他强调造山作用是一种构造运动，而山脉的隆起只是副产品。换句话说，造山作用和造山运动是指地壳的一种构造运动形式，其主要产物是褶皱带，而地貌意义上的山脉只是构造运动的次要产物。

在板块构造学理论框架中，造山带、造山作用和造山运动这些经典概念被注入了新的内涵。加拿大地质学家 J. 威尔逊于 1965 年明确指出，造山带主要形成于汇聚型板块边界。

在板块构造学理论初创时期，不少学者都忙于在板块构造学理论框架中去解释造山带、造山作用和造山运动这些在地槽学说框架中形成的经典概念。他们把蛇绿岩解释为洋壳和上地幔的残片，把混杂岩解释为海沟处上冲板块前缘的碾压产物，把克拉通解释为稳定的大陆块，把优地槽解释为活动大陆边缘，把冒地槽解释为被动大陆边缘，等等。随着板块构造学理论的不断发展，很多与地槽学说相关的术语都逐渐被淘汰了，如优地槽、冒地槽等各种地槽的名称，以及地槽回返，等等。不过，造山带和克拉通的概念被保留下来，继续使用。当然，还有一些被淘汰的观念仍然在潜移默化地发挥着影响。

6.3.2　固定论与活动论

大地构造学最早是研究地壳构造发生、发展规律、形成机制和地壳运动的学科，板块构造学理论建立后，把这些研究扩大到岩石圈范围。板块构造学理论建立之前，国内外出现过许多大地构造学学说。在国外，比较早的有收缩说、地槽 – 地台说、均衡说等，随后又相继出现大陆漂移说、对流说、振荡说、波动说、膨胀说、脉动说以及重力分异说等。在国内，出现过地质力学、多旋回说、断块构造说、地洼学说、波浪状镶嵌构造说、重力构造说等。这些学说基本上可以划分为固定论和活动论两种。固定论以地槽 – 地台说为典型代表，而活动论以大陆漂移说为典型代表。

1. 固定论（fixism）

固定论主张大陆自形成以来，它的基底位置是固定不变，从来没有发生过大规模的水平运移，大陆是固定的，大洋是永恒的。这种观点主张地壳构造主要是垂直运动的产物，因此又称为"垂直论"。

"地槽"这一术语是丹纳于 1873 年提出的，认为地槽回返后，其中的沉积岩层会发生强烈褶皱变形，形成褶皱带，"地台（platform）"的概念是奥地利地质学家 E. 修斯于 1885 年提出的，指大陆上自形成以来没有再经受褶皱变形的稳定地区。修斯还在 1888 年提出"地盾（shield）"的概念，指周围被平缓地台围绕并且大面积出露前寒武纪结晶基底的盾形地区。1900 年，法国地质学家 E. 奥格（Emile Haug）在《地槽和大陆块》中明确地把地槽和地台并置起来，作为地壳上的两个基本构造单元，分别代表了地壳的活动带和稳定区。自此，地槽和地台这两个术语被广泛使用，地槽 – 地台学说也就此形成。

1921 年，奥地利地质学家 L. 柯柏（Leopold Kober）把地槽回返造成的山脉叫作"造山带"，而把这些被地槽或造山带围绕的稳定大陆块叫作"kratogen（克拉通）"。德国地质学家 W. 施蒂勒（Wilhelm Hans Stille）于 1936 年改称"kraton

（克拉通）"，译成英文就是"craton（克拉通）"，其中包括地台和地盾。施蒂勒在 1940 年提出，克拉通是固定不变的，地槽环绕着克拉通发育，经地槽回返形成的造山带也环绕着克拉通分布，造山带隆起后，会逐渐稳定下来，最终转化为克拉通。他给这个"地槽阶段—造山阶段—克拉通阶段"的发展序列起了个名字，叫作"大地构造旋回"，又称造山旋回，或褶皱旋回。尽管地槽和地台这些术语不是柯柏和施蒂勒提出的，但由于他们的著作和观点在地质学界有广泛而深刻的影响，一般把他们作为地槽–地台学说和固定论的代表人物，称为"柯柏–施蒂勒学派"。这一学派认为山脉的结构是对称的，强调造山带中的垂直升降和垂直山脉走向的水平缩短。

2. 活动论（mobilism）

活动论主张在地壳历史演变过程中，大陆在地球表面上的位置发生有比较显著的水平移动。这种观点主张地壳构造主要是由水平运动产生的。活动论的代表人物是魏格纳和瑞士地质学家 E. 阿尔冈（Emile Argand），又称"魏格纳–阿尔冈学派"。实际上，mobilism（活动论）这个词就是阿尔冈首创的。

魏格纳于 1915 年出版《大陆和海洋的形成》，提出大陆漂移学说，认为大陆彼此之间以及大陆相对当于大洋盆地之间发生过大规模的水平运动。他反对山脉是从地槽中生长出来的观点，他说："地槽的叫法不正确，应该叫大陆架"。魏格纳直接用大陆漂移学说来解释造山作用，提出环太平洋山脉是大陆"骑越"到太平洋基底上形成的，而特提斯山脉则是由大陆漂移引起的碰撞作用形成的。阿尔冈对此完全支持，他提出阿尔卑斯山是欧洲和非洲两个大陆发生碰撞形成的，他还根据大陆漂移学说解释了欧亚大陆的构造演化，并于 1924 年出版了《亚洲大地构造》一书。阿尔冈对阿尔卑斯山中发现的大型走滑断层进行了阐述，指出造山带中不仅有垂直于山脉走向的水平缩短，而且有平行于山脉走向的大规模水平运动。阿尔冈和修斯的儿子弗朗兹·修斯（Franz Suess）一起，把魏格纳的大陆漂移说和修斯的造山带不对称模式结合起来，提出了活动论的造山带模式。

固定论和活动论之间的争论一直持续了很久，直到板块构造学理论建立后，固定论才从大地构造学领域逐渐销声匿迹，但在岩相古地理研究中至今仍然残留着踪影。

6.3.3　持续造山还是幕式造山

造山作用是持续不断的，还是幕式的？这个问题一直困惑着大地构造学家们，直到今天仍然有不同的看法。

幕式造山是地槽－地台学说的核心概念。"柯柏－施蒂勒学派"坚持认为，造山作用是一种幕式构造事件或周期性出现的构造事件，每一次造山作用都是在全世界同时发生的。居维叶在他 1826 年出版的《论地表的革命》中提出，在地层不整合面所代表的时间段出现了灾变性生物绝灭。为解释居维叶指出的灾变性生物绝灭，博蒙在 1830 年提出，不整合面上下两套地层是在长时间中缓慢沉积形成的，而不整合面所代表的构造变动事件是在短时间内完成的。于是，他把角度不整合作为造山"革命"或造山运动的可靠标志。博蒙于 1831 年提出，地球历史上曾发生过数期造山幕。显生宙有 3 个"代"和 12 个"纪"，于是，博蒙划分出了 12 个造山幕。他还用分析角度不整合的方法确立了地槽中褶皱运动的旋回性，于 1886 年对西欧和北美的不同褶皱区进行比较，命名了休伦、加里东、海西及阿尔卑斯等四个全球性褶皱期。施蒂勒把"地槽阶段—造山阶段—克拉通阶段"的发展序列叫作造山旋回或褶皱旋回。他认为，在每一个造山旋回的中间时段，地壳活动和造山运动都达到高潮，被称为造山幕；造山幕所代表的时段很短，在两个造山幕之间是较长时期的"相对静止"幕；这些造山幕在整个地球上的地槽中是同时发生的。他在 1924 年划分出 30 个全球造山幕。

"魏格纳－阿尔冈学派"认为，造山作用可以是幕式的，但并不都是幕式的，造山作用是持续不断的构造过程；一个造山作用的影响只是地区性的，并不是全球性的，一个造山作用持续的时间有长有短，并不是等时的和同时的。阿尔冈在 1920 年指出，不整合面只代表了地层的缺失和沉积过程的间断，这并不指示构造运动的中断。威尔逊于 1954 年指出，施蒂勒关于短期造山幕和长期构造平静期相间周期性出现的观点没有地质学证据的支持，而且这种周期是没有理论依据的。

由于魏格纳的大陆漂移学说在地质学界受到普遍的诘难，在板块构造学理论诞生前，"魏格纳－阿尔冈学派"观点的影响十分有限，而"柯柏－施蒂勒学派"的观点对全世界有广泛深刻的影响，即使在板块构造学理论建立之后，这种影响依然可以见到。例如，苏联的别洛乌索夫（Vladimir Vladimirovich Belousov）于 1970 年发表《反对洋底扩张说》一文，明确反对板块构造学理论。再如，在我国 19 世纪 80 ~ 90 年代出版的第一代《中国区域地质志》中，仍然以大量的篇幅阐述构造旋回和造山幕的划分和特征，继续使用加里东旋回、加里东运动 I 幕、Ⅱ幕等地槽－地台学说的观念和术语。

1969 年，以"新全球构造的意义"为主题的第一次彭罗斯（Penrose）会议在美国太平洋丛林市举行，吸引了来自世界各地的地质学家。他们认为，这次会议是"地质学的分水岭，通过这次会议，人们才真正开始意识到板块构造的重要性"。也正是在这次会议之后，我国以尹赞勋和李春昱为代表的中国地质学界开始全面学习和运用板块构造学理论。尹赞勋于 1978 年指出，褶皱旋回和造山幕都是地区性的，所有迄今已经建议的世界性的幕和旋回都经不起认真的科学验证。所谓构造旋回的世界一致性，是把一个地区的研究结果强加于全球而造成的。他建议在我国不要继续采用加里东旋回、海西旋回这些所谓的"全球性旋回"名称。今天，板块构造学理论建立已有半个多世纪了，"魏格纳－阿尔冈学派"已经占据上风，但"柯柏－施蒂勒学派"的观念仍然没有完全销声匿迹。

6.4　小　　结

　　地质体都有其原生的产状，如水平的沉积岩层、不规则的岩浆侵入体、变质岩的面理和线理。这些产状可以抽象为平面和直线。面状构造的产状是指平面在三维空间的延伸方位及倾斜程度，用走向、倾向和倾角三个要素的数值表示，而线状构造的产状是指直线在三维空间的延伸方向和倾斜程度，用倾伏向及倾伏角，或侧伏向及侧伏角的数值表示。

　　地质体会发生平移、转动、形变和体变，统称"变形"。地质体的永久性变形产物称"地质构造"。最基本的地质构造包括褶皱和断裂两大类。岩石圈的机械运动称为"构造运动"，会造成地质体的永久性变形。这些永久性变形有不同的尺度，研究露头尺度和显微尺度变形的地质学分支称"构造地质学（structure geology）"，而研究区域尺度和全球尺度变形的地质学分支称"大地构造学（tectonics）"。

　　面状构造发生弯曲变形称为"褶皱"，单个的弯曲称"褶曲"。沉积岩层面核部上凸的褶曲称"背斜"，下凹的称"向斜"，而其他面状构造相应的褶曲则称"背形"和"向形"。根据轴面的产状，可以把褶曲分为直立褶曲、倾斜褶曲、倒转褶曲和平卧褶曲等 4 类。

　　岩石破裂产生的裂隙称"断裂"。通常把没有明显位移的断裂称为节理，具有明显位移的断裂称为断层。按照产生节理的力学性质，可以分为张节理和剪节理两类。按照断层两盘的相对运动方向，可把断层分为正断层、逆断层和平移断层等三类。平移断层通常称为走向滑动断层，简称"走滑断层"。

    岩石变形分为三个阶段：弹性变形阶段、塑性变形阶段和破裂变形阶段，只有塑性变形和破裂变形会形成永久性变形构造。脆性变形属于破裂变形，而韧性变形本质上属于塑性变形。岩石的变形与岩石力学性质密切相关，而地质环境中温度、压力、流体等变化会改变岩石的力学性质。

    由地表向下，温度和围压会增大，褶皱变形由浅至深发育弯曲褶皱、剪切褶皱和柔流褶皱，而断层由浅至深发育脆性断层和韧性断层（韧性剪切带）。脆性变形遵从拜尔利定律，而韧性变形遵从蠕变指数定律。大陆岩石圈上部的 10 ~ 15km 深处为脆–韧性变形过渡带。脆性断层和韧性断层的运动学方向都可以通过一系列指向标志进行判断。

    对大尺度构造运动的研究属于大地构造学学科，被当作地质学的"上层建筑"学科，综合性、哲学性很强，形成了很多不同的认识、观点和学说，一百年来争论不断。这些争论又主要体现在对造山带的研究领域。最有代表性的两个学说是地槽–地台学说和板块构造学说，最主要的争论有垂直运动与水平运动，固定论与活动论，幕式造山与持续造山等。经过长期争论，板块构造学说最终成为主流学说，主张水平运动和活动论，认为造山运动是持续的构造运动，造山带主要产生在汇聚型板块边界。

第 7 讲

漫话地质图

通常所说的地质图是表示一定区域内地层、岩石、地质构造的产状与分布，以及地质年代等地质信息的图件。地质图都是按照一定的比例尺绘成的，比例尺分大、中、小等几类。比例尺越小，图面的区域范围就越大，所表示的内容也越概括，用于突出总体规律或提供背景材料。比例尺越大，图面的区域范围就越小，所表示的内容就越详细，用于展示详细资料。比例尺小于 1：25 万为小比例尺地质图，一般用于全球、各大洲等大范围区域。比例尺在 1：25 万～ 1：10 万之间的为中比例尺地质图，用于描述区域性地质情况，我国进行全国地质详查的地质图就是以 1：20 万和 1：25 万为比例尺的。比例尺大于 1：10 万的为大比例尺地质图，包括按国际分幅填制的 1：5 万地质图、矿山地质图和大型工程地质图等。地质图常附有剖面图和综合地层柱状图，用于反映地质构造的三维形象和发展过程。地质图中的各种地质信息由不同颜色、花纹、线条和符号等表达，这些图案和符号的含义都在图例中进行说明。

广义的地质图还包括为特定目的编制的各种专业地质图，如矿产分布图、成矿规律图、地质构造图、古地理图、变质地质图、岩浆岩分布图、水文地质图、工程地质图、地球化学图、第四纪地质图、岩石圈动力学图、地震地质图、环境地质图、旅游地质图、农业地质图、布格重力异常图、航磁异常图等。

大比例尺地质图一般通过野外实地勘查，以绘有地形线的地形图为底图填制，也有些地质图是收集整理有关地质资料编制成的。小比例尺的地质图件由于表达的内容具有综合性，常含有推断的成分，如大地构造图、成矿规律图等，在对实际资料进行综合时加入了编图人的认识，反映了一定的学术观点和理论。

7.1 地质图的发展

7.1.1 早期的矿物分布图

1726 年，地质学还处于奠基时期。居住在匈牙利的意大利人留吉·费尔兰多·马吉西里著书介绍了多瑙河周围地区的矿物、岩石和矿业（陈克强，2011）。书中附有一张包含有地质标记的地形图和一张矿区矿相图及盐矿平面图与剖面图。尽管他出版书和图是个人行为，但这应是世界上第一张矿山地质图。

18 世纪初，法国第一个组织了国家地形测量工作，绘制了详尽的地形图。博物学家 J. 盖塔尔（Jean Etienne Guettard）承担了绘制国家矿物分布图的工作。1746 年，他提交给法国科学院第一幅图，其中标明了法国和英国部分地区各种矿物的产地，并且把英吉利海峡两边的相似地层连接起来。这应该是世界上的第一幅由国家资助完成的区域地质矿产图。1766 年，盖塔尔得到法国政府的财政资助，在助手们的帮助下，开始对法国和邻区进行更为详尽的考察。他的地质旅行累积近 8000km，地理范围包括从冰岛到地中海的广大地区。到 1780 年，盖塔尔和他的助手共完成了 60 幅以矿物分布为内容的地质图。这些工作使他被誉为"地质调查之父"。

英国科学家和旅行家罗伯特·汤逊于 1793 年周游匈牙利，在路途中辨认出 13 类岩石，他用彩色把这些岩石标记在一张匈牙利地图上，可算作匈牙利的第一张彩色地质图（陈克强，2011）。

7.1.2　第一张现代地质图

前面第 5 讲提到，英国的威廉·史密斯确立了地层学中的"动物群顺序原理"。这位史密斯是一位自学成才的地质学家，18 岁时给一个测量员当学徒，后来以测量员的身份参加了 1793 ~ 1799 年开凿运河的测量与地质调查工作。史密斯在长期的野外测量和调查中发现，相同岩层总是以同一顺序叠覆排列着，每一岩层都含有该层特有的化石。他把化石当作一种符号，把各地的化石产出顺序记录下来，结果发现，岩性相似的岩层可用其中所含的生物化石来区分它们的年代。史密斯把自己这套方法称为"用化石鉴定地层"。

1794 年，史密斯在巴斯和新卡斯尔之间度假旅行时，发现南英格兰地层的层序适用于整个英格兰。于是，他决定要绘制全英格兰的地质图，并开始为这一目的陆续地收集资料。1799 年，史密斯编绘出第一张着色的地层图，1815 年完成了《英格兰和威尔士地质图》。这是世界上第一幅具有现代地质意义的地质图。1819 ~ 1824 年，史密斯又完成了英国二十多个郡的地质图及地质剖面图，在图中标明了不同的岩石和形成时代。史密斯的杰出成就使他于 1831 年获得沃拉斯顿奖章（这是以英国著名化学家和地球物理学家 W.H. 沃拉斯顿命名的奖项，由伦敦地质协会从 1831 年起颁发，每年评选一次，每次只评选一人，是地质学界的重要奖项），于 1835 年获爱尔兰都柏林大学特林尼蒂学院法学博士学位，后来被誉为"地层学之父"。

7.1.3 我国的地质图

自 1840 年以后，我国沦为半殖民地，科学发展受到阻碍，地质学发展也不例外。早期只有一些西方学者在中国进行了地质调查和探险，出版了少量关于中国地质的著作，而我国学者的地质学著作寥寥无几。

1872 ~ 1875 年，清政府分四批派遣 120 名少年赴美留学，这是中国历史上首次公派留学，其中 15 人主攻矿务，回国后从事矿冶工作。邝荣光在这些地质学留学神童中最具代表性。1881 年，邝荣光还没毕业就被召回国，派往唐山开平煤矿，后任直隶省矿政调查局总勘矿师，是我国第一批矿冶工程师。1910 年，他根据实地调查资料，在我国第一个地质学刊物《地学杂志》创刊号上发表了《直隶地质图（1：250 万）》，这是我国第一幅区域地质图。1911 年，他又在《地学杂志》上发表了《直隶矿产图》。

鲁迅（周树人）在赴日本留学前，曾在江南陆师学堂附设的矿务铁路学堂学习开矿。在日本留学期间，鲁迅编写了《中国地质略论》，署名"索子"，于 1903 年发表在日本出版的《浙江潮》月刊上。这是中国人写的第一篇地质学文章。1906 年，他与顾琅合编《中国矿产志》，由上海普及书局出版，其中的附图《中国矿产全图》是我国编制的首张矿产图。

辛亥革命后，一批赴海外学习地质学的中国学子学成回国，中国近代地质工作自此开端。翁文灏于 1919 年在《地质专报》发表《中国矿产志略》一文，其中附图《中国地质约测图》，是我国地质学家自己编制的第一张全国地质图。同年出版的《北京西山地质图》是由我国地质学家自己测制的第一张 1：10 万地质图。1945 年，黄汲清出版《中国主要地质构造单位》，其中所附的"构造单位图"是我国首份大地构造图。

新中国成立后，地质部于 1959 年组织实施了 1：300 万中国"一套图"编制计划，其中包括中国地质图、中国大地构造图、中国内生金属矿产规律略图、中国前寒武纪地质图和中国煤田及煤质预测图等。这套图的出版是中国地质填图工作的一个里程碑。经过几代地质学家的努力，我国已经完成了 1：100 万地质图填图 947 万 km²，占国土面积 98.8%，1：20 万地质图填图 691 万 km²，占国土面积 72%，1：25 万地质图填图 472 万 km²，占国土面积 49%，1：5 万地质图填图 192 万 km²，占国土面积 20%。从 1999 年开始，我国开展了数字地质填图方法研究，利用 GIS（地理信息系统）、GPS（全球卫星定位系统）和 RS（遥感技术）对野外地质调查取得的各种资料进行数字化处理，实现了全过程数字地质填图，已经编制了全国分省 1：50 万数字地质图数据库，建立了全国范围内的空间数据库（胡健民，2021）。

7.2　地质填图

7.2.1　从三维地质体到二维图像

地质学家们把制作地质图的过程称为"地质填图"，就是在地形图上填绘上准确的地质信息。在一个地区进行地质填图，需要到野外去，把露头上见到的岩石、地层和地质构造等信息，按照规定的比例尺，填绘到相应比例尺的地形图上。填图时，不但要跋山涉水，开展艰苦的野外工作，而且还要把三维地质体绘制成二维图像。

中小比例尺的地质图都以地形图为底图。把高低不平的地形投影到平面上，就形成了地形图的基本格架，由一系列地形等高线构成。在地形图上，高山和盆地都表现为一圈一圈封闭的等高线，区分高低要靠等高线的标高，等高线一般以"米"为单位，海平面之上的等高线标为正值，海平面之下的等高线标为负值。高山的地形等高线是中间高四周低，而盆地的地形等高线是中间低四周高（图7-1）。

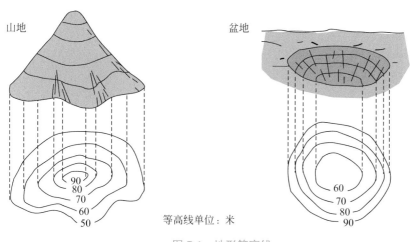

等高线单位：米

图 7-1　地形等高线

在填图过程中，需要把地质体绘制到地形图上，这就需要把握三维地质体投影与二维图面之间的几何关系。

7.2.2 岩层产状在地形图上的投影

岩层产状在地形图上的投影是岩层界面和地面的交线，和地形等高线具有一定的几何关系。

1. 水平岩层

如果岩层产状是水平的，岩层在地形图中的出露界线就会和地形等高线平行或重合，在河谷、冲沟中会随等高线弯曲。水平岩层的出露宽度取决于岩层的厚度和地面的坡度（图 7-2）。当厚度一定时，坡度越缓，出露宽度就越大，而当坡度一定时，厚度越大的岩层出露的宽度就越大。

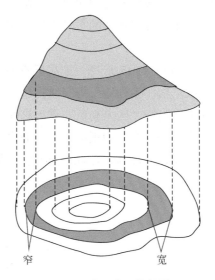

图 7-2　水平岩层的投影

2. 倾斜岩层

如果岩层产状是倾斜的，那么，岩层在地形图中的出露界线会出现比较复杂的情况。地质学家在填图时，归纳出三句口诀："向反相同，向同相反，向同相同"（图 7-3）。

（1）"向反相同"是说，当岩层倾向和地面坡向相反时（即"向反"），岩层的出露界线和等高线的弯曲方向是一致的（即"相同"）。

（2）"向同相反"是说，当岩层倾向和地面坡向相同时（即"向同"），如果岩层的倾角比坡角大，岩层的出露界线和等高线的弯曲方向是相反的（即"相

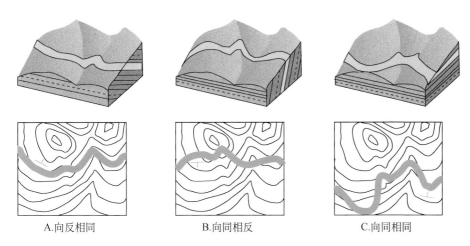

A.向反相同　　　　　　　　B.向同相反　　　　　　　C.向同相同

图 7-3　倾斜岩层的投影（T 形符号为地层产状符号）

上排：岩层（蓝色条带）产状；下排：在地形图（黑色线为等高线）中的投影

反"）。

（3）"向同相同"是说，当岩层倾向和地面坡向相同时（即"向同"），如果岩层的倾角比坡角小，岩层的出露界线和等高线的弯曲方向又成为相同了（即"相同"）。

这三句口诀又被称为"V"字形法则，这是因为除了直立的岩层外，倾斜岩层的出露界线在通过河谷或冲沟时都呈"V"字形，形象地示意了岩层出露界线的弯曲方向。当然，如果岩层直立时，它在河谷或冲沟处仍然是直立的，不受地形等高线的影响。

除了按"V"字形法则绘制岩层的产状，还需要在地质图上标绘的产状符号。产状符号分两种，一种是正常地层产状的符号，出一条长线和一条短线相互垂直成"T"字形，长线代表走向，短线代表倾向，在短线一侧用阿拉伯数字写上倾角；另一种是倒转地层的符号，和正常地层产状符号的差别是倾向的表示方法，用一条带"U"形弯的短线指向倒转地层的实际倾向（图 7-4）。产状符号要按照岩层实际产状的方位标绘在地质图上。在小比例尺地质图上一般都不绘制地形等高线，这样就更需要用产状符号去表示岩层的产状了。

7.2.3　褶皱和断层在平面上的投影

褶皱的褶曲按照褶皱轴面的产状分为直立褶曲、倾斜褶曲、倒转褶曲和平卧褶曲等四类。褶皱轴面是一个假想的面，不可能在地质图中绘出它和地面的交

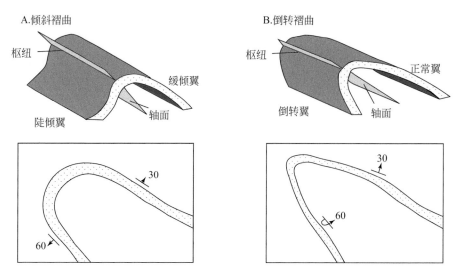

图 7-4　褶皱地层的产状符号

上排：褶皱产状；下排：在平面图中的投影及地层产状符号

线，这时，并不需要另外设计一套符号，只需要借用岩层产状符号就可以了（图7-4）。直立褶曲和倾斜褶曲轴面两侧的地层产状是正常的，在褶皱轴面两侧绘制一对倾斜相对的岩层产状符号就表示向斜了，而一对倾斜相背的岩层产状符号则表示背斜。岩层产状符号中的倾角值可以用来指示褶曲两翼地层的倾斜情况，两翼的倾角差不多大就是直立褶曲，一翼缓一翼陡则间接地表示了倾斜褶曲。倒转褶曲和平卧褶曲的共同特征是有一翼的地层产状发生了倒转，因此，用一个正常岩层产状符号和一个倒转岩层产状符号搭配，就可以表示这两种褶曲了。在褶皱轴面两侧绘制两个岩层产状符号，一个表示正常岩层产状，另一个表示倒转岩层产状，再标出地层的倾角大小，这样就可以明确地标识出倒转褶曲和平卧褶曲了。

断层分正断层、逆断层和平移断层三类，这是按照断层两盘的相对运动方向划分的。在地质图上见到的是断层面的顶视图，断层面和地面的交线是一条线。为了和其他地质界线区分开，表示断层的线要用红色。断层的相对运动方向要靠断层线上的辅助符号表示（图7-5），短箭头表示断层面的倾向，在短箭头两旁各有一组双短线，绘在下降盘一侧。这样，把短箭头和双短线组合起来，就可以清楚地表明断层两盘的运动方向，区分出正断层和逆断层了。平移断层没有上盘和下盘，只有平行断层走向的滑动，需要在断层线旁侧绘制一个半箭头，指示该盘的运动方向，这样就能表明是左行还是右行了。

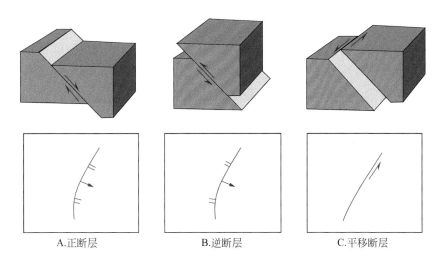

A.正断层　　　　　　　B.逆断层　　　　　　　C.平移断层

图 7-5　断层产状符号

上排：断层产状；下排：断层面投影及产状符号

7.2.4　填图的学术指导思想

填图看似仅是一项技术活，实际上包含着深刻的学术思想。

1. 关于填图的地层单位

如何建立合理的地层单位，这是填图中需要解决的首要问题。为了统一地层术语的国际用法，1878 年在巴黎召开的第一届国际地质大会研究了"地质报告中关于术语和图例统一"的问题。1880 年，在意大利博洛尼亚举行的第二届国际地质大会上，讨论通过了俄国地质委员会的提案，其中包括地层划分和单位术语国际统一方案和地质图图例系统，于 1881 年公布实施，史称"1881 年方案"（见本书第 5 讲表 5-3）。该方案明确定义了地质年代单位术语和年代地层单位术语两套地层划分体系，把地质年代的时间间隔划分为代（Era）、纪（Period）、世（Epoch）、期（Age），把年代地层单位划分为界（Erathem）、系（System）、统（Series）、阶（stage）、层（bed）和地层（stratum）。时间间隔的代、纪、世、期分别与地层单位的界、系、统、阶相对应。俄国地质委员会提议的地质图图例系统后来逐渐发展成今天国际上通用的地质图图例系统。

1885 年，在柏林举行的第三届国际地质大会上，美国科学家鲍威尔（Powell）介绍了美国地质调查所的填图经验。他们把组（formation）作为按照岩石定义的基本地层单位去填制地质图。1894 年，美国科学家威廉（H. S. William）发表《地层划分中的双重命名法》，根据美国的填图实践提出了一个双重地层划分方案，即岩石地层单位和生物地层单位，他们强调，岩石地层单位不能与时间单位相对应。这一新概念开辟了一条使用岩石地层和生物地层双重划分、命名和填图的途径。同时，这一新概念也代表了现代地层学中"多重地层划分"概念的萌芽。美国的多重地层划分理念由申克（H. G. Schenck）和穆勒（S. W. Muller）于 1941年做了总结，他们在划分方案表中刻意设计了互相垂直的排字方式，形象地表明时间地层单位和岩石地层单位属于不同类型的地层划分体系，不能一一对应（图7-6）。

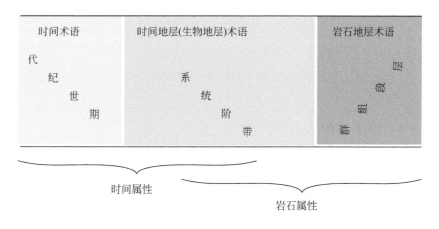

图 7-6　申克和穆勒的多重地层划分方案（1941 年）

由于存在着不同类型的地层单位，填图时采用不同的地层单位作为填图单位就会填制出不同的地质图。地质图有两类，一类是"组图"，以岩石地层单位的"组"为填图单位，另一类是"系图"，以年代地层单位的"系"为填图单位。

组图是采用以岩石特征为划分依据的岩石地层单位"组"为单位填制的，反映的是地表出露岩石的岩性变化，连接地层界线时不需要考虑地层的年龄值，图面表示的是一个地区的岩石种类和分布状况。在大比例尺填图工作中填制的多是这种组图。组图是对一个地区地质情况的客观记录，组图中的地质界线不会改变，对于矿产勘探开发和工程设计都是十分重要的参考图件。

系图的填图单位是按地质年代表的顺序划分的"系"，连接地层界线时要求各处的地质年龄相同，而不必考虑岩性的差别，图面表示的是一个地区年代地层的分布情况，不去反映岩性和岩相的变化细节。在编制大面积、小比例尺地质图时，这是唯一实用的编图单位。系图一般在大比例尺组图的基础上编制，是一种综合性研究成果，系图中的地质界线有可能会根据编图者认识的不同或实际资料的逐渐丰富而改变。

史密斯于 1815 年编制的《英格兰和威尔士地质图》主要表示了地层的层序、所含化石和地层分布等内容。史密斯在连接地层界线时是按照地层所含化石的情况做判断的，他认定相同的化石代表了相同的年代，因此，史密斯的图属于系图。我国的小比例尺地质图多属于"系图"，如四百万分之一的《中华人民共和国地质图》和五百万分之一的《亚洲地质图》等。一般的中、大比例尺地质图有些属于"组图"，有些属于"系图"，在读图时，一定要注意到这点。

2. 关于"非史密斯地层"填图

"非史密斯地层"的概念是瑞士华裔地质学家许靖华（K. J. Hsu）在 1990 年的一篇短文中最早提出的。传统地层学有三条最重要的定律，即垂向叠置律、侧向连续延伸律和下老上新层序律。符合传统地层学定律的地层常被称为"史密斯地层"，不符合传统地层学定律的地层自然就被称为"非史密斯地层"。概念虽然是 1990 年才提出，但工作却是在 20 多年前做的，许靖华于 1968 年发表了一篇论文，题为"混杂岩原理及其在解决弗朗西斯科 – 诺克斯维尔地层悖论中的应用"，把弗朗西斯科杂岩作为构造混杂岩，解决了弗朗西斯科 – 诺克斯维尔地层填图的难题。这篇文章在当时是对史密斯地层学的挑战，没有多少人认可。但随着在欧洲阿尔卑斯山造山带的深入研究，人们越来越感到在造山带构造变形极为复杂的地区进行填图的困难性，而这篇论文提出的原理和方法具有重要的示范意义，因此，引用率骤然提高。许靖华 1990 年的短文就是应美国《现刊目次》主编的邀请撰写的，题为"混杂岩和非史密斯地层学"。

在许靖华之前，美国不少地质学家在加利福尼亚州海岸山脉进行过填图，都把弗朗西斯科岩石作为正常地层的"群"或"组"看待，但是一直理不清它和诺克斯维尔地层的关系。许靖华于 1963 年去那里填图，发现弗朗西斯科岩石内部受强烈的构造剪切，上下没有沉积叠置关系，侧向延伸受到构造破坏，新老年代的化石产出位置错位。他意识到这不是正常的地层"群"或"组"。于是，他启用格林利（Greenly）1919 年提出的混杂岩的概念，并且指出，弗朗西斯科混杂岩不是一种岩石地层单位，而是构造地层单位，是由本地岩块和外来岩块及剪切变形的基质构成的（图 7-7）。

图 7-7　构造混杂岩露头（美国加利福尼亚州海岸）

　　许靖华在 1968 年发表的文章中对在构造混杂岩地区进行填图提出了五条法则，或者说五条注意事项：

　　（1）在混杂岩地区填图，不能假设混杂岩具有地层连续性。

　　（2）在混杂岩地区填图，不能假设混杂岩具有正常的地层叠置关系。

　　（3）在混杂岩地区填图，不能假设混杂岩具有化石下老上新的正常层序。

　　（4）在混杂岩地区，一个岩石地层单位和另一个岩石地层单位或构造混杂岩的接触界线可能是沉积的，也可能是构造位移的。

　　（5）在混杂岩地区，覆盖在混杂岩上的岩石地层单位可能在一个地方是原地沉积的，而在另一个地方是从异地位移来的。

　　许靖华进一步示范了在构造混杂岩地区进行填图的具体方法（图 7-8），指出可以根据基质的变形特征区分出原地岩块和异地岩块，再按照岩块和基质的岩性特征、变形特征、变质特征等，把大面积出露的构造混杂岩划分为次级混杂岩单元。只有用这种“非史密斯地层”填图方法，才有可能揭示构造混杂岩的发育历史。

　　“非史密斯地层”填图方法已经被引进到国内造山带区的填图实践中。不

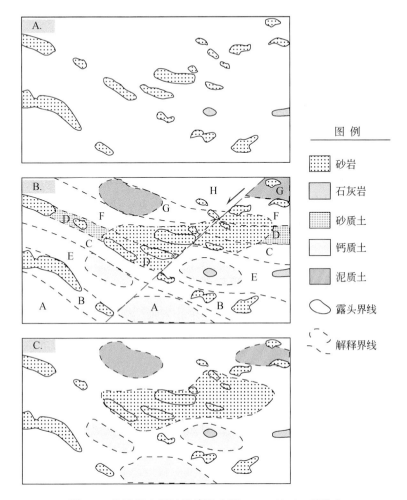

图 例

::::: 砂岩

石灰岩

砂质土

钙质土

泥质土

露头界线

解释界线

图 7-8　构造混杂岩地区填图（据 Hsu，1968，简化）

A. 岩石露头，B. 按照史密斯地层填图，解释为被断层切割的地层组（A–H 为不同的组），C. 按照非史密斯地层填图，砂岩块和石灰岩块散布在强烈剪切的基质中，这些基质已经被风化成泥质土等

过，国内地质学家们对"非史密斯地层"的存在和研究还有不同的认识。例如，在 2014 年出版的《中国地层指南及中国地层指南说明书》中，仍然采用狭义的概念，把地层学定义为"是有关构成地壳的层状或似层状岩石（或岩石体）的描述性和论理性科学"。尽管其中也提到了"混杂岩"，却被列为一种"特殊岩石地层单位"，显然还没有完全认识到混杂岩的构造岩石单位属性。看来，在国内进行"非史密斯地层"填图还有很长的艰辛探索之路。

7.3 读懂地质图

可以把读图当作填图的逆过程，这样，读起图来就容易多了。填图是把三维地质体绘制在二维的图面上，读图则是从二维图面中读出第三维的地质信息。当然，最好能前进一步，从二维图面中读出第四维的地质信息。这样，就能够从一幅地质图中读出图幅覆盖地区的地质特征和地质演化历史。从这个意义上说，一幅地质图是一本只有一页纸的地质学巨著，不仅告诉我们什么地方有什么岩石，有什么构造现象等丰富的信息，而且给我们讲述了厚重的盆地沉降史，山脉形成史和地壳演化史。

7.3.1 从二维地质图读出第三维信息

有了前面讲到的填图知识，读出第三维并不难。综合起来，有这样几个要点：

1. 读出图幅中岩石的二维分布情况

在正规出版的地质图中都绘有图例，用各种花纹和色块表示不同的岩性，在大、中比例尺的组图中还绘有地层柱状图，详细标明了岩石地层单位"组"的岩性变化、厚度以及大致的地质年代。对照这些图例，就可以掌握图幅内地表的岩石和地层的分布情况。

2. 读出图幅中岩石的三维立体形态

在填图时需要根据"V"字形法则把岩层的三维形态投影到二维图面，但读图时就不需要再去运用"V"字形法则了，一是除了大比例尺地质图外，很多地质图中没有地形线，二是地质图中都在相应的地方标注了岩层的产状符号，根据这些产状符号就能方便快捷地了解岩层是水平的、直立的或是倾斜的，还能知道岩层的倾斜方向和倾角大小。

3. 读出褶皱的产状

图幅中如果存在岩层的褶皱，可以从进行判识。
1）根据岩层的新老关系进行判识
首先从地层柱状图中了解岩层的新老关系，然后看一看新老地层在图幅中的排列情况，如果从褶曲核部向两翼年代变老则表明是向斜，如果从褶曲核部向两翼年代变新则表明是背斜。

2）根据岩层的产状符号进行判识

前面已经讲过，岩层产状是"T"形符号，长线指示岩层走向，旁侧带一道短线，指示岩层倾向。如果两个岩层产状的短线相向，面对面，则指示了向斜；如果两个岩层产状的短线相背，背靠背，则指示了背斜。如果褶曲轴面两侧的岩层产状符号标注的倾角大致相等，就指示了直立褶曲；如果一侧缓而另一侧陡，则指示了倾斜褶曲；如果一侧为正常产状，而另一侧是倒转产状符号，则指示了倒转褶曲。

4.读出断层的产状

断层在地质图中都用红色线段标绘，很容易读出，一般情况下，标绘实测断层用实线，推测断层用虚线。正如前面所讲的，正断层、逆断层和平移断层都有相应的符号，读图时可以做到一目了然。

推覆体是一种大型逆冲构造，往往形成飞来峰和构造窗。在地质图上，这些飞来峰和构造窗都被一条封闭的断层线圈起来。如果指示断层倾向的箭头在封闭断层线的外侧，就表明是一个飞来峰，如果指示断层倾向的箭头在封闭断层线的内侧，则表明是一个构造窗。例如，在云蒙山汤河口附近就有这样一组飞来峰和构造窗（图 7-9）。

5.读出地质体的接触关系

地质体的接触关系分为地层间的接触关系和不同地质体间的接触关系两类。

1）地层的接触关系

地层间有三种接触关系。其中整合接触界线和平行不整合接触界线在地质图中都以黑色实线标绘，判断是整合接触还是平行不整合接触只能依靠界线两侧地层的年代差别。一般的地层柱状图中都用虚线指明了重要的平行不整合界线，根据地层柱状图的指示，不难在图幅中找到这种以实线标绘的平行不整合界线。

判断地层间的角度不整合接触关系要相对容易些，因为这种角度不整合面会覆盖在不同的老地层上，表示角度不整合面的边界线会和这些老地层的相交，呈现一种切割关系。一般在地质图中用一侧带点的实线表示这种不整合接触界线，有点的一侧是新地层（图 7-10）。

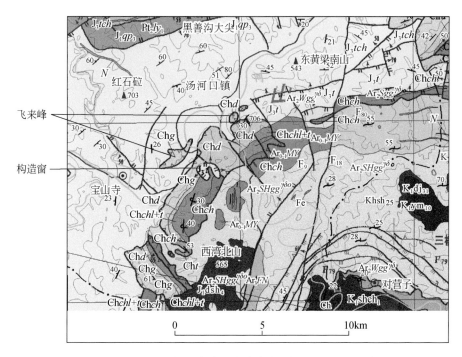

图 7-9　汤河口附近的飞来峰和构造窗（1∶25 万地质图局部）

2）地质体间的接触关系

地质体之间的接触关系主要有两类，一种是断层接触，另一种是岩浆岩的侵入接触。

断层接触由图幅中标绘的断层线可以很容易地识别出来。

判识岩浆岩的侵入接触关系也很容易。首先去查阅图例，其中会给出岩浆岩侵入体的花纹和符号，并且给出这些侵入体的岩性和侵入时代。然后，在图幅中找到这些岩浆岩侵入体，它们的边界就是侵入接触界线。图例中还会给出小型岩脉的岩性，重要的岩脉会标绘在图幅中相应的位置，但不按图幅的比例尺标绘，而是夸大表示。

7.3.2　从二维地质图读出第四维信息

所谓第四维，就是时间维，读第四维信息就是解读地质图中所包含的各种地质事件的先后时间序列。在读出丰富的第三维地质信息之后，再来读第四维的信息就不是难事了。

地球有 46 亿年的历史，先后发生了无数的地质事件，这些地质事件之间有

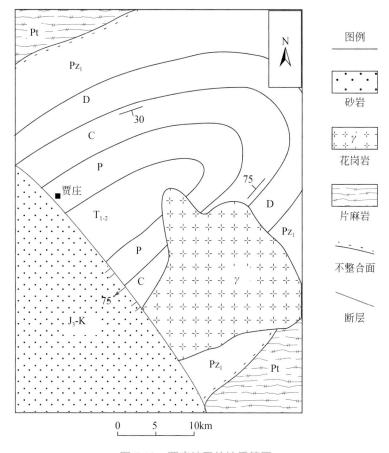

图 7-10　贾庄地区的地质简图

些有成因联系，有些没有成因联系。读地质图只是解读这些地质事件发生的先后
次序，不包括对成因联系的分析。地质事件之间的成因关系是需要开展详细的科
学研究才能揭示的，仅靠对地质图的分析难以解读，读图毕竟是"纸上谈兵"。

所有地质体的几何形态在地质图中都展现为与地表相交的线条。分析这些
地质体所反映的地质事件的先后次序只能依靠对这些线条空间关系的解读。在三
维地质世界中，地质事件发生的先后次序有多种记录，如地层中上新下老的叠置
关系，不整合面上下的新老关系，化石演化记录反映的新老次序，岩浆岩侵入体
比被侵入的岩层新，被断层切割的岩石体比断层老，在褶皱中被卷入的最新地层
比褶皱事件老，等等。这些新老关系都可以在地质图中通过对地层界线、不整合
面出露界线、断层与岩层的切割关系、褶皱中被卷入的地层年龄等信息的解读分
析出来。通过对图幅中所有这些信息的解读，就可以综合归纳出图幅内所含的第

四维信息，解读出图幅所在地区的地质演化历史。

例如，图 7-10 是一个虚拟的贾庄地区地质简图。从这幅图可以读出的信息有：

1. 岩性分布

图幅中出露了沉积岩、岩浆岩和变质岩。沉积岩组成的地层占了图面的大部分，按照年代学代号可以读出，这些地层包括下古生界（Pz_1）、泥盆系（D）、石炭系（C）、二叠系（P）、三叠系的中—下统（T_{1-2}）和上侏罗统至白垩系（J_3-K）。图幅的东南见到岩浆岩侵入体，根据图例可知是花岗岩。它发育在贾庄附近，可以命名为"贾庄岩体"。变质岩出露在图幅的西北角和东南角，为片麻岩，标注的 Pt 表明，这是元古界变质岩。

2. 地质构造与构造事件

图幅中可以见到的地质构造包括断层和褶皱。

断层由红线标出，出露在图幅西南，根据断层符号可知为正断层，向西南方向倾斜，倾角为 75 度，是上侏罗统至白垩系地层的边界。这条断层从贾庄附近通过，可以命名为"贾庄断层"。

褶皱占据了图幅中间至东北部的主体。褶曲核部的地层为三叠系的中–下统，向两侧翼部地层的年龄越来越老，由此判断，是一个向斜构造。这一向斜构造转折端的朝向表明，它的褶皱轴向东北方向翘起。再看一下两翼地层的产状，向斜西北翼地层的倾角比较缓，为 30 度，而东南翼地层的倾角比较陡，为 75 度。这表明，这是一个褶皱轴面向东南方向倾斜的倾斜褶皱。

由各种地质界线的切割关系判断，图幅中发生了四期较大的构造事件：

（1）下古生界底部的角度不整合面表明，元古代时发生过变质作用，形成了片麻岩。这些片麻岩成为显生宙沉积地层的基底。

（2）大型倾斜褶皱核部出露的最新地层为中三叠统，表明褶皱是在中三叠世之后发生的。

（3）贾庄岩体的界线切割了倾斜褶皱陡翼的所有地层，这表明花岗岩的侵入作用发生在褶皱形成之后。贾庄岩体又被贾庄断层切割，这就把花岗岩的侵入年代限定在贾庄断层形成之前。

（4）贾庄断层切割了被褶皱的所有地层，并且成为上侏罗统至白垩系地层沉积的边界断层，这表明，贾庄断层的活动发生在晚侏罗世至白垩纪，一直控制着沉积作用的发生范围。

综合（2）、（3）和（4）可以判断出，贾庄岩体的侵入年代在晚三叠世至中侏罗世时期，如果进行同位素定年，年龄期望值应在 240~160 Ma 间。

3.地质演化简史

综合上述地质事件及其发生时间，可以把贾庄地区的地质演化历史归纳如下：

元古代时，贾庄地区发生了区域变质作用，而元古代之前的地质历史已经难以追溯。

古生代时，贾庄地区由隆起区转变为沉积盆地，在元古界变质岩基底上接受了沉积物。盆地的沉积作用一直持续到中三叠世。

中三叠世末期，贾庄地区被卷入了构造活动，受到来自东南方向的构造推挤使古生界至中三叠统地层褶皱，形成了西北翼缓东南翼陡的倾斜褶皱。在褶皱过程晚期发生了岩浆岩侵入作用，形成了贾庄花岗岩体。褶皱及花岗岩侵入事件先后发生在晚三叠世和中侏罗世之间。

从晚侏罗世开始，贾庄地区的构造活动表现为正断层活动，断层的东北侧隆升、西南侧下降。在断层的下降盘形成了沉积盆地，其中连续沉积了上侏罗统至白垩系的地层。这一盆地一侧以正断层为边界，应该是一个断陷盆地。由于盆地的另一侧在图幅之外，无法判断这是一个两侧被正断层围限的地堑，还是只有一侧发育正断层的箕状盆地。

7.4　小　　结

地质图是把地质信息按照一定的图例和一定的比例尺绘成的图件，是用来单独或综合表示地球浅表岩石产状、地质构造、地质体年代、矿产分布等地质信息的图件。

测制地质图的过程是在地形图上填绘上准确的地质信息，因而被称为"地质填图"。填图时，要把三维地质体绘制成二维图像。落实到二维图面上地质体和地质构造是它们的产状在地表的投影图像，是由它们在地表的出露边界和地形线的交线表达的。

　　借助地质图给出的图例，可以解读出图幅中所含的各种三维地质信息，如岩性分布、岩石体和地质构造的产状、岩石体之间的空间几何关系等；通过对地质图中给出的地层界线、不整合面出露界线、断层与岩层的切割关系、褶皱中被卷入的地层年龄等信息进行分析，可以解读出图幅中所含的第四维信息，进而解读出图幅所在地区的地质演化历史。

　　毫不夸张地说，一幅地质图就是一本只有一页纸的地质学巨著。

第 *8* 讲

探秘地球村

1972 年，"联合国人类环境会议"在瑞典首都斯德哥尔摩召开，会议通过了《斯德哥尔摩宣言》，呼吁各国政府和人民为维护和改善人类环境，造福全体人民，造福后代而共同努力。这是人类环境保护史上的第一座里程碑。会议提出一个响亮的口号："只有一个地球"。

只有一个地球，我们就居住在这个地球村里，我们要认识和熟悉这个地球村，尽力去保护它。

8.1　认识地球

8.1.1　地球的质量

据说，阿基米德曾说过一句非常著名的话："给我一个支点，我可以用杠杆撬动地球。"人们佩服阿基米德的魄力和博学，也有人说他是诡辩，到哪儿去给他找这个支点？不过，按照杠杆原理，如果真找到这个支点，阿基米德还需要根据地球的重量去找一根足够长的杠杆。然而，在那个时代，阿基米德只知道地球的大小，并不知道地球有多重。

地球是球形的，这是毕达哥拉斯最早提出。不过，他没有任何事实依据，仅仅是因为他认为圆球在几何形体中最完美。亚里士多德是证明地球是球形的第一人，他的证据是，月食时，月面出现的地球的影子是圆形的。

地球的大小最早是古希腊学者埃拉托色尼（Eratosthenes，又译厄拉多赛或埃拉托斯特尼）测出的。他和阿基米德是同时代人，因在地理学和天文学方面的成就被西方地理学家推崇为"地理学之父"。埃拉托色尼写了本书，叫《对地球大小的修正》，书的精华部分就是关于地球圆周的计算。他设想，可以在夏至那天在同一子午线上的两地同时观测太阳阴影的角度，只要知道了这两地太阳阴影的角度差和两地的距离，就能计算出地球的周长（图 8-1）。

赛伊尼（Syene，今天的阿斯旺）在北回归线附近，那里有一口深井，在尼罗河的河心岛上，夏至时，太阳光可直射井底。这表明夏至这天太阳位于赛伊尼天顶正中。这一现象闻名已久，吸引着许多旅行家去观赏奇景。埃拉托色尼居住

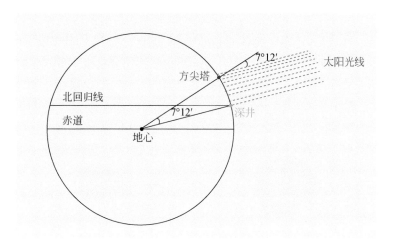

图 8-1　埃拉托色尼测量地球周长的方法

在亚历山大里亚，那里有一个很高的方尖塔，等到夏至那天，他测量了塔的阴影长度，并测出方尖塔与太阳光射线之间的角度为 7°12′。根据泰勒斯的几何学定律，一条直线穿过两条平行线时，相交的同位角相等。这就是说，两地与地心连线的夹角也是 7°12′，相当于圆周角 360° 的 1/50。这一角度对应的弧长就是从赛伊尼到亚历山大里亚的距离，正好相当于地球周长的 1/50。埃拉托色尼进一步翻阅了皇家测量员的测地资料，知道这两地的距离是 5000 希腊里，再乘以 50，就算出了地球周长是 25 万希腊里。按 1 希腊里等于 157.5m 折算，约为 39375km。根据国际大地测量与地球物理联合会 1980 年公布的数据，地球子午线周长为 40008.08 km，而埃拉托色尼在公元前 200 年前的观测结果只有 1.6% 的误差。我们由衷地佩服古希腊科学家们的聪明智慧。

　　地球有多重？古希腊没有人知道。欧洲文艺复兴运动后，自然科学飞速发展。不过，直至 18 世纪，"称出地球的质量"依然是一个著名的难题。当时，经过测量和计算已经知道，地球的表面积是 $5.1 \times 10^8 km^2$，地球的体积约为 $1.08 \times 10^{14} km^3$。质量 ＝ 体积 × 密度，这是最简单的物理学公式，只要知道地球的密度，就可以计算出地球的质量了。然而，地球各组成部分的密度并不相同，差别很大，而地球中心的密度根本没办法知道。所以有人断言，"人类永远不会知道地球的质量！"

　　首先向这句话发起挑战的是大科学家艾萨克·牛顿。1687 年，他发现了万有引力定律：任何两个物体都是互相吸引的，引力大小与这两个物体质量的乘积成正比，与它们中心距离的平方成反比。

理论上讲，可以预先设定两个物体的距离，如果能测出这两个物体之间的引力大小，就可以得知这两个物体质量的乘积，那么，当其中一个物体的质量已知，另一个物体的质量就可以根据万有引力定律的公式计算出来了（图 8-2）。然而，在公式中还含有一个比例系数 G，被称为"引力常数"。如果确定不了引力常数 G，这一计算是没有办法完成的。显然，确定引力常数 G 成为"称出地球的质量"的关键。

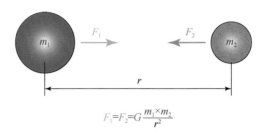

$$F_1=F_2=G\frac{m_1\times m_2}{r^2}$$

图 8-2   利用万有引力定律测量地球质量的原理

那么，怎样去确定这个引力常数 G 呢？牛顿精心设计了几个实验，去直接测量两个物体之间的引力大小，进而去确定引力常数 G，可惜实验都失败了。经过粗略推算，牛顿发现一般物体之间的引力极其微小，以至根本测不出来。

英国科学家约翰·米歇尔（John Michell）对天文学、地质学、光学和重力研究都十分热衷。他在晚年时设计了一台扭称（图 8-3A），想测量一下物体间微弱的作用力，如磁力、引力等。他在一根刚性秤杆的两端固定住两个相同质量的重物，秤杆的中心用一扭丝悬挂起来。当受到另一个重物作用时，秤杆就会绕扭丝转动。这个转动角度和作用力的大小相关。然而，没等开始实测，他就去世了。去世前，他托人把这台扭称送给了好朋友 H. 卡文迪什。他知道，卡文迪什正在想办法测量物体间的微弱引力。

英国科学家卡文迪什热衷于化学和物理学研究，做了很多著名的实验，如制取氢气、燃烧氢气得到水等。他从米歇尔那里得到扭称后，进行了改造，在扭丝上增加了一个反光镜，把光线反射到一个标尺上，这样就可以测到扭称的微小转动（图 8-3B）。为了避免环境的干扰，卡文迪什把扭称安装在一个古老城堡里，并从屋外进行观测。

经过几年的观测和计算，卡文迪什于 1798 年公布了他测定的引力常数值，$G=6.67\times10^{-11}N\cdot m^2/kg^2$，然后他计算出了地球的质量是 5.96×10^{24} kg，约为 60 万亿亿吨。他还进一步计算出地球的平均密度是 5.448 g/cm³。他的计算值非常接

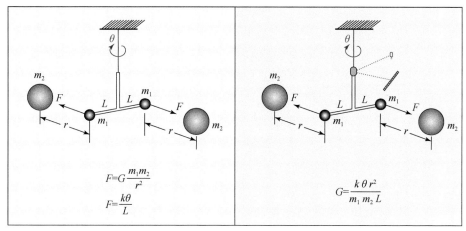

A.米歇尔设计的扭称　　　　　　　B.卡文迪什改进的扭称

图 8-3　用扭称测定引力常数值

近现代对地球质量的测量值：5.965×10^{24} kg。

卡文迪什被誉为"第一个称出地球质量的人"。

8.1.2　地球的圈层结构

今天，就连中学生都知道，地球分为大气圈、水圈、生物圈、地壳、地幔和地核。其中大气圈、水圈和生物圈属于外圈，而地壳、地幔和地核属于内圈。地球的外圈是人类能够实际接触到的，要识别它们轻而易举。然而，要识别地球的内圈结构却不那么容易，经历了一个长期的过程。

1. 早期的地球圈层结构模型

古希腊的科学家们认识到地球是球形的，但对它的内部结构却一无所知。人们在 17 世纪就开始思考地球内部是什么样子的。在本书的第 4 讲中已经提到，著名的法国哲学家笛卡儿于 1644 年出版了《哲学原理》，书中提出了一个地球结构模型（图 4-4）。在笛卡儿的模型中，地球中心（I）是由火粒子组成的，向外是一个致密的圈层（M），是由太阳黑子那样的不透明物质组成的，再向外是具有不规则分岔的土粒子层（C），这是一个固体物质层，然后再向外依次是水粒子层（D）和气粒子层（A）。C 层的分岔形成另一个固体物质层（E），这就是我们能见到的地球的外壳，它的变形和坍塌会形成山脉，下面有地下水或空洞。笛卡儿的模型是世界上最早的地球圈层结构模型。

19世纪出生的德国物理学家 E. 维歇特（Emil Wiechert）在读研究生期间就对物理学、地质学十分感兴趣。当他知道卡文迪什测出地球的密度是 5.448 g/cm³ 以后就想到，地球内部应该有密度更大的物质，因为他身边能见到的岩石密度都不大，例如，花岗岩的密度是 2.7 g/cm³，玄武岩的密度是 2.9 g/cm³。他猜想，地球内部一定有密度在 8 g/cm³ 左右的物质，这样地球的平均密度才能达到 5.5 g/cm³。有一次，维歇特去参观博物馆，见到一块铁陨石，密度为 8 g/cm³。这启发他提出，地球内部应该有一个铁质地核。于是，他按照这个思路进行了计算。他的计算结果表明，地球有一个密度为 3.2 g/cm³ 的地幔和一个密度为 8.21 g/cm³ 的地核，地核的半径是地球半径的 0.779 倍，地核与地幔的界线在地下 1408 km 深处（图 8-4）。1897年，维歇特发表了自己的想法和计算结果。

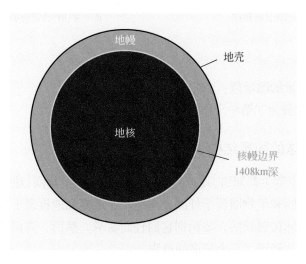

图 8-4　维歇特的地球圈层结构模型

2. 地震波和地震仪

英国工程师约翰·米歇尔被称为"现代地震学之父"，送给卡文迪什扭称的人就是他。11月1日是西方的万圣节，1755年的万圣节这天，葡萄牙的首都里斯本发生了欧洲历史上迄今最大的地震，约10万人死亡。1760年，米歇尔撰文分析了里斯本地震的原因，他运用牛顿力学原理，指出"地震是地表以下几千米岩体移动引起的波动"。

实时记录地震波在地下传播信息的仪器叫"地震仪"。世界公认的最早的地震仪是我国东汉时期张衡在公元132年发明的，叫"候风地动仪"。尽管"地动仪"只是记录了地震的大致方向，没有记录地震波，但它是利用惯性原理设计制成的，和国外类似的地震仪相比，早了一千多年。

第一个真正意义上的现代地震仪是意大利的物理学家 F. 切奇（Filippo Cecchi）在 1875 年研制出来的。地震仪采用两个单摆来测量水平运动，用弹簧悬挂的重物来记录垂向运动。这种地震仪的缺点是对地震信号的放大率太小，只能记录到当地发生的强地震。因此，科学家们着手进行改进，使地震仪得到了迅速发展。其中，在日本进行研究的地质学家 J. 米尔恩（John Milne）于 1880 年研制的水平摆地震仪最为精准，成功地记录了日本发生的好几次地震。他回到英国后，用自己研制的地震仪建立了一个小规模的世界地震台网，在英国国内设置了 10 个地震台站，在国外设置了 30 个台站。

曾建立起地球圈层结构模型的维歇特在 1898 年对地震仪进行了改进，他设计的地震仪可以把地震信号的放大率提高到 1500 倍。这是一种机械放大地震仪，摆锤有四头大象那么大，重 17 吨。20 世纪初，德国曾生产了 3 台这种"维歇特地震仪"，1932 年，我国正在南京筹建北极阁地震台，不惜重金，引进了一台。这台巨型地震仪成为南京地震台的镇台之宝，直到 21 世纪，这台已近 90 岁"高龄"的维歇特地震仪还在运转工作，记录了江苏高邮 2012 年 7 月 20 日发生的 4.9 级地震。

这些仪器记录下来的地震信号是具有不同振动幅度的波形曲线，标志着地震的强烈程度，称为地震图。1897 年，英国科学家理查德·奥尔德姆（Richard D. Oldham）首先在地震图上识别出了 4 组脉冲波形，他按照记录到的先后次序把它们命名为 P 波、S 波、L 波和尾波（图 8-5）。P 波是"初至波（Primary wave）"的简称，最先被记录到，表明它的传播速度快。S 波是"续至波（Secondary wave）"的简称，紧接着 P 波被记录到，传播速度较慢。L 波是"长波（Long wave）"的简称，较晚被记录到，但它的振幅很大。最后到达的那组波形曲线叫尾波，记录的振幅逐渐变小，直至消失。奥尔德姆经过仔细对比分析，发现地震图中最先到达的两组脉冲波形具有特定的运动方向（图 8-6），他指出，最早到达的 P 波是压缩波，后续到达的 S 波是剪切波。压缩波质点的运动方向和波的传播方向一致，像我们说话时发出的声波一样，是"纵波"；剪切波质点运动的方向和波的传播方向垂直，像在水平方向晃动绳子一样，是"横波"。他命名的 L 波现在被叫作"面波（surface wave）"。科学家们后来发现，面波是 P 波和 S 波在地下发生耦合才产生的，只沿着地球表面传播，因此被记录到的时间晚，振幅大。

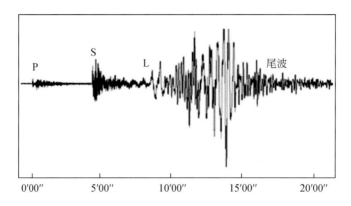

图 8-5　奥尔德姆在地震图中命名了 P 波、S 波、L 波和尾波

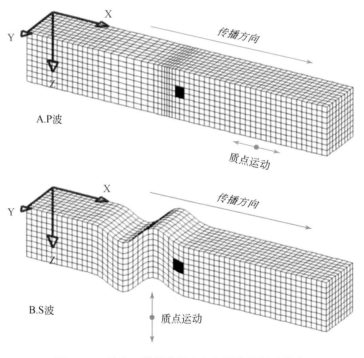

图 8-6　P 波和 S 波的传播方向和质点的运动状态

　　20 世纪初，科学家们逐步认识到地震波传播的一些特性：①地震波的传播速度随深度增加；②地震波在穿过不同密度的固态介质时，传播速度会发生变化，介质的密度越大，传播速度就越快；③在穿过两层密度不同的介质时，地震波会在两层的界面处发生透射和折射；④在穿过液体时，压缩性质的纵波

的传播速度会急剧减小，而剪切性质的横波则完全消失，这是因为液体是可流动的，没有剪切强度。地震波的这些特性为科学家们揭开地球内部圈层结构的面纱提供了有效的工具。用科学家们的话说，"地震波是照亮地球内部的一盏明灯"。

3. 揭开地球内部圈层结构的面纱

1）壳幔边界

1909 年，克罗地亚科学家 A. 莫霍洛维奇在研究震中距首都萨格勒布约 40km 处的地震记录后发现，在地下约 50km 深处存在一个地震波速度突增的界面，P 波速度从 6 ~ 7 km/s 跃增到 8 km/s 以上，S 波速度由 3.8 km/s 跃增到 4.4 ~ 4.6 km/s。他认为，这是由于那里的物质发生了急剧变化造成的，就把这个地震波速间断面认定为地壳与地幔的界面。后来的观测证实，这一间断面不仅在欧洲，而且在全球都普遍存在。为了纪念莫霍洛维奇的贡献，就以他的名字命名，把这个间断面称为"莫霍洛维奇间断面"，简称"莫霍（Moho）面"，或缩写为"M 面"。

莫霍面的深度在世界各地并不相同，在大洋中比较浅，为 5 ~ 15km，在岛弧地区为 20 ~ 30km，而在大陆上比较深，一般为 30 ~ 40km，但在高山地区很深，在我国的西藏高原深达 60 ~ 80km。需要指出的是，莫霍面是一个地震波反射面，是根据地震观测资料确定的，又称"地震学莫霍面"。它是不是一个物质界面？地质学家在实验室通过对岩石样品的高温高压测试表明，莫霍面之上的地壳主要由基性的辉长岩或其他玄武岩质的岩石组成，而莫霍面之下的地幔是橄榄岩质的岩石。在造山带研究中，地质学家们在蛇绿岩剖面中发现了莫霍面，莫霍面之上是 1km 厚的堆晶岩，莫霍面之下是橄榄岩。然而，这应该称"岩石学莫霍面"，它和"地震学莫霍面"并不是同一个面，因为地震波速的突变发生在堆晶岩序列中橄榄石含量变多的堆晶层中，而不是发生在堆晶岩和橄榄岩之间。1956 年美国地球科学小组提出"莫霍计划"，要用钻头穿透地壳，看看真实的"莫霍面"究竟是什么样的。他们于 1961 年在墨西哥海岸外开钻，在 3600m 深的海水之下钻穿 170m 厚的沉积层，再钻进洋壳，取出 14m 长的玄武岩样品。5 年后，由于资金不足，"莫霍计划"被迫终止。苏联科学家于 1970 年在科拉半岛开工，计划钻穿那里 17km 厚的地壳。他们用 23 年时间钻了一个深达 12.262km 的大钻孔，最终也因经费不足而停工。60 多年过去了，"莫霍面"至今仍然没有被钻穿。

2）核幔边界

1906 年，奥尔德姆根据对地震图的分析发现，地震波速度到地下很深的地方有明显的变化。他认为，这个变化应该是地球内部存在地核的证据。他计算了一下，以这个深度为界，地核的半径应该是地球半径的 0.4 倍。这和维歇特根据密度估算的 0.78 倍相比，差了大约一半，谁对谁错，很难评判。不过，奥尔德姆在分析地震记录资料时有一个重要发现，这就是在离震中的角距离为 123°～142°（1°角距离约为 110 km）范围内似乎有个地震波"影区"，在这个"影区"内只记录到很少的地震波。

德国科学家 B. 古登堡于 1911 年在哥廷根大学获博士学位，师从维歇特。他的导师维歇特曾根据密度资料估算，地核与地幔的界线在地下 1408 km 深处，而奥尔德姆根据对地震资料的研究，认为核/幔界线在地下 3900 km 深处。究竟哪个数值更准确？古登堡对这个问题进行了深入研究。他发现，在距离震中角距离为 95°～143° 的范围内，的确有一个地震波"影区"，而在 143° 更远的地方记录到的是纵波在核/幔界面上产生的反射波和折射波。古登堡对计算远震走时曲线的方法进行了改进，他的计算表明，在地下大约 2900 km 深处，纵波速度突然从 13 km/s 下降到 8 km/s 左右，而横波消失。据此，他指出，地幔与地核的界面在地下 2900 km 深处，横波的消失表明，地核应该是熔融的液态体。古登堡的计算得到了后人的证实，更精确的计算表明，核幔边界的深度为 2890 km，既不是维歇特的 1408 km，也不是奥尔德姆的 3900 km。为了纪念古登堡的贡献，地幔与地核的界面被称为"古登堡面"，或缩写为"G 面"。20 世纪 50 年代晚期到 20 世纪 60 年代早期之间，美国国家科学基金会曾经提出一项提案，叫"古登堡计划"，准备在洋底打个深钻，钻进"古登堡面"。不过，这项提案并没有得到足够的支持，最终于 1967 年被取消。

3）地核的双层结构模型

丹麦有一位高寿的女科学家，名叫 I. 莱曼（Inge Lehmann），1993 年去世时享年 105 岁。莱曼 1920 年毕业于哥本哈根大学，1928 年被任命为哥本哈根皇家丹麦大地测量研究所地震学部主任。对研究地震波而言，哥本哈根有个地理优势，当环太平洋地震带上发生大地震时，有些地震波可以通过地核到达那里。莱曼充分利用了这个地理优势。

1929 年 6 月 17 日，新西兰发生了一次强烈的地震，在 1 万多千米以外的哥本哈根，地震仪清晰记录下了地震波到达时的振动。莱曼分析了包括哥本哈根地震仪在内的全球各地仪器对这次地震的原始记录，察觉到了一些微妙的异常。她在大家熟知的地震波"影区"发现了两束异常的纵波。按照古登堡的研究成果，在核/幔界面上反射和折射产生的纵波应该在距离震中 143° 更远的地方被记录到，而她发现的这两束却是在"影区"内部记录到的。莱曼设想，这应该是在液态地核内部存在着某个界面反射出来的波。那么，这个界面的深度是多少：界面下是什么物质？莱曼构想了两个模型，一个由单一地核和地幔组成的模型，一个是由双层地核和地幔组成的模型，然后，她合理地设定纵波以 10 km/s 的速度穿过地幔，以 8 km/s 的速度穿过地核。通过大量的计算工作，莱曼确定，如果在地核内部有一个半径为 1200 km 的固态内核，在内外地核的界面上就能反射出在"影区"记录的那两束神秘的纵波。1936 年，莱曼发表了她的地核双层结构模型。莱曼的模型迅速被其他科学家们接受。为纪念莱曼的重要贡献，内外地核的界面被称为"莱曼不连续面"，或记为"L 面"。

4）国际参考模型

除上述三个重要的大界面外，科学家们发现地球内部还有另一些界面。例如，V. 康拉德（V. Conrad）1925 年在奥地利进行观测时，发现在地壳中部存在一个不连续面，后人称为"康拉德面"，把地壳分为上地壳和下地壳。在康拉德面上地震波速度突然变大，P 波由 5.6 km/s 左右增加到 7.6km/s 左右，S 波由 3.2 km/s 左右增加到 4.2 km/s 左右。再如，古登堡于 1926 年发现，在 100 ~ 200 km 深处，P 波和 S 波的速度都有明显的降低，他据此提出，上地幔上部存在一个"低速层"。此后，科学家们又发现了在 400 km 和 670 km 深处存在两个地震波速间断面，并且指出，这两个间断面是由于上地幔的主要构成矿物橄榄石发生相变引起的。基于这些观测结果，科学家们纷纷提出了地球的分层结构模型。其中影响最大的是 JB 模型，这是由英国科学家 Jr. 杰弗里斯（Jr. Harold Jeffreys）和澳大利亚科学家 K. 布伦（Keith Edward Bullen）于 1940 年共同发表的。他们把地球分为 7 层，用字母 A ~ G 来命名：A 为地壳，平均厚度为 33 km；地幔分为三层，用 B ~ D 来表示，B 为最上层，从地壳底部到大约 413 km 深处，中层记为 C，深度范围是 413 ~ 984 km，下层用 D 表示，从 984 km 到标志核幔边界的古登堡面；地核分为两层，E 为外核，从核幔边界到 5120 km 深处，从那里向下直到地心为内核，用 F 来表示。20 世纪 60 年代，科学家们发现，下地幔地震波的传播速度有急剧变化，上部有明显的变化梯度，而底部的变化不大，这样可以把下地幔分成上下两层。由于下地幔已经在 JB 模型中记为 D，只好把下地幔的上层记为 D′，把下地幔的底层记为 D″。越来越多的观测表明，D″ 的厚度在全球并不一致，变化范围为 100 ~ 450 km，平均厚度约为

260 km。D″不仅是一个化学界面，而且是高地热梯度区，和地幔热柱以及地幔对流都有密切关系。

1981 年，A. 杰旺斯基（Adam Marian Dziewonski）和 D. 安德森（Don Lynn Anderson）提出一个"初步地球参考模型"，模型的英文名字是 Preliminary Reference Earth Model，因此简称 PREM（表 8-1）。PREM 经国际地球标准模型委员会推荐成为国际参考模型，并于 1982 年在国际地震学与地球内部物理学委员会（IASPEI）上正式通过。

表 8-1　初步地球参考模型（PREM）的圈层结构和部分参数

圈层名称		深度范围 /km	V_P/（km/s）	V_S/（km/s）	ρ/（g/cm³）
海洋		0 ~ 3	1.45	0	1.02
地壳		3 ~ 15	5.80	3.20	2.60
		15 ~ 24	6.80	3.90	2.90
上地幔	盖层	24 ~ 80	8.11 ~ 8.07	4.49 ~ 4.46	3.38 ~ 3.37
	低速层	80 ~ 220	8.07 ~ 7.98	4.46 ~ 4.41	3.37 ~ 3.35
	过渡层	220 ~ 400	8.55 ~ 8.90	4.64 ~ 4.76	3.43 ~ 3.54
		400 ~ 670	9.13 ~ 10.26	4.93 ~ 5.57	3.72 ~ 3.99
下地幔		670 ~ 2741	10.75 ~ 13.68	5.94 ~ 7.26	4.38 ~ 5.49
		2741 ~ 2891	13.68 ~ 13.71	7.26	5.49 ~ 5.56
地核	外核	2891 ~ 5150	8.06 ~ 10.35	0	9.90 ~ 12.16
	内核	5150 ~ 6371	11.02 ~ 11.26	3.50 ~ 3.66	12.76 ~ 13.08

板块构造学把地壳和上地幔的盖层合称为"岩石圈"，而把它下面的低速层和过渡层合称为"软流圈"。岩石圈和软流圈的边界（简称 LAB）是一个力学强度的界面。顾名思义，"岩石圈"是由岩石构成的固体圈层，是坚硬的，力学性质是脆性的，而软流圈是"软"的，以高温和部分熔融状态的低速层为顶层，力学性质是韧性的。需要指出的是，关于软流圈的底界还有不同的认识，有些文献把软流圈和低速层画等号，有些文献则把软流圈的底界划到过渡层底部的 670 km 间断面（图 8-7）。因此，在阅读文献时应该留意这些不同的定义。

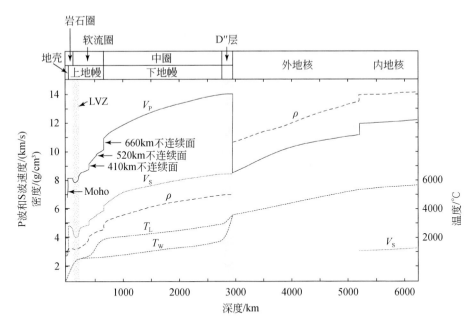

图 8-7　地球的圈层结构和部分参数（引自 Coondie, 2021）

LVZ- 低速层，Moho- 莫霍面，T_L 和 T_W 分别为全地幔对流模型和分层地幔对流模型的温度分布曲线，V_P 和 V_S 分别为 P 波和 S 波的速度（km/s），ρ 为密度（g/cm³）

8.1.3　地球圈层的相互作用

地球圈层的相互作用是指地球各圈层间的能量交换和物质交换。这些交换可以在相邻的圈层中进行，也可以跨圈层进行，交换过程可以是地球内部因素引起的，也可以是地外因素引起的。由地外因素引起的交换可以看作是地球系统与地外系统间的相互作用。地球圈层间及地球系统与地外系统间的相互作用大致可以分为 5 种途径（图 8-8）。地球演化历史上有很多重大事件都是这些相互作用的结果。

途径①是地核 – 地幔间的相互作用。下地幔 D″ 中的金属结晶会堆积在外地核表层，并释放足够的热能，在核 – 幔界面上方形成地幔柱。这些地幔柱会上升到上地幔顶部，冲击岩石圈，并生成大量的玄武质岩浆，侵入到地壳中或喷发到地表。剧烈的玄武岩喷发会把大量的二氧化碳排放到大气中。二氧化碳是一种温室气体，会使大气变暖，进而导致气候变暖。这反过来会通过增加对岩石圈上层的风化和侵蚀速率，会通过增加碳酸盐岩的沉积速率而影响海洋，还会使那些无法适应气候变化的生物遭受灭绝。这就是途径②，是一种由地核中发生的过程最

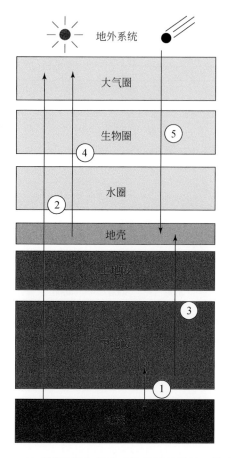

图 8-8　地球圈层及与地外系统相互作用的 5 种途径

终导致了地球表面的生物灭绝的过程，是地核－地幔－地壳－水圈－大气圈－生物圈间的大规模跨圈层相互作用。在这一过程中，会发生一些负反馈过程。例如，大气中二氧化碳含量的增加导致风化速率的增加，从而消耗掉大气中多余的二氧化碳，降低温室效应。如果温度足够低，会导致大面积的冰川作用，而大规模的冰川作用也会导致某些生物群体的灭绝。

　　板块构造活动引发的圈层间相互作用是途径③。大洋地壳会向深部俯冲到下地幔。这些深俯冲的洋壳会堆积在下地幔顶部，也会堆积在下地幔底部，和地幔发生反应，产生独特的成分域。由这些受洋壳混染的地幔形成的地幔柱会上升到软流圈，冲击岩石圈。然后，就会像途径②的上段那样，生成大量的玄武质岩浆，侵入到地壳中或喷发到地表，火山爆发排放的温室气体又会导致气候变暖，并导致水圈和生物圈的变化。这就是途径④。

现代地质学把地球看作是宇宙中的一员，至少是太阳系的一个重要成员，因此，除了考察地球各圈层间的相互作用，还要研究地球和地外系统间的相互作用，也就是途径⑤。要认识这种更大尺度上相互作用的性质和因果关系，认识这些相互作用发生的速率和频率是什么？这些相互作用正向反应和反向反应是什么？这对实现人类可持续发展是非常重要的。

1. 岩石圈 – 软流圈 – 下地幔相互作用

板块构造学告诉我们，地球表层是由一系列大大小小的岩石圈板块组成的，这些岩石圈板块是刚性块体，是由地壳和上地幔顶部的坚硬盖层构成的，在软流圈上运动，而运动的动力就来自地幔对流。实际上，地幔对流的概念是被誉为"地质年代学之父"的英国地质学家霍姆斯于 1928 年提出的。为支持当时魏格纳提出的"大陆漂移说"，霍姆斯提出了地幔对流机制，并把它作为大陆漂移的驱动力。20 世纪 60 年代初，两位美国海洋地质学家 H. 赫斯和 R. 迪茨（Robert Sinclair Dietz）提出了"海底扩张"假说，也把地幔对流作为驱动机制。

地幔对流是一个复杂的系统。科学家们的研究表明，在地幔对流中，软流圈和岩石圈间既有热能的传输，又有物质的交换。在岩石圈板块中，热能以热传导的方式传输，源源不断地向太空散发着热能，形成了极大的地温梯度，而在它下面的软流圈中，热能以热对流的方式传输，低温梯度极小，软流圈源源不断地向岩石圈输送着热能，使岩石圈的底界保持着约为 1100 ~ 1330℃的恒温。

在岩石圈板块俯冲时，会引起岩石圈和软流圈间的物质交换，俯冲的岩石圈板块会把洋壳物质和少量的水带入软流圈乃至下地幔，而进入上地幔高温环境的岩石圈残片会发生部分熔融，形成岩浆进入岩石圈。这种相互作用过程还会引起地幔对流系统的调整。例如，中生代太平洋板块向亚洲大陆下的俯冲就造成了地幔对流系统的失稳，导致了华北克拉通东部的岩石圈板块从 200 km 厚减薄到厚度不足 80 km。地震资料显示，俯冲的洋壳物质可以直达核幔边界处，堆积在 D″ 层中，形成那里的高速异常体。

地幔对流有两种形式，一种是分层对流，在上地幔和下地幔中形成各自的对流系统，另一种是全地幔对流，对流系统以软流圈为上界，以 D″ 层为下界。全地幔对流会形成地幔柱，进而引起跨圈层的物质交换，在地表喷发出大规模溢流玄武岩，形成"大火成岩省"。我国的二叠纪峨眉山玄武岩就是这种地幔柱的产物，夏威夷至帝王海山岛链是来自核幔边界的地幔热点长期活动形成。地幔柱的活动还形成了众多具有重要经济价值的矿产，如我国峨眉山大火成岩省中产出的攀枝花钒钛磁铁矿矿床。

2. 岩石圈 – 大气圈 – 水圈 – 生物圈相互作用

1）大氧化事件

人类生活离不开水，更离不开氧气。在今天的大气圈中，氧含量约占21%。然而，在地球形成早期的原始大气圈中却没有氧气，只有氢和氦。

对太阳系形成历史的研究告诉我们，46亿年前的超新星爆发诞生了太阳系，在最初的"大碰撞时期"，一颗火星大小的微星体"忒伊亚（Theia）"和地球碰撞，形成了月 – 地系统。这一碰撞导致大规模熔融事件，在地球和月球上都形成了岩浆海，同时形成了硅酸盐云，这种硅酸盐气体和二氧化碳及水蒸气等构成了地球的次生大气圈，取代了原始大气圈。那时的硅酸盐大气圈浑浊不透光，地球上不见天日。

随着地球的冷却，硅酸盐气体以雨的形式从大气圈中洒落到地面的岩浆海中，岩浆海表层逐步结晶形成最初的地壳。地球表层进一步冷却，大气圈中的水分几乎都以酸雨的形式排出，在地表低洼处汇集成巨大的酸性而缺氧的原始海洋。大气圈透明了，地球终于告别了暗无天日的时代。西澳大利亚杰克山变质砂岩中发现了同位素年龄值为44亿年的锆石。对这颗地球上年龄最古老锆石的氧同位素研究表明，它是岩浆熔体和液态水反应形成的，这进一步表明，原始海洋在距今44亿年前就已经形成了，而最古老地壳的形成还要更早些。

2017年3月 Nature 报道，在加拿大魁北克发现了最古老的细丝状食铁细菌化石，赋存在年龄为33.7亿～42.9亿年的岩石中。此前还在格陵兰年龄为38.5亿年的岩石中发现了源于生物体的有机碳。这些资料表明，地球上最古老的生命起源于距今44亿～38亿年前，是一些化能自养生物。自养生物是指仅以无机化合物为营养的生物，根据它们作为能源的营养物质不同，可以分成化能自养生物和光能自养生物。化能自养生物是利用无机化合物的氧化作用获得能量的自养生物，光能自养生物是靠吸收光能，利用二氧化碳或碳酸盐为碳源的自养生物。地球上最古老的光能自养生物是蓝细菌，又叫蓝藻。已经在距今30亿年前的叠层石中和距今27亿年前的黑色页岩中发现了指示蓝藻存在的分子化石。大量出现的蓝细菌生产出大量的氧气：

$$6\ CO_2 + 6\ H_2O \rightarrow C_6H_{12}O_6 + 6\ O_2$$

地球上的氧气经过3亿年的积累，终于在距今24亿年前发生了"大氧化事件"，大气圈中氧气的含量达到了今天的1%。

大氧化事件的直接产物就是地球上出现了条带状铁建造，缩写是 BIF（ Bended Iron Formation ），这是一种以硅、铁质为主的化学沉积物，主要是由铁的氧化物、硫化物及碳酸盐等和硅质岩构成的薄互层，形成年代为距今 26 亿 ~ 18 亿年前。BIF 是世界上最主要的铁矿资源，占全球富铁矿的 70%，分布在世界的各大陆上，如美国的苏必利尔湖铁矿、加拿大的拉布拉多铁矿、澳大利亚的哈默斯利铁矿、俄罗斯的库尔斯克铁矿、巴西的米纳斯吉拉斯铁矿、南非的波斯特马斯堡铁矿、印度的比哈尔铁矿。我国的 "鞍山式铁矿" 也属于 BIF，是在距今 26.5 亿 ~ 25 亿年前形成的。

大氧化事件是生物圈演化发动的，直接影响了大气圈演化，进而影响了岩石圈演化，光能自养生物生产出大量自由氧，这些自由氧进入了大气圈，又被岩石圈捕获。大氧化事件是生物圈 – 大气圈 – 岩石圈间相互作用的记录。

2）生物大灭绝事件

一提生物大灭绝，大家首先会想到恐龙：6500 万年前，一颗小行星撞上地球，导致了恐龙的大灭绝。这个说法早在 1956 年就有人提出了。1980 年，诺贝尔物理学奖得主路易斯·阿尔瓦雷茨（Luis Alvarez）等人的研究发现，在全球白垩系和第三系的界线处（简称 K/T 界线）的黏土层中含有大量的金属铱（Ir）。铱在地壳中含量极低，而在大部分小行星中的含量都很高。他们发现，K/T 界线黏土层的铱含量达到地壳平均含量的 130 倍，因此，他们提出，在白垩纪与第三纪的交接时期，曾有一颗小行星撞击地球表面，并且推测这次撞击事件和墨西哥尤卡坦半岛希克苏鲁伯陨石坑的形成时间相近。后来发现，世界上其他地方 K/T 界线黏土层的铱含量也很高，于是阿尔瓦雷茨等人的观点被普遍接受。

不过，恐龙绝不是被小行星砸死的。小行星的撞击只是一个诱因。研究表明，希克苏鲁伯陨石坑是一块直径约 10 km 的小行星碎片撞击形成的，撞击释放的能量相当于 100 万亿吨黄色炸药爆炸的能量。人类历史中最强的人造爆炸物是沙皇氢弹，爆炸威力只有 5000 万吨黄色炸药，而希克苏鲁伯撞击能量是沙皇氢弹的 200 万倍。科学家们认为，希克苏鲁伯撞击体的碎片与撞击产生的喷出物喷射出大气层后，来不及冷却就落回地球，会造成全球性的火风暴，引发森林火灾。希克苏鲁伯撞击发生在 6500 万年前，同时代的陨石坑在世界其他地方也有发现，如英国外海的银坑陨石坑和乌克兰的波泰士陨石坑等。极大的撞击波传入地下，会在全球各地引发地震与火山爆发。撞击事件和火山爆发造成的大量灰尘进入大气层，长时期遮蔽阳光，妨碍植物进行光合作用，植物不能从阳光中获得能量，海洋中的藻类和成片的森林逐渐死亡，食物链的基础环节被破坏，大批草食性动物、肉食性动物因饥饿而死，造成生态系统的瓦解，除了恐龙，还殃及菊石以及多种植物与无脊椎动物，地球上约有 75% ~ 80% 的物种灭绝。

可以认为，6500 万年前的恐龙大灭绝事件是由地外因素引起的，造成了大气圈、岩石圈和生物圈的连锁反应，最终导致了恐龙的灭绝，是大气圈–岩石圈–生物圈间相互作用的记录。

在地球历史上，白垩纪末恐龙大灭绝事件并不是唯一的一次大规模集群性生物灭绝事件。在此事件之前，还发生过四次大规模的生物灭绝事件。第一次是"奥陶纪大灭绝"，发生在 4.4 亿年前的奥陶纪末期，导致 85% 的物种灭绝。第二次是"泥盆纪大灭绝"，发生在 3.65 亿年前的泥盆纪晚期，使海洋生物遭到灭顶之灾。第三次是"二叠纪大灭绝"，发生在 2.5 亿年前的二叠纪末期，导致超过 96% 的地球生物灭绝，其中有 90% 的海洋生物和 70% 的陆地脊椎动物遭到灭绝。第四次是"三叠纪大灭绝"，发生在 2 亿年前的三叠纪晚期，导致超过 76% 的生物灭绝，遭到灭绝的主要是海洋生物。

这四次生物灭绝事件都是大气圈–水圈–岩石圈–生物圈间相互作用的结果。研究表明，导致第一次和第二次灭绝事件的直接原因是全球气候变冷，导致第三次和第四次灭绝事件的直接原因是由大规模火山活动，而导致这四次生物灭绝事件的终极原因是板块构造活动。

由全球气候变冷造成的生物灭绝事件要数"奥陶纪大灭绝"最典型。奥陶纪时，陆地汇集在南极点附近，形成巨厚的冰盖，使洋流和大气环流变冷，整个地球的温度下降，冰川锁住了大洋中的水，使全球海平面降低，原先丰富的沿海生态系统被破坏，导致 85% 的物种灭绝。

由大规模火山活动造成的生物灭绝事件要数"二叠纪大灭绝"最为典型，也最为严重。以消失的物种来计算，当时地球上 70% 的陆生脊椎动物和高达 90% 的海洋生物消失，还造成了昆虫的唯一一次大量灭绝，有 57% 的科与 83% 的属消失。二叠纪末期发生的大陆漂移形成了联合古陆，也就是盘古大陆，大陆块的聚集使富饶的海岸线急剧减少，大陆架面积急剧缩小，生态系统受到了严重的破坏，很多物种因为失去了生存空间而灭绝。更严重的是，二叠纪末地幔柱活动非常强烈，大规模的玄武岩喷出地表，形成了西伯利亚和峨眉山等大火成岩省。超级火山爆发产生的大量二氧化碳进入大气圈，使氧气减少并造成明显的温室效应，使全球气温升高，进而引起海洋中甲烷水合物的大量释放，这又加强了温室效应，并且导致了地质历史中最严重的海洋缺氧事件。这一切环境灾变都对陆地和海洋生物的生存造成了极大的威胁。

3）碳循环

如今，"碳中和"已经成为全球热门话题，是指使人类直接或间接生产的温室气体排放总量，通过植树造林、节能减排等形式完全抵消，实现二氧化碳排放量"收支相抵"。这可以看成是生物圈和大气圈间的相互作用。在更大的空间尺度上，地球上的碳循环发生在大气圈、水圈、生物圈、岩石圈等四个碳库之间（图 8-9）。

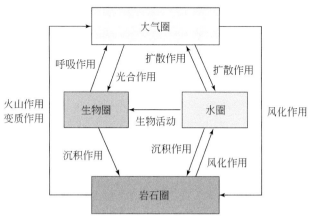

图 8-9　地球上四个碳库之间的循环途径

大气圈中的碳以二氧化碳和一氧化碳的形式存在，参与碳循环的主要是二氧化碳气体。水圈中的碳以碳酸根离子等多种形式存在。生物圈中的碳则存在着数百种被生物合成的有机物，森林是碳的主要吸收者。岩石圈中的碳主要以碳酸盐岩和化石能源（煤、石油、天然气）的形式存在。

在大气圈和水圈的碳循环中，二氧化碳可通过扩散作用由大气进入海水，也可由海水进入大气。这种交换发生在气和水的界面处，会由于风和波浪的作用而加强，但这两个方向流动的二氧化碳量大致相等。

在碳的生物循环中，大气中的二氧化碳被植物吸收后，通过光合作用转变成有机物质进入生物圈。生物呼吸作用和细菌分解作用又把碳从有机物中转换为二氧化碳而进入大气圈，进而加入大气圈和水圈的碳循环。

地球上大部分碳赋存在岩石圈中，含碳量约占地球上碳总量的 99.9%，只有 0.1% 的碳在生物圈、大气圈和水圈中。生物圈和水圈中的 CO_2 以碳酸盐岩的形式或以碳质沉积岩的形式进入岩石圈。岩石圈的风化会吸收大气圈中的 CO_2，并以化学风化物的形式使 CO_2 进入水圈。岩石圈中的火山作用和变质作用会向大气圈释放出大量的 CO_2。

8.2 人类环境的变化

在 1972 年举行的"联合国人类环境会议"上,把每年的 6 月 5 日定为"世界环境日"。所谓"人类环境"是指人类生活的环境,包括自然环境和社会环境两部分,自然环境是人类赖以生存和发展的天然环境,社会环境是人类为不断提高自己的生活水平对自然环境进行改造而建立起来的一种人工环境。

按照环境是不是受过人类活动的影响,又可把自然环境分为原生环境和次生环境。原生环境是指自然形成的、没有受到人为因素影响的环境,而次生环境是在人类活动影响下形成的环境。

在地球发展历史上,人类出现的极晚,从智人算起,不过 30 万年。我们在前面第 1 讲中已经讲过,如果用迪拜塔的高度去比喻地球演化历史的长度,那么,45.6 亿年前地球的诞生相当于走到塔基,而 30 万年前智人的诞生相当于爬到 828m 高的塔尖上。不过,尽管人类出现的极晚,对自然环境的影响却不容小觑。尤其是第一次工业革命以来,人类的活动已经引发了一系列难以克服的环境问题。这些问题又反过来威胁到人类本身的可持续发展。因此,现代地质学非常重视对原生环境变化的研究,希望从这些研究中获得有益的启示,为更好地保护人类环境提供科学依据。在所有原生环境变化中,最重要的就是气候变化。

8.2.1 冰河时代

这里讲的"冰河时代"不是美国大片《冰河时代》,而是和人类进化历史有千丝万缕联系的地质年代。地质历史中最年轻的一个"纪"是第四纪,分为早晚两个"世",早期是"更新世",晚期是"全新世"。更新世开始于 258 万年前,地球上的气候非常寒冷,地球表面曾经几度被大规模冰川覆盖,所以又称"冰河时代"。在地质学中,地球表面被大规模冰川覆盖的时期被称为"冰期",两次冰期之间相对温暖的时期被称为"间冰期"。更新世在大约 1 万年前结束,进入全新世后全球气候转暖,因此又称为冰后期。这个"冰后期"能持续多长时间?人类是从此彻底告别了冰期,还是仅仅进入了间冰期?面对这个问题,人类不得不关注冰期–间冰期旋回,不得不关注古气候的变化趋势。

对冰川的早期研究是从阿尔卑斯山开始的。去过阿尔卑斯山的人经常会看到到处散布着一些经过磨圆的巨石块,很奇怪地停留在山岭的高处,而且附近见不到能剥离出这些岩块的基岩。1815 年，一个猎人告诉一位名叫 J. 卡彭特（Jean de Charpentier）的地质学家，这些巨石块是由一个早已消失的冰川搬运来的。卡彭特不相信，也没理会。在那个年代，人们更愿意相信圣经，认为是诺亚大洪水冲来的。这也是早期地质学家把更新世叫作"洪积世"的原因。十几年后，卡彭特发现，冰川成因的说法可能是正确的。于是，他去野外收集冰川活动的证据，并且命名了今天还在使用的很多术语，如冰川漂砾、冰川擦痕、冰川抛光面、冰川侧碛和冰川终碛，等等。1834 年，他发表了题为《论瑞士巨型漂砾可能的搬运成因》的论文，但是，仍然没什么人理会。卡彭特在科学界社交很广，经常和他聚会的有很多大牌科学家，其中就有一个古生物学家，名叫路易斯·阿加西（Louis Agassiz，全名为 Jean Louis Rodolphe Agassiz）。他和卡彭特一起在罗纳河谷进行了考察，对冰川观点深信不疑。稍后，阿加西又在瑞士及邻国更多的地方进行考察，发现了更多的冰川证据。他意识到，冰川覆盖的范围超出了山谷，也超出了整个瑞士，从爱尔兰到俄罗斯，有一个连成一体的大冰盖，厚度达几千英尺（1 英尺 =0.3048m）。大陆冰川的概念开始形成了。1837 年夏天，阿加西当选为瑞士赫尔维自然科学学会主席，他在就职演说中详细地讲述了他看到的冰川活动证据，论述了冰川活动的年代，并且命名为"冰河时代"。1840 年，阿加西发表了《冰川研究》，他的观点不久就在全世界广为人知。莱伊尔和达尔文都接受了他的理论。几年后，阿加西去美国哈佛大学任教，在美国发现了同样的冰川活动证据，把他的"冰河时代"拓展到美洲大陆。

　　德国有一位地质学家，名叫 A. 彭克（Albrecht Penck）。他同意阿加西的观点，并在阿尔卑斯山广泛地收集大冰盖存在的证据。他在德国北部低地发现，砾石层和薄层砂及黏土这两种沉积物在很多地方总是交替出现。通过仔细观察，他认定，"冰川时代内每一个冰期的代表是泥砾，每一个间冰期的代表则是薄层的砂和黏土。"由此推断，北方来的大冰盖至少三次进入德国北部。1879 年，他发表了他关于冰期和间冰期的研究成果。为了检验这一认识，他到苏格兰高地、阿尔卑斯山和比利牛斯山进行了长期考察，于 1901 ～ 1909 年分三卷出版了《冰川时代的阿尔卑斯山》。他把阿尔卑斯山第四纪冰川时代划分为四个冰期，并且根据阿尔卑斯山区河流的名称，由老到新命名为贡兹（Günz）冰期、民德（Mindel）冰期、里斯（Riss）冰期和玉木（Würm）冰期。他的这一研究成果是对冰川学和第四纪地质学研究的巨大贡献，成为第四纪地质学的基础，也是解释人类史前史的起点。

　　一般认为，人类起源于非洲，能人出现在大约 250 万年前，和更新世开始的时间大致吻合,直立人出现在 200 万年前,早期智人出现在 30 万年前,晚期智人出现在 10 万年前,而现代人出现的时间就是在 1 万年前。从直立人开始,人类曾先后三次走出非洲,扩散到世界各地,而人类这三次大迁徙都和冰川活动有关。

人类第一次走出非洲是在贡兹冰期。贡兹冰期从 120 万年前持续到 90 万年前,非洲开始草原化,直立人不得不开始迁徙,扩散到欧洲和亚洲,德国的海德堡人、印尼的爪哇人和我国的北京人都属于直立人。

人类第二次走出非洲是在里斯冰期。里斯冰期从 37 万年前持续到 24 万年前,而早期智人在此期间从非洲迁徙到欧洲和亚洲的低中纬度区。欧洲的施泰因汉人和我国的大荔人都属于早期智人。

人类第三次走出非洲是在玉木冰期。玉木冰期从 7 万年前持续到约 1 万年前。在里斯冰期和玉木冰期之间的间冰期,非洲出现了晚期智人。他们在玉木冰期伊始开始迁徙,6 万年前到达东南亚和澳大利亚,4 万年散布到东亚各地,3 万年前到达美洲,冰期结束后,在全球大发展。欧洲的克罗马农人、我国的山顶洞人以及澳大利亚的芒戈湖人等都属于晚期智人。

冰期和间冰期的交替和人类进化的对应关系表明,气候环境的变化对人类可持续发展至关重要。

8.2.2　古气候变化的原因

1. 古气候变化的标记

古气候是相当于现代气候而言的,特指史前地质时期的气候。地球气候的变化特征主要是冷暖的交替和干湿的交替。现代气候的变化可以用温度和湿度实测值去衡量,而古气候的变化则需要寻找不同的代用指标去表征。一些常见的沉积岩组合可作为古气候的定性化标记(表 8-2)。

除了这些定性指示物,科学家们还开发出一系列代用指标,定量化研究古气候的变化。例如,海水的表层温度(Sea Surface Temperature,SST)是最重要的气候指标之一,可以用浮游有孔虫壳体的 Mg/Ca 值等作为代用指标,去重建过去的 SST 变化。再如,南极覆盖着厚厚的冰盖,已经有 500 万年的年龄了。冰层中封存了结冰时期大气和海水中的很多元素,可以用来作为当时气候条件的记录,包括氧、二氧化碳、硫、氮等。科学家们已经在南极钻取了几千米长的冰芯,获得了 15 万年以来全球气温的变化资料。

表 8-2　沉积岩石组合及其古气候意义

岩石组合	古气候意义
冰碛岩	大陆冰川，寒冷气候
含煤岩系	湿润气候，中纬度地区
风成沉积	干旱 – 半干旱
石盐、石膏等蒸发岩	干旱 – 半干旱
红层	干旱 – 半干旱，亚热带气候
红土层，铝土矿	湿热，热带气候
珊瑚及共生的 无脊椎动物化石	热带 – 亚热带气候，近海岸带

古气候变化还可通过全球气候模型（Globle Climate Model，GCM）进行模拟，在模型中输入海陆分布、海水温度、海水盐度、洋流状态、冰盖分布及大气 CO_2浓度等参数，就可以模拟地质历史时期的古气候变化趋势。例如，模拟结果表明，在地质历史中存在着以冰室气候和温室气候为代表的冷暖交替周期（图 8-10），其中冰室气候形成了地球上几次著名的大冰期，除了上面提到的第四纪冰期，还有 24 亿年前至 21 亿年前的休伦冰期，8 亿年前至 6.4 亿年前的斯图尔特 – 瓦兰吉冰期，4.5 亿年前至 4.2 亿年前的安第 – 撒哈拉冰期和 3.6 亿年前至 2.6 亿年前的卡鲁冰期。

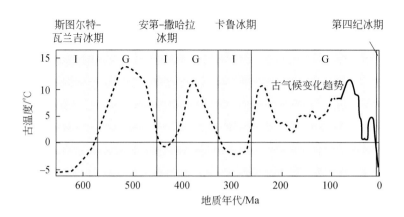

图 8-10　晚前寒武纪以来古气候变化趋势

I 为冰室气候，G 为温室气候；虚线据 Royer 等（2004）及岩石学资料，实线据 Zachos 等（2001）

2. 古气候变化的直接原因是太阳辐射能的变化

关于古气候变化的原因，曾有很多说法。从根本上说，地球气候的变化特征主要是温度的冷暖变化和空气中水蒸气浓度的变化。众所周知，太阳辐射能控制着地球表层的温度，而地球表层水蒸气浓度的变化是受温度控制的。因此，太阳辐射能是影响全球气候变化的根本动力和直接原因。太阳辐射能对全球气候变化的影响可以从两方面讲，一是太阳辐射能本身会发生变化，直接影响气候变化；二是地球本身种种因素的变化影响了接受太阳辐射的效果，从而间接影响了气候变化。概括起来，可以影响气候变化的因素包括：太阳辐射能本身的大小，太阳光线照射地面的倾斜程度，大气圈对太阳辐射的阻挡程度，地表对太阳的反射程度，大气环流和洋流的活动，等等。

1) 太阳辐射能本身的变化

太阳辐射能本身是会发生变化的，主要原因是周期性出现的太阳黑子。太阳光球表面有时出现一些暗的区域，实际上是磁场聚集的地方，当太阳内部的强磁场浮现到太阳表面时，就表现为暗点形式。太阳黑子是太阳活动区的核心，是太阳表面一种炽热气体的巨大旋涡。太阳黑子数目增加、减少的周期约为 9 ~ 13.6 年，平均 11 年，太阳黑子活动极大年份和极小年份分别称为极大年和极小年。

1893 年，英国天文学家 E. 蒙德（Edward Walter Maunder）发现，在 1645 ~ 1715 年的 70 年间，几乎没有太阳黑子活动，这一时期被称为"蒙德极小期"。蒙德极小期对应着地球上的寒冷时期，被称为"小冰河期"。历史上的"小冰河期"都导致了地球气温大幅度下降，使全球粮食大幅度减产，由此引发社会剧烈动荡，人口锐减。例如，在 17 世纪的"小冰河期"，全球各地冰雪蔓延，埃塞俄比亚的部分地区白雪皑皑，苏必利尔湖湖面开始结冰，北欧一带饥荒肆虐，挪威和瑞典有一半的人口在饥荒中丧生。在我国，正值明末清初，"崇祯大旱"使全国农作物歉收，引发了农民起义，北方草场退化，游牧民族大举南迁，最终压垮了明朝。

2012 年 1 月，欧洲寒冷异常。一些气候专家认为全球气候变暖已经停止，北半球的酷寒可能会持续 20 年至 30 年，甚至宣称"小冰河期"已经来临。2016 年，美国国家航空暨太空总署（NASA）根据观测指出，太阳表面已经四次出现"无黑子"现象了。2021 年 4 月 NASA 公布的一项研究报告指出，今后 25 年将是太阳黑子活动的"极小期"，黑子的数量将比过去 200 年间的平均数降低 50% 以上。当然，也有专家指出，但太阳黑子活动导致的太阳总辐射量变化只有 0.1% 的水平，不足以引起地球的气候变化。目前只能说，太阳黑子"极小期"和"小冰河期"之间存在着对应关系，但对应关系不等于因果关系，二者间的成因联系仍然只是推测，有待更多的研究。

2）地球上的气候和太阳的辐射角度

气候的英文词是"climate"，来自希腊语"klima"，词根"clim"的意思是"倾斜"。古希腊人认为地面由赤道向两极倾斜，一个地区的气候冷热和太阳光线照射地面的倾斜角度有关，越靠近赤道，太阳光倾角越大，气候就越温暖，越靠近极点，太阳光倾角越小，气候就越寒冷。古希腊人据此把世界分成热带、南北温带和南北寒带等七个气候区，并用"klima"来称呼这些气候区。我们现在知道，地球各地太阳光线照射倾角不同，不是由于地面是倾斜的，而是因为地球是圆的。太阳光线照射地面的角度和纬度相关，赤道附近阳光直射，两极地区阳光斜射，于是形成了地球上的气候分带。

俄罗斯气候学家 W. 柯本（Wladimir Peter Köppen）被称为现代气象学和气候学的主要奠基人。他少年时在乌克兰的辛菲罗波尔读中学，18 岁考入圣彼得堡大学学习植物学。读书期间，他经常往返于辛菲罗波尔和圣彼得堡之间，看到两地间气候、植物和大自然景色有明显的变化，引起了浓厚的兴趣。他后来转到德国学习，1870 年在莱比锡大学获博士学位，学位论文的主题就是研究温度对植物生长的影响。毕业后，他投入了对气候的研究。1900 年，柯本创建了至今仍在使用的"柯本气候分类系统"。这是基于对植物的区带划分建立的生物气候分类，共分为 5 种气候类型：A 为热带型，B 为干旱型，C 为温带型，D 为内陆型，E 为极地型。每种气候带再按降雨量等指标细分为若干个亚带（图 8-11）。柯本的热带型气候分布于南北纬 15°之间，干旱型气候分布于南北纬的 15°～ 30°间，温带型和内陆型气候分布在中高纬度区，大致在南北纬的 25°～ 70°区间，极地性气候分布在大于南、北纬 60°的高纬度区。

在柯本创建的气候分类系统中并没有考虑海拔高度对与气候分类的影响，因此，后人进行了修正，补充了高山气候（H）。高山气候是指高山地区从山脚到山顶出现的气候垂直性分带。受地面对太阳光反射的影响，高地的空气温度下热上冷，地面的高度每升高 1 km，气温就下降大约 6 ℃。这样，就形成了高山的气候垂直分带性（图 8-12），从山脚到山顶依次为常绿阔叶林带、针叶林带、灌木丛带、高山草甸带、高山荒漠带和冰雪带，相邻带间会出现过渡现象。

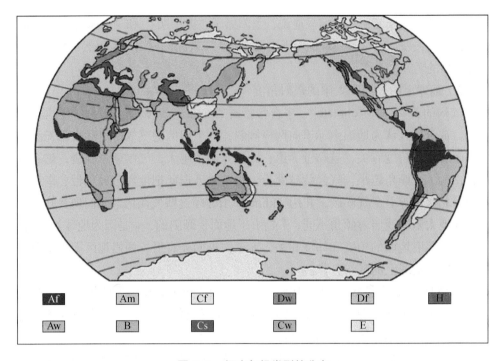

图 8-11　柯本气候类型的分布

Af. 热带雨林气候，Am. 热带季风气候，Aw. 热带草原气候，B. 沙漠气候，Cf. 温带湿润气候，Cs. 温带夏干气候（地中海型气候），Cw. 温带季风气候，Df. 温带大陆性气候，Dw. 温带海洋性气候，E. 极地气候，H. 高山气候

3）大气圈对太阳辐射的阻挡

大气圈是地球圈层构造的最外层，是太阳光线进入地球的必经之路，大气圈的透明程度直接影响着到达地球的太阳辐射能量。

前面已经讲过，地球形成之初，微星体"忒伊亚（Theia）"和地球碰撞，形成了地球的次生大气圈，是由硅酸盐气体和二氧化碳及水蒸气等构成的，那时的大气圈浑浊不透光，地球上根本见不到太阳。地球的不断冷却致使硅酸盐气体和水蒸气从大气圈中排出，形成了原始海洋，这种环境才彻底改变。大气圈透明了，地球终于告别了暗无天日的时代。此后，大气圈的透明程度只是偶尔变差，而变差的主要原因就是火山活动。

火山活动会喷出大量的火山灰，从而减小了到达地表的太阳辐射能量。一次火山爆发可以持续喷出数次火山灰，单次喷出火山灰的堆积厚度可以达到几厘米，甚至超过 1 m。火山灰喷发的高度可以达到 2 万多米，进入大气圈的平流层，影响的范围达数百至数千千米。例如，美国的圣海伦火山于 1980 年 5 月 18 日爆发。

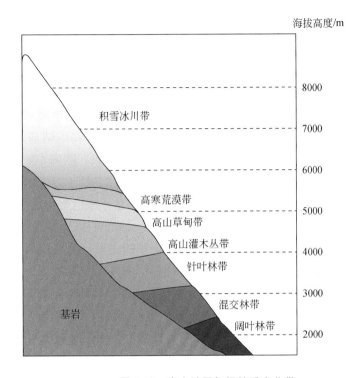

海拔高度/m

8000

积雪冰川带

7000

6000

高寒荒漠带

5000

高山草甸带

高山灌木丛带

4000

针叶林带

3000

基岩

混交林带

阔叶林带

2000

图 8-12　高山地区气候的垂直分带

火山灰持续喷发了 9 个多小时，喷发的高度在 13 分钟内就达到了海平面以上 20 到 27 km 的高度，火山灰飘落的距离超过 600 km。

　　火山灰给人类带来的灾难是多方面的。例如，意大利维苏威火山在公元 79 年喷发出大量火山灰，把距离维苏威火山 10 km 的庞贝城埋在厚达 5.6m 的火山灰下，城里的居民毫无准备，因窒息而死，无一生还。再如，飘浮在空中的火山灰能给航空事业带来极大威胁。一方面，细小的火山灰能够堵塞飞机的发动机，造成发动机损坏甚至停车，另一方面，飞机的客舱增压和氧气都来自于发动机引气，如果引气中含有火山灰，就会被导入飞机客舱的空调系统，危及旅客的生命。因此，2010 年 4 月 14 日，冰岛南部的艾雅法拉火山爆发，大量火山灰长时间在欧洲上空弥漫，造成欧洲所有航班全部停运，被称为"二战以来最大规模航空业停飞"的事件。据统计，仅在 15 日至 19 日短短 5 天中，就有 7 万多个航班被取消，使约 680 万乘客受到影响，滞留在 30 多个国家的 300 多个机场，每天给欧洲航空业造成 2 亿欧元的经济损失。

　　不仅如此，火山灰喷发还会对地球的气候发生重要影响。这是因为巨量火山灰和火山喷出的水蒸气及二氧化硫等气体会形成气溶胶，反射和吸收太阳辐射，减少到达地面的阳光总量，从而造成地表温度下降。现代活火山观测结果表明，硫酸气溶胶可以在大气圈中滞留几个月，甚至几年。因此，它们对气候的影响可以长达几年。火山喷发越是强烈，喷发出的二氧化硫量就越大，对地面的降温作用也就越大。1982年，墨西哥埃尔奇琼火山喷发后，使得到达地面的阳光总量减少了10%至35%，导致全球平均气温下降了0.2℃。1783年冰岛的纳基火山喷发，火山灰和氟混合的气体云笼罩在冰岛和北欧上空数月，结果，欧洲1783~1784年的冬季气候异常寒冷，导致20多万头食草动物死亡，冰岛约1万人因寒冷饥饿而死。印尼坦博拉火山于1815年喷出大量火山灰，总体积达150 km³，导致第二年全球气温下降，成为"无夏之年"。

1983年12月，*Science*杂志发表了一篇题为《核冬天：大量核爆炸造成的严重后果》的论文。该论文是由NASA的几位科学家联名撰写的。核冬天是指核爆炸后，大量的烟尘会进入平流层，四处扩散，很像暴风雨来临前的厚层积雨云，阳光被遮蔽，白天的天空会一片漆黑，到达地面的辐射太阳能量大大降低，地面温度会不断下降。这种状态将会持续数月至数年，沿海地区的气温会下降15℃，大陆内地的气温会下降40℃，这足以把夏天变成冬天，使地表出现如严寒般的冬天景观，使地球上的生命面临核冬天的严重威胁。

4）地球表面对太阳辐射能的反射

太阳的辐射能量并不是百分之百地被地面吸收，其中24%被大气圈吸收，45%被地面吸收，其余的31%被反射回太空。在气象学中，对太阳辐射能反射的大小被称为"反照率"。气象学中还有一个术语，叫"下垫面"，是指不同的地面，如是陆地还是海洋，是森林还是沙漠。不同的下垫面有不同的反照率（图8-13），如，水面为6%~8%，农田为10%~25%，森林的针叶林为9%~15%，而落叶林为15%~18%，草原为20%~25%，刚下的大雪为80%~95%，常年的冰川为80~90%，白云的最大反照率可以达到80%，而乌云的最小反照率可以低到零。地球表面的平均反照率约为31%。

反照率的差异会对气候产生不同的影响。相对来讲，反照率大的地区寒冷，而反照率小的地区温暖。在地质历史时期，大规模海侵时期往往是温暖气候时期。如，寒武纪至奥陶纪中期和白垩纪是两个全球海平面的最高时期，同时也是两个全球最大的温室气候时期。

5）大气环流和洋流的活动

大气环流是由太阳辐射和地球自转联合形成的。地球表面接受太阳辐射能

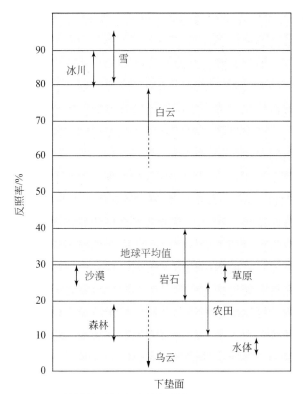

图 8-13　不同下垫面的反照率（数据引自 Farmer and Cook, 2013）

量是不均匀，赤道地区多，南北极区少，从而形成大气的热力环流。地球自转又使这种大气热力环流发生偏转运动。这样，就形成了低纬度环流、高纬度环流和中纬度环流等三个全球性的环流圈。

　　大气环流使不同地区间的热量和水分得以传输，是全球气候带形成和大范围气象变化的主控因素。例如，地球上最大的降水区在热带，而最小的降水区在北纬 30° 和南纬 30° 地区，那里形成了一系列大沙漠。由 30° 沙漠区向两极方向至 40° ~ 50° 地区，降水量又开始增大，反映了温暖的亚热带空气和两极冷空气的汇聚效应。

　　洋流是指海水从一个海区水平或垂直地向另一个海区的大规模流动。根据洋流本身与周围海水温度的差别，可以把洋流分为暖流和寒流。暖流比流经海区的水温高，会以下降流的形式从低纬区流向高纬区。寒流比流经海区的水温低，会以上升流的形式从高纬区流向低纬区。洋流的主要动力来自风，因此，在三个大气环流圈的影响下，形成了全球性的赤道环流、亚热带环流和亚极地环流。

洋流对地球表面的冷热环境起着重要的调节作用，促进了地球高低纬度之间的能量交换，维持着地球表面热量的动态平衡。因此，洋流对气候有巨大的影响。很多沿海地区的温度和降水状况都和附近的洋流有关，暖流流经的地区温暖湿润，而寒流流经的地区寒冷干燥。例如，挪威海地处北冰洋边缘，但受北大西洋暖流的影响，港口终年不冻，降雨量也特别充沛，沿途山坡和平原林木葱茏，花草茂盛，呈现出一派温带的自然风光，这和地处同一纬度的西伯利亚地区的极地气候形成了鲜明的对照。

洋流的异常现象会引起气候的异常现象。典型的例子就是"厄尔尼诺现象"。"厄尔尼诺"是西班牙语 El Niño，意为"圣婴"。众所周知，秘鲁寒流是世界上一个重要的上升流系统，洋流上涌带来了大量营养物质，为鱼类提供了丰富的食物，秘鲁渔场成为世界四大渔场之一。然而，那里每隔四年左右就出现一股暖流，造成鱼类大量死亡，使渔民们遭受天灾。这种现象最严重时往往在圣诞节前后，当地渔民们无可奈何地把它叫作"圣婴"，也就是上帝之子。这股异常的暖流被气象学家称为"厄尔尼诺暖流"。厄尔尼诺暖流不仅造成浮游生物和鱼类的大量死亡，而且破坏了南太平洋的正常洋流的环流圈，进而打乱了全球气压带和风带的原有分布格局，形成全球性气候灾害，尤其是对环赤道太平洋地区的影响最为显著。每当厄尔尼诺暖流出现时，南美洲西部的秘鲁和智利沿海地区原来十分干燥的热带沙漠气候区会形成暴雨连降、洪水泛滥、泥石流狂泻的可怕自然灾害，而南太平洋的正常洋流循环遭到破坏，使印度尼西亚、澳大利亚、南亚次大陆等地区出现严重的干旱，导致农作物歉收。气象记录表明，1972 年的全球天气异常就与当年出现特别强大的厄尔尼诺暖流有关。这一年我国发生了新中国成立以来最严重的一次全国性干旱，与此同时，秘鲁出现了 40 年来最严重的水灾，非洲突尼斯出现了 200 年一遇的特大洪水。

关于厄尔尼诺现象出现的原因仍在研究之中，有一种观点认为，厄尔尼诺现象是地球自转速度减慢引起的。海水和大气都附在地球表面，跟随地球向东旋转，在赤道地带转速为最大，达到每秒 465 m。当地球自转突然减慢时，必然出现"刹车效应"，使大气和海水获得一个向东的惯性力，使原来自东向西流动的赤道洋流和赤道信风减弱，并使西太平洋暖水向东流动，从而使东太平洋发生海水增温、海面抬高的厄尔尼诺现象。不过，地球自转速度的波动变化周期是 4 ~ 5 年，而厄尔尼诺现象出现的周期是 2 ~ 7 年，显然，这两个周期有重合，但并不十分吻合。

3. 古气候周期性变化的机制

1）米兰科维奇理论

在第四纪大冰期中，出现多次冰期和间冰期的交替，在地球演化历史中，则多次出现冰室气候和温室气候的交替。这种冷暖交替的变化是不是周期性的？如果是，造成这种周期性变化的机制是什么？

在自然运动、变化过程中，某些特征会多次重复出现，人们就会认为这些变化具有周期性，往往描述成"周而复始"，把其中连续两次出现所经过的时间叫一个"周期"。日出、日落、再日出，是地球自转了一周，这个周期叫"日"。月圆、月缺、再月圆，是月亮围着地球转了一周，这个周期叫"月"，是农历的月。春夏秋冬，周而复始，是地球围着太阳转了一周，这个周期叫"年"。这些周期的时间都是固定的，很精确。一"日"是 24 小时，一"月（农历）"是 29 或 30 "日"，一"年"是 12 个"月"。那么，冰期和间冰期的交替以及冰室气候和温室气候的交替有没有固定的周期？实际上，阿尔卑斯四个冰期的持续时间并不相同，而是长短不一，最长的是贡兹冰期（距今 120 万 ~ 90 万年），约为 30 万年，民德冰期（距今 80 万 ~ 68 万年）约为 12 万年，里斯冰期（距今 37 万 ~ 24 万年）约为 13 万年，而玉木冰期（距今 7 万 ~ 1 万年）只有 6 万年。同样，三个间冰期的持续时间也是长短不一，约为 10 万年至 30 万年。尽管是这样，人们还是觉得冰期 – 间冰期是"周期性"交替的，希望能找到造成这种"周期性"交替的机制。

早在阿加西 1837 年刚刚提出"冰河时代"后不久，英国科学家 J. 阿德马尔（Joseph Alphonse Adhemar）就在 1842 年提出，地球的轨道运动会影响地球的气候，尤其是岁差的变化会造成地球上的冰期。1864 年，另一位英国科学家 J. 克罗尔（James Croll）提出，黄道偏心率的变化可以引起冰期。

众所周知，地球的转动分为自转和公转，自转轨道面叫"赤道面"，自转轴叫"地轴"，而公转轨道面叫"黄道面"，公转轴又叫"黄轴"。赤道面和黄道面有一个夹角，这个夹角现在是 23.5°。这个夹角使太阳光并不总是直射到赤道上，而在赤道两侧摆动，地球每公转一周，太阳光线直射地面的位置就会在赤道两侧摆动往复一周，往复区间的界线就是南北回归线。由于月亮及其他行星和地球间存在着万有引力，地球自转轴（地轴）和公转轴（黄轴）之间的夹角会发生两种变化，一种变化叫"进动"，一种变化叫"章动"。"进动"是指地轴会像陀螺一样绕黄轴旋转画圈。这种"进动"会使地球到达春分、秋分或其他节气点的时间每年都会比前一年提前 20 分钟多一点，这个时间差在天文学上叫"岁差"，每岁渐差，岁岁都差。岁差的周期当然就是地轴绕黄轴旋转一圈的周期，是 26000 年。"章动"是指地轴在进动过程中还会发生轻微的晃动，看上去像是地球在向太阳点头。换句话说，赤道面和黄道面的夹角并不总是 23.5°，而是在 22.1° 和 24.5° 之间周期性地变化，这种变化的周期是 41000 年。地球绕太阳公转的轨道并不是正圆形，而是椭圆形，太阳就处在椭圆的一个焦点上。椭圆两个焦点间的距离和椭圆长轴长度的比值叫"偏心率"。天文学观测告诉我们，地球轨道的偏心率也在发生着周期性变化，这种变化有两个周期，一个是 10 万年的短周期，另一个是 40 万年的长周期。

不过，19 世纪时，人们对阿加西关于"冰河时代"的理论基本上不相信，阿德马尔和克罗尔关于地球轨道变化会影响气候的看法自然也无人问津。真正建立起地球轨道变化和冰期 – 间冰期旋回间成因联系的是 M. 米兰科维奇。

M. 米兰科维奇（Milutin Milankovitch）是塞尔维亚数学家、天文学家、气候学家和地球物理学家。他在维也纳技术大学学习工程学，1904 年获博士学位后在维也纳从事桥梁和水坝工程设计。当时人们对阿尔卑斯山冰川事件的成因争论不休，甚至成为老百姓茶余饭后的话题。这自然也引起了米兰科维奇的兴趣。他从 1912 年起，两年内先后发表了几篇论证太阳辐射量强度与地球气候分带性关系的论文。1914 年爆发了奥匈帝国与塞尔维亚的战争，这场地区性战争随后引发了第一次世界大战。米兰科维奇在回乡度蜜月途中，由于他的国籍是塞尔维亚而被无辜地关进监狱。幸亏他的研究生导师 E. 祖玻（E. Czuber）多方活动，他才被保释，但被禁止离开布达佩斯。米兰科维奇在布达佩斯结识了时任匈牙利科学院图书馆馆长的数学家 K. 冯斯立（K. von Szilly）。冯斯立给米兰科维奇提供了不受外界干扰的条件，使他能够在图书馆和中央气候研究所继续做研究，直至第一次世界大战结束。这期间，他完成了对火星、金星、水星、地球及月球的气候研究，发表了一系列论文，指出太阳辐射量变化控制和影响着行星的气候，并建立了数学模型。战争结束后，米兰科维奇回到贝尔格莱德继续他的研究，于 1920 年出版《太阳辐射热现象的数学理论》，建立了天文因素控制地球气候变化的模型。

米兰科维奇的书一出版，马上得到的 W. 柯本和 A. 魏格纳的大力支持。柯本于 1900 年创建了至今仍在使用的"柯本气候分类系统"，魏格纳是柯本的女婿，1915 年提出了大陆漂移学说。他们在 1924 年出版的一本关于地质历史时期古气候变化的书中介绍了米兰科维奇的研究成果。他们认为，在冰盖的动态平衡过程中，夏季的消融量比冬季的积雪量更为重要。同时，地质学研究已表明，冰盖的扩展中心并不在北极点，而是在北纬 60° 附近，这可能和极区气候干燥，北纬 60° 附近降水量充沛有关。米兰科维奇用地轴倾斜度、岁差和偏心率这三个地球轨道周期的联合变化去模拟第四纪冰期和间冰期的周期性波动现象，受柯本和魏格纳的启发，推导出一个夏季日照量和积雪边界纬度的数学关系式，然后从地球轨道周期变化计算出北半球不同纬度夏季日照量的变化，其中对北纬 65° 日照量的变化很好地拟合了第四纪冰期和间冰期的周期性交替（图 8-14）。正是在柯本和魏格纳的帮助下，米兰科维奇后来把自己的理论精炼成一句话：北半球夏季 65° 附近太阳辐射量的变化是驱动冰期 – 间冰期波动的主因。

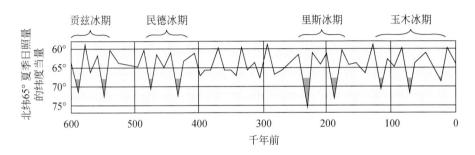

图 8-14 米兰科维奇计算的冰盛期年代（图中蓝色部分）和气候变化曲线

1941 年，米兰科维奇发表了这些研究成果。不过，他计算出的几个冰盛期年代和实际观测资料有比较大的差距。这种差距应该来自两个方面：一是计算误差，那个年代没有计算机，一切计算只能靠笔和纸，计算误差是难免的；二是观测资料比较粗略，那个年代对冰期和间冰期的确定只能依靠对沉积物的观测，而对地质事件年代的测定只能依靠鉴定其中包含的化石。事实表明，19 世纪阿尔卑斯四个冰期的划分的确太粗略了，20 世纪末叶对深海沉积物氧同位素的研究和对南极冰芯及中国黄土中古气候记录的研究表明，万年时间尺度的气候变化确实受控于地球轨道变化（图 8-15）。

2）"盖亚"假说

如果说，万年时间尺度的气候变化是受控于地球轨道变化，那么，更大时间尺度的气候变化受控于什么机制呢？在地质历史时期，曾出现过数次亿年尺度的冰室气候和温室气候交替周期，元古宙晚期的全球性冰室气候曾被称为"雪球地球"。

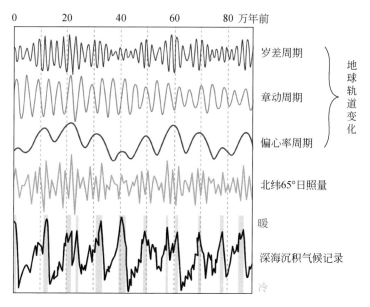

图 8-15　80 万年以来气候变化与地球轨道变化（据 Jouzel 等，2007，简化）

J. 洛夫洛克（James Lovelock）于 1972 年提出"盖亚假说"。该假说认为，地球上的生物与地球的无机系统相互作用，组成了一个类似生物的整体，通过生物反馈作用实现自我调节，稳定乃至改善了全球的环境，以使环境有利于生物的演化与发展。许靖华于 1992 年进一步提出，二氧化碳是重要的温室气体，它在大气圈中的含量一方面对气候起着的调节作用，另一方面受到生物圈 – 大气圈 – 岩石圈之间碳循环的控制，这种大规模的碳循环在地球的超长周期气候变化中起到了"加热器"和"冷却器"的双重作用，使地球表面既不像金星那样炎热，也不像火星那样寒冷。

40 亿年前，火山喷发产生的 CO_2 浓度极大，生物又很少，因此，大气圈温度很高。原始大气的成分为氮、二氧化碳和甲烷，唯一能生存的生物是厌氧细菌。它们死后变成二氧化碳和水，一小部分变成有机碳埋藏起来成为石墨，当埋藏碳量大于火山喷发碳量时，大气圈中的 CO_2 浓度就开始降低，导致全球变冷。在此过程中，厌氧细菌扮演了"冷却器角色"。这一冷却作用在 30 亿年前达到顶峰，使地球变得很冷。产烷生物的出现使大气中的甲烷气体浓度不断加大，甲烷造成的温室效应远比 CO_2 显著，结果，只过了 5 亿年，大气圈温度又变得很高了。此时，蓝绿藻扮演了"冷却器"角色，所形成的钙质软泥和叠层石灰岩把碳从大气圈转移进生物圈，使大气圈温度大大降低，地球出现了冰盖，进入休伦冰期。

随着营光合作用细菌的增多，大气圈中的游离氧越来越多，能呼吸氧气的生物出现了。10 亿年前，蠕虫类无脊椎动物开始演化，它们吞噬蓝绿藻，向大气圈释放二氧化碳，开始改善气候。开始时的改善效果不明显，蓝绿藻继续统治地球，使气候越来越冷，以至于在 6 亿 ~ 7 亿年间出现了斯图尔特 – 瓦兰吉冰期，低纬度地区都被冰川覆盖，地球成为"雪球地球"。

6 亿年前，水母类动物出现了。它们和蠕虫类无脊椎动物一起工作，向大气圈释放更多的二氧化碳，使地球走出了冰期。先是出现埃迪卡拉生物群，紧接着迎来了寒武纪初期的生物大爆发。这使得 Ca 向海水中富集，CO_2 向大气圈释放。其结果之一是海水中 Ca 浓度达到饱和状态，海洋生物得以长出钙质外壳和钙质骨骼。这些都使大气圈降温，导致了短暂的安第 – 撒哈拉冰期。继而出现的陆上植物进一步吸收了碳，并埋藏起来，在石炭纪达到顶峰。结果，导致了 3.6 亿年前至 2.6 亿年前的卡鲁冰期，热带森林变成了冻土带。

中生代大规模的火山爆发活动使大气中二氧化碳等温室气体重新浓集，大气圈再次升温，极地冰盖融化。1.5 亿年前，海水的缺氧使海底生物灭绝。森林的重新回归再次发挥了"冷却器"作用，与钙质浮游生物共同降低了大气圈中 CO_2 的浓度，使全球温度从 1 亿年前以来持续冷却，终于在 4000 万年前出现了南极冰盖。冰盖对阳光的反射和南极底流的循环使全球变冷。赤道附近钙质浮游生物的繁盛进一步降低了温室气体的浓度。最终，出现了北半球的第四纪冰期。

上述环境与生物协同发展及其对气候的影响过程可概括为图 8-16。在这一过程中，生物不仅仅是被动地适应环境，同时对环境具有调节作用，使环境演化有利于生物进化。其中使气候变暖的加热过程是 CO_2 和 CH_4 的等温室气体从生物圈和岩石圈向大气圈的释放，而使气候变冷的冷却过程是生物圈和岩石圈对大气圈中碳的固化作用。

当然，古气候变化中还有不少现象是"盖亚假说"无法解释的，这使不少地质学家们不完全认同"盖亚假说"，甚至对其进行了尖锐的批评。然而，"盖亚假说"的提出对地球系统科学研究已经起到了促进作用。"盖亚假说"的提出者洛夫洛克于 2006 年被英国皇家地质学会授予"沃拉斯顿奖（Wollaston Medal）"，表彰他开创了地球科学研究的一个新领域。

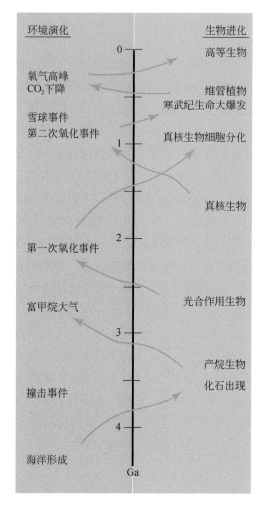

图 8-16　生物与环境的协同进化（据孙枢和王成善，2008）

8.3　小　结

　　人类只有一个地球，这就是我们居住的地球村。我们要认识和熟悉这个地球村，尽力去保护它，保护我们的生活环境。

　　地球具有圈层结构，其中的大气圈、水圈和生物圈属于外圈，地壳、地幔和地核属于内圈。其中，地壳和地幔顶部的坚硬部分合称岩石圈。我们人类隶属于生物圈，能够实际接触到大气圈和水圈，也能接触到岩石圈的表层，认识它们要容易些，而识别地球的内圈结构经历了一个长期的过程。进入 20 世纪，科学家们借助地震波"看"清楚，地球内部有一系列的震波不连续面，把地球分解成若干个圈层。这些地震波不连续面包括壳幔界面（莫霍面）、核幔界面和内外地核界面等，"初步地球参考模型（PREM）"是 1982 年推荐的国际参考模型。

地球的各圈层间发生着能量交换和物质交换，统称圈层间的相互作用。这些相互作用可以在相邻的圈层中进行，也可以跨圈层进行，相互作用过程可以是地球内部因素引起的，也可以是地外因素引起的。由地外因素引起的圈层相互作用可以看作是地球系统与地外系统间的相互作用。地球演化历史上有很多重大事件都是这些相互作用的结果。例如，岩石圈 – 大气圈 – 水圈 – 生物圈相互作用造成了 24 亿年前发生的大氧化事件，引发了古生代和中生代的几次生物大灭绝事件。

我们人类生活的环境包括自然环境和社会环境两部分，没有受到人为因素影响的自然环境又称原生环境。现代地质学非常重视对原生环境变化的研究，希望从这些研究中获得有益的启示，为更好地保护人类环境提供科学依据。在所有原生环境变化中，最重要的就是气候变化。

第四纪是地质历史中最年轻的一个"纪"，分为早晚两个"世"，早期是"更新世"，晚期是"全新世"。更新世开始于 258 万年前，气候非常寒冷，被称为"冰河时代"，地球表面曾经几度被大规模冰川覆盖，分别是贡兹冰期、民德冰期、里斯冰期和玉木冰期。更新世在大约 1 万年前结束，全球气候转暖，进入全新世。不过，全新世的气候转暖很可能只是下次冰期到来之前的间冰期。

人类的进化和冰期的涨消密切相关。能人和直立人都起源于非洲。从直立人开始，人类曾先后三次走出非洲，扩散到世界各地。每次迁徙都和冰期有关，贡兹冰期从 120 万年前持续到 90 万年前，非洲开始草原化，直立人不得不开始迁徙，这是人类第 1 次走出非洲。里斯冰期从 37 万年前持续到 24 万年前，早期智人在此期间从非洲迁徙到欧洲和亚洲的低中纬度区，这是人类第 2 次走出非洲。玉木冰期从 7 万年前持续到约 1 万年前。非洲的晚期智人在冰期伊始开始迁徙，这是人类第 3 次走出非洲。冰期和间冰期的交替和人类进化的对应关系表明，气候环境的变化对人类可持续发展至关重要。

古气候是相当于现代气候而言的，特指史前地质时期的气候。地球气候的变化特征主要是冷暖的交替和干湿的交替。现代气候的变化可以用温度和湿度的实测值去衡量，而古气候的变化则需要寻找不同的代用指标去表征。

引起气候变化的原因很多。从根本上说，地球气候的变化特征主要是温度的冷暖变化和空气中水蒸气浓度的变化。因此，影响全球气候变化的根本动力和直接原因是太阳辐射能。太阳辐射能对全球气候变化的影响分为两个方面，一是太阳辐射能本身会发生变化，直接影响气候变化；二是地球本身种种因素的变化影响了接受太阳辐射的效果，从而间接影响了气候变化。概括起来，可以影响气候变化的因素包括太阳辐射能本身的大小、太阳光线照射地面的倾斜程度、大气圈对太阳辐射的阻挡程度，地表对太阳的反射程度，大气环流和洋流的活动，等等。

气候和古气候变化具有周期性。在第四纪大冰期中，出现多次冰期和间冰期的交替，在地球演化历史中，则多次出现冰室气候和温室气候的交替。人类对这种冷暖周期性交替的机制进行了长期的研究，对于万年时间尺度的气候变化已经有了初步结论，归因于地球轨道的周期性变化。这一认识是由米兰科维奇的研究奠定基础的。对于亿年时间尺度的气候变化原因，目前还没有统一的认识，洛夫洛克提出了"盖亚假说"，强调环境与生物协同发展对气候有重要的影响。许靖华进一步指出，生物不仅仅是被动地适应环境，同时对气候的冷暖具有调节作用。生物圈和岩石圈向大气圈的释放 CO_2 和 CH_4 的等温室气体具有使气候变暖的功能，而生物圈和岩石圈对大气圈中碳的固化作用具有使气候变冷的功能。

第 *9* 讲

穿越时空看中国

地球已经有 46 亿年的历史，我们中国大陆作为地球的一部分，在地球历史的不同时期处在地球上的什么地方？大致是什么样子？这一讲就来探讨一下。俗话说，历史越久越模糊。我们就从今天的中国讲起。

9.1　今日中国

9.1.1　空中鸟瞰

1972 年 12 月，美国宇航员乘坐阿波罗 17 号升空，俯视着红海和亚丁湾，感慨地说："当你看到那些小块块拼合得那么好，同时又被一个狭窄的海湾分隔开时，你可以让任何人都相信大陆漂移和海底扩张。"今天，我们的宇航员在距地面 400 km 的天宫空间站鸟瞰中国，一定会给我们带来全新的视野。

今天的中国位于亚洲东部，西倚高山，东临广海，境内分布着高原、山地、盆地、丘陵、平原、海洋、岛屿，各种地形齐备，从西向东分成四级阶梯（图9-1）。顺便说一句，已往的文献和教科书都把我国的陆地地势分为三级阶梯，我在编写讲义时考虑到，我国领海的面积和深度都很大，海底地势高差不亚于我国陆地上的地势高差，因此，这里单独把海域划分出来，作为第四级阶梯。

第一阶梯是青藏高原，位于我国西南部，南起喜马拉雅山，北至昆仑山、阿尔金山和祁连山，东至横断山，东西长约 2800 km，南北宽约 300 ~ 1500 km。青藏高原平均海拔在 4000 m 以上，被称为"世界屋脊"。喜马拉雅山脉的珠穆朗玛峰是世界第一高峰，海拔 8848.86 m。

第二阶梯呈"T"字形，占据我国北部和中部，西邻第一阶梯，东部界线为大兴安岭 – 太行山 – 巫山 – 雪峰山。第二阶梯的平均海拔为 1000 ~ 2000 m，由高原和盆地组成，包括内蒙古高原、黄土高原、云贵高原、准噶尔盆地、塔里木盆地和四川盆地。

第三阶梯在第二阶梯以东，东部界线为乌苏里江 – 长白山和海岸线。第三阶梯的平均海拔为 200 ~ 1000 m，主要为平原、丘陵和低山，包括东北平原、华北平原、长江中下游平原、辽东丘陵、山东丘陵、江南丘陵、东南丘陵、小

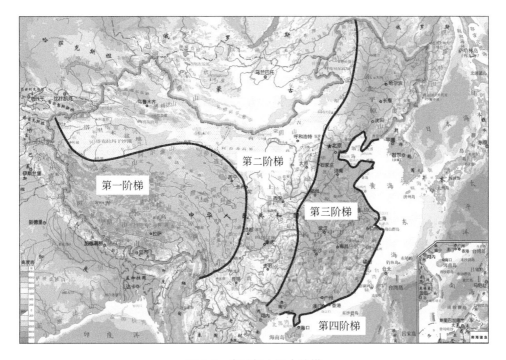

图 9-1　中国领土四大阶梯

兴安岭、长白山、武夷山和南岭。平原和丘陵的海拔多在 500 m 以下，低山的高度在 500 m 和 1000 m 之间，但也有一些主峰的高度超过 1000 m，如山东丘陵的最高峰泰山海拔 1532.7 m，小兴安岭的最高峰平顶山海拔 1429 m，长白山的白云峰海拔 2691 m，南岭的最高峰猫儿山海拔 2141 m，武夷山主峰黄岗山海拔 2160.8 m。

　　第四阶梯为海岸线以东的海域和其中的岛屿，海域中有渤海、黄海、东海和南海，大的岛屿有台湾岛和海南岛，小的岛屿有舟山群岛、澎湖列岛和南海诸岛等。根据《中国大百科全书》（第三版网络版）"中国海疆"条目，渤海是一个近封闭的内海，平均水深只有 18 m，最大水深 78 m。黄海是一个半封闭的边缘海，平均水深 44 m，中部水深可达 80 m。东海是一个较开阔的边缘海，东邻琉球群岛，平均水深 370 m，最大水深 2719 m。南海是一个中央深四周浅的海盆，中央部分大致呈菱形，东北－西南方向长 1674 km，西北－东南方向最宽处为 782 km，水深 3000 ~ 4000 m，最深处 5559 m；四周部分水深为 200 ~ 3600 m。

　　我们可以用白、黄、绿、蓝等不同颜色作为上述四级阶梯的标志色。第一阶梯是"世界屋脊"，冰雪覆盖，可以用白色为标志色，第二阶梯是高原，以"黄土高坡"著称,可以用黄色为标志色,第三阶梯是广袤的平原,以绿色为标志色,第四阶梯是海域,自然以蓝色为标志色。

9.1.2 大地构造格架

克拉通和造山带是最基本的大地构造单元。克拉通和造山带这两个概念是在地槽–地台构造学说形成过程中诞生的,在板块构造学说发展过程中被赋予了全新的内涵。在现代地质学中,克拉通是稳定的大陆地块,以"古老、巨厚、稳定"为特点。"古老"是指它的结晶基底形成于早前寒武纪,"巨厚"是指它的岩石圈厚度在 200 km 左右,"稳定"是指它自形成后,在数亿年间内部没有发生过构造活动,甚至极少有岩浆活动。在现代地质学中,造山带是在汇聚型板块边界形成的狭窄线形构造带,经受过强烈的褶皱、断裂变形,发生过岩浆作用和变质作用。A. 辛格(Ali Mehmet Celal Sengör)和 B. 那塔林(Boris A. Natal'in)曾著文论述亚洲的板块构造格局,指出亚洲是由一系列大大小小的克拉通陆块和几条巨型造山系组合成的(图 9-2)。"造山系"一词是德国地质学家 W. 施蒂勒最早提出的,指围绕一个大陆块形成的多条造山带的集合体。这基本上是一个描述性术语,被纳入了板块构造学。在我们中国境内,可以见到三块较大的克拉通和三条造山系(图 9-3)。

1. 三块克拉通

世界上的大多数克拉通都是太古宙时形成的,也有一些是元古宙时形成的。我国有三块克拉通,分别是华北克拉通、扬子克拉通和塔里木克拉通,形成于不同的时代。

1)华北克拉通

华北克拉通在新太古代时已经基本成型,是由几个年龄为 25 亿~30 亿年的微陆块在大约 25 亿年前拼合起来形成的。华北克拉通基底在形成之初并不太稳定,经历了 23 亿年前至 19 亿年前的基底拉张活动和边缘碰撞活动,在古元古代才最终稳定下来。古元古代晚期,华北克拉通经历了裂谷事件,在北缘发育了燕辽裂陷槽,裂谷火山岩的年龄为 1680~1620 Ma,在南缘发育了豫陕裂陷槽,裂谷火山岩的年龄为 1800~1780 Ma。在两个裂陷槽中都沉积了由下部碎屑岩和上部碳酸盐岩构成的中–新元古代巨厚地层。此外,在华北克拉通北缘还发育了平行克拉通边缘展布的新元古代边缘裂陷槽,称"狼山–渣尔泰裂谷",裂谷火山岩的年龄为 860~820 Ma。

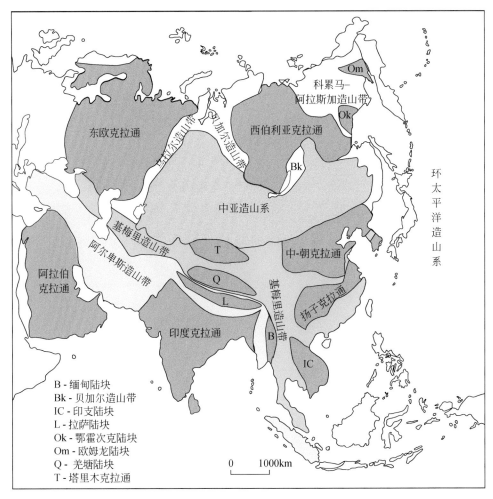

图 9-2　亚洲的主要陆块与造山系（据 Sengor and Natal' in, 1996，简化）

基梅里造山带和阿尔卑斯造山带合称特提斯造山系

　　古生代期间，华北克拉通接受了典型的克拉通盖层沉积，滨浅海沉积物像地毯一样薄薄地平铺在克拉通上。在早古生代沉积的地层和晚古生代沉积的地层之间发育了一个巨型平行不整合面，由石炭系直接覆盖在中奥陶统上。这一巨型平行不整合面是华北克拉通长期整体抬升到海平面之上造成的，但对它代表的地球动力学意义还缺乏详细的研究。在山东和辽宁都发现了年龄为 465 Ma 的金伯利岩，这或许表明华北克拉通那时刚好漂移到某个地幔热隆起上。

　　自中生代开始，华北克拉通发生了大规模的岩石圈减薄，岩石圈地幔物质组成与物理化学性质也发生了根本转变。这一构造事件被称为"华北克拉通破

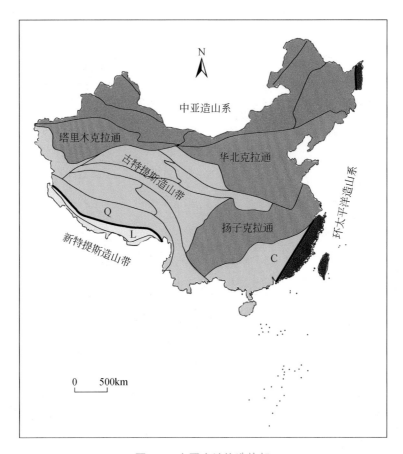

图 9-3　中国大地构造格架

特提斯造山系由古特提斯造山带和新特提斯造山带构成，英文字母标记了其中一些散布地块的大致位置：
C- 华夏地块，L- 拉萨地块，Q- 羌塘地块

坏"，其主要表现为：①华北克拉通东部的岩石圈厚度发生了大规模减薄，太行山以东的岩石圈厚度只有 80 ~ 100 km；②华北克拉通东部的中下地壳普遍发生拉张活动，形成了变质核杂岩和伴生的沉积盆地；③华北克拉通岩石圈东部的组成和性质发生了改变，以高镁橄榄岩为特征的克拉通型地幔受到大规模熔体改造，失去了克拉通地幔属性；④岩石圈减薄期间，华北克拉通上广泛发育了岩浆活动，峰期年龄为 125 Ma；⑤形成了和岩浆活动有关的爆发式成矿作用，包括在 134 ~ 148 Ma 前形成的斑岩型钼矿床和在 120 Ma 前左右形成的大规模金矿。

2）扬子克拉通

对扬子克拉通基底的形成年代存在着不同的认识。一种观点认为，扬子克

拉通基底形成于古元古代，证据来自岩浆岩年龄，指出侵入扬子克拉通基底中的岩浆岩年龄为 20 亿 ~ 17 亿年，记录了扬子克拉通基底形成过程中最后一次构造热事件。另一种观点认为，扬子克拉通基底形成于新元古代，证据来自地层不整合面，指出扬子克拉通是 8 亿年前从罗迪尼亚古大陆上裂解出来的，裂解后发育的第一个沉积盖层是新元古代地层南华系，不整合覆盖在年龄为 820 ~ 800 Ma 的岩浆侵入体上，而这些侵入岩是在罗迪尼亚古陆裂解过程中形成的。

扬子克拉通的沉积盖层从新元古代沉积的南华系向上直至早古生代沉积的志留系是连续沉积的。晚古生代沉积的泥盆系不整合超覆在扬子克拉通上，也超覆在"华夏古陆"上。扬子克拉通和"华夏古陆"的联合形成了今天的华南陆块。"华夏古陆"是由 A. 葛利普（Amadeus William Grabau）于 1924 年提出的，但对它的范围和发育历史一直有不同的认识，对它和扬子克拉通联合形成华南陆块的时代也存在很大的争议，对泥盆系之下超覆不整合面形成的大地构造背景同样缺乏详细的研究。对所有这些问题的答案仍在探寻之中。

3）塔里木克拉通

塔里木克拉通大部分被沙漠覆盖着，是我国三块克拉通中研究最薄弱的地区。塔里木克拉通曾被认为是和华北克拉通连为一体的，加上朝鲜半岛，合称"中朝地台"。后来经过古地磁学研究才知道，塔里木克拉通和扬子克拉通在古生代时期很靠近，都是冈瓦纳古陆的一部分，自泥盆纪之后才逐渐远离。塔里木克拉通的基底分散出露于塔里木盆地的西南部、北部和东北部，主要是一些变质年龄在 25 亿年左右的灰色片麻岩，其中的侵入体已经变质成花岗片麻岩，变质年龄为 18 亿 ~ 20 亿年，是古元古代构造 - 热事件的记录。

在塔里木克拉通西北缘出露了阿克苏蓝片岩，变质年龄为 760 ~ 862 Ma，其中的碎屑锆石年龄为 830 ~ 780 Ma，被解释为在 830 Ma 前左右沉积，然后在 780 Ma 前左右变质，是古大洋板块俯冲的记录。阿克苏蓝片岩被一套没有经受变质作用的基性岩墙侵入，这套没变质的基性岩墙在塔里木克拉通的南缘和北缘都已被发现，有两组同位素年龄，一组为 820 Ma 左右，另一组为 780 ~ 760 Ma，被解释为陆内裂谷事件的记录。这些俯冲和裂谷事件的记录似乎表明，塔里木克拉通的刚性基底在新元古代早期就已经形成。

阿克苏蓝片岩被没有经受变质作用的震旦系不整合覆盖，震旦系的底砾岩中有蓝片岩和没变质的辉绿岩墙的砾石。没有变质的震旦系在塔里木克拉通北缘大量出露，其中发育了代表冰期沉积的冰碛岩。对这些冰碛岩的年代学研究表明，它们是在 740 ~ 732 Ma、732 ~ 615 Ma、615 ~ 542 Ma 期间沉积的，和新元古代的全球冰期年代相当，是"雪球地球"事件的记录。这些冰碛岩普遍不整合覆盖在中元古代变质岩系上，并被寒武系平行不整合覆盖。这些地层接触关系和地层发育特征明确无疑地表明，塔里木克拉通没变质的沉积盖层形成于新元古代。

除了上述这几块较大的克拉通陆块，我国西南地区还有一些小型的陆块，如羌塘地块、拉萨地块、保山地块等，散布在特提斯造山系中。

2. 三条造山系

我国出露的大型造山系有三条，分别是中亚造山系、特提斯造山系和环太平洋造山系。它们都属于复合型造山带，每一条造山系中都包括了在长期构造活动中形成的多条造山带。

1) 中亚造山系

奥地利地质学家 E. 修斯曾经在 1901 年把分布在安加拉陆核西部和南部的造山带命名为"阿尔泰造山系（Altaids）"，指出这条造山系的形成年代是晚元古代至早中生代。1993 年，土耳其地质学家 A. 辛格用板块构造理论对这条造山系的形成提出了新认识，认为它们是一条简单的前缘岩浆岩弧和俯冲加积楔，后来被挤压扭曲形成山弯构造。他不仅解释了变形样式，而且指出，亚洲大陆在古生代期间有相当规模的生长。1997 年，法国华裔地质学家江博明领导的一项国际地质对比计划（IGCP-420）把"阿尔泰造山系"称为"中亚造山带（Central Asian Orogenic Belt，CAOB）"。他们和其他科学家的研究表明，中亚造山带从 10 亿年前开始形成，在古生代期间形成了大量新生地壳，发生了岩浆弧新生地壳的侧向加积和地幔物质底侵造成的垂向加积。在石炭纪至三叠纪早期，西伯利亚克拉通、塔里木克拉通以及华北克拉通间的 "古亚洲洋"自西而东逐步关闭。

中亚造山系出露在我国塔里木克拉通以北的西北地区，华北克拉通以北的内蒙古地区及东北地区。准噶尔盆地周围发育了一系列古生代造山带，可以识别出众多的古岛弧和古蛇绿岩。我国境内古亚洲洋的闭合是在石炭纪末期，但俯冲过程、岩浆活动和挤压、走滑构造活动一直持续到二叠纪末，最终在塔里木克拉通北缘形成了南天山缝合带。这一缝合带向东延伸，经北山和华北克拉通北缘的索伦河缝合带相连。在索伦河缝合带北面，还出露了三条缝合带，其中两条北东走向的缝合带分别是形成于 500 Ma 前的新林 – 喜桂图缝合带和形成于 320 Ma 前的贺根山缝合带，另一条呈南北走向，是形成于早古生代的牡丹江 – 依兰缝合带。我国境内的中亚造山系中发育的众多岛弧和缝合带表明，古亚洲洋具有多岛洋性质，其中散布着众多的小陆块和岛弧。

中亚造山系中的造山带是不同于碰撞造山带的新型造山带，被称为"增生型造山带"。这一造山带有三个明显的特点，一是造山过程持续时间很长，从前寒武纪开始，到早三叠世才结束，二是在古生代时有大量的新生地壳，三是构造活动以发育大尺度旋转和走滑构造为特征，形成了很有特色的马蹄形"山弯构造"。

2）特提斯造山系

特提斯造山系是一条由于特提斯洋闭合而形成的巨型造山带系统。奥地利地质学家 E. 修斯早在 1862 年就注意到这个古大洋的沉积物中有丰富的化石群。修斯的女婿 M. 纽梅尔（Melchior Neumayr）在 1883 年至 1887 年接连发表三篇论文，指出在侏罗纪至早白垩世时曾存在一个狭长的海域，从中美洲经欧洲、穿过伊朗至印度。纽梅尔把这个海域命名为"中央地中海"（图 9-4）。1888 年，修斯在他出版的《地球的面貌》一书中肯定了纽梅尔的看法，并在 1893 年的一篇论文中进一步指出，沉积在这个横贯欧亚大陆海洋里的沉积物已经被挤压褶皱了，现在就出露在喜马拉雅山脉和阿尔卑斯山脉。修斯还给这个大洋起了个优雅的名字，"我们把这个海洋命名为'Tethys'，她是 Oceanus 的妻子。最后残留的'Tethys'就是现在的地中海。"Oceanus（欧申纳斯）是希腊神话中海洋之神，他的妻子"Tethys（特提斯）"是海洋女神。

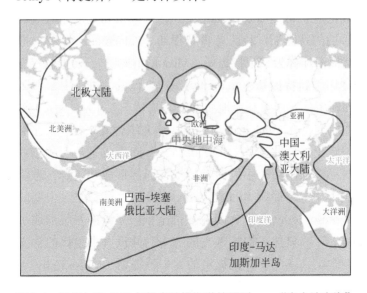

图 9-4 纽梅尔在 1887 年提出特提斯洋的原型——"中央地中海"

　　加拿大地质学家 J. 威尔逊在 1963 年提出，特提斯洋是劳亚大陆和冈瓦纳大陆之间的狭长海域，这一认识已经得到广泛的认可。

　　1974 年，J. 斯特克林（J. Stocklin）基于对伊朗的研究，首次提出古特提斯（Palaeo-Tethys）和新特提斯（Neo-Tethys）的概念。1979 年，土耳其地质学家 A. 辛格提出，"古特提斯洋"是劳亚大陆和冈瓦纳大陆之间在二叠纪至三叠纪期间存在的大洋，在冈瓦纳大陆北缘有一个狭长的"基梅里大陆（Cimmerian continent）"，这个大陆在三叠纪至中侏罗世期间向北漂移，造成了古特提斯洋的逐步闭合，形成了"基梅里造山带（Cimmerides）"；在基梅里大陆向北漂移的同时，它的南侧打开了"新特提斯洋"，来自冈瓦纳大陆的印度陆块与欧亚大陆的碰撞最终导致新特提斯洋的闭合，形成了"阿尔卑斯造山带（Alpides）"。辛格还在 1984 年提出，基梅里造山带在中国境内从塔里木陆块南侧通过，分为三支，分别进入华北克拉通西缘的贺兰山，华北克拉通与扬子克拉通间的秦岭缝合带，以及中国西南的三江缝合带。他的这一看法和我国的地质学家黄汲清等在 1977 年发表的《中国大地构造基本轮廓》一文的观点基本上是一致的。黄汲清等在该论文中指出："特提斯 – 喜马拉雅构造域以雅鲁藏布江深断裂为界分为南北两部分：南部，喜马拉雅为新生代构造带；北部，包括滇藏地槽褶皱系及松播甘孜、秦岭褶皱系，为中生代构造带（印支、燕山）。"

　　黄汲清等在 1987 年出版的《中国及邻区特提斯海的演化》中，按照板块构造理论系统地论述了特提斯及其演化，并建议采用和地层相对应的名称，把二叠纪及更老时期的特提斯洋称为"古特提斯（Palaeotethys）"，把早三叠世至白垩纪末的特提斯洋称为"中特提斯（Mesotethys）"，而把第三纪的特提斯洋及其陆缘海称作"新特提斯（Neotethys）"。他的"古、中、新"指的是古生代、中生代和新生代。澳大利亚地质学家 I. 梅特卡夫（Metcalfe）基于对东亚和东南亚的地质研究，在 1994 年提出，冈瓦纳北缘曾发生过三次张裂，使三片小陆块（群）裂解出去向北漂移，最终拼贴在一起形成了今天的东亚。他认为，这些张裂和拼贴造成了三个不同时期特提斯洋的形成和闭合，志留纪至早泥盆世的张裂形成了"古特提斯（Paleo-Tethys）"，二叠纪早 – 中期的张裂形成了"中特提斯（Meso-Tethys）"，晚侏罗世至早白垩世的张裂形成了"新特提斯（Ceno-Tethys）"。显然，梅特卡夫的"中"并没有中生代的含义，"新"也没有新生代的含义，实际上，他提出的"中特提斯（Meso-Tethys）"和"新特提斯（Ceno-Tethys）"的大地构造位置相当于辛格的"新特提斯洋（Neo-Tethys）"，但时代却不相同。

在地质文献中还有"原特提斯（proto-Tethys）"的概念，这一概念最早是谁提出的似已不可考，但据吴福元等（2020）的调研，早期的研究文献对原特提斯的存在时间有元古代、奥陶纪等不同看法。2011 年，一篇以 G. 格雷尔斯（G. Gehrels）为第一作者的中美合作研究论文指出，在青藏高原和喜马拉雅山脉存在着更古老海洋的记录，这些海洋沉积物中包含着年龄为 5 亿年至 14 亿年的碎屑锆石。他们提出，这个更古老的海洋在特提斯洋形成前就已经闭合了，他们把这个已经闭合的大洋称为"原特提斯洋（proto-Tethys）"。按照他们的描述，这个原特提斯洋是位于塔里木克拉通和印度克拉通之间的一个多岛洋，其中散布着拉萨地块、羌塘地块、阿尔金山地块等一系列小陆块（图 9-5），这个多岛洋在奥陶纪至志留纪时逐步闭合，形成了"原青藏造山带（proto-Tibetan orogen）"。古特提斯洋就是泥盆纪时在这个"原青藏造山带"基础上张裂形成的。他们的碎屑锆石年代学资料还表明，新特提斯洋在侏罗纪之前就已经开始张裂形成了。

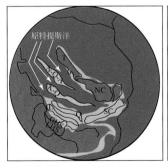 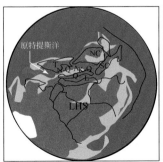 

A-新元古代（540Ma）　　　　B-志留纪（430Ma）　　　　C-石炭纪（340Ma）

图 9-5　原特提斯洋（据 Gehrels 等，2011，简化）

NC- 华北克拉通，GHS- 大喜马拉雅沉积层序，K-Q – 柴达木 – 昆仑地块，
L - 拉萨地块，LHS – 小喜马拉雅沉积层序，N-Q-A – 南山 – 祁连山 – 阿尔金山地块，
Q- 羌塘地块，SC- 华南地块，T- 塔里木克拉通

阅读这些文献可以发现，科学家们对特提斯存在的时代有不同的认识（图 9-6）。这并不难理解，特提斯造山系从西到东绵延数千米，不同的科学家只是研究了其中某一段，研究方法不同，采集的样品不同，得到的结论自然不同。

3）环太平洋造山系

环太平洋造山系分布在太平洋周围，亚洲大陆边缘的环太平洋造山系是在一系列的岛弧 – 海沟体系基础上形成的，大致平行于太平洋西部边界分布，形成于中生代至新生代。辛格和那塔林在 1996 年发表的论文认为，该造山带以日

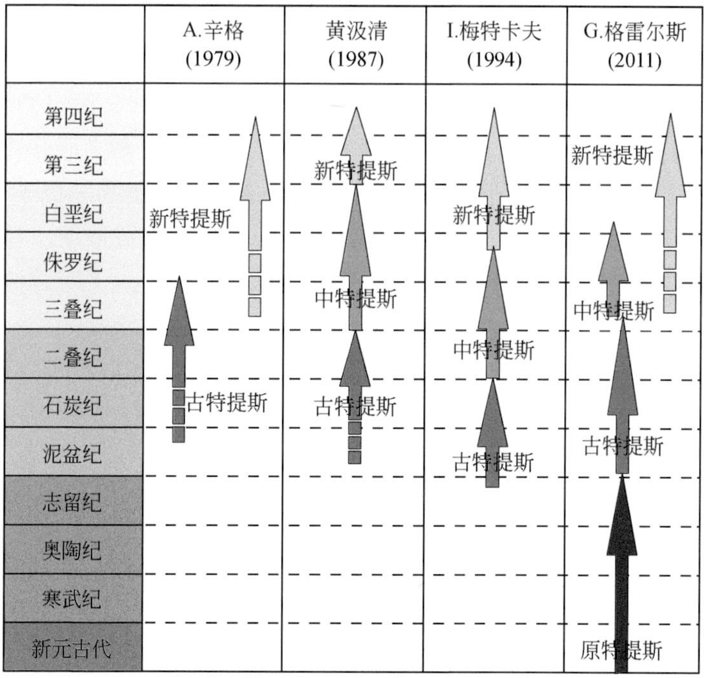

	A.辛格 (1979)	黄汲清 (1987)	I.梅特卡夫 (1994)	G.格雷尔斯 (2011)
第四纪				
第三纪		新特提斯		新特提斯
白垩纪	新特提斯		新特提斯	
侏罗纪				
三叠纪		中特提斯		中特提斯
二叠纪			中特提斯	
石炭纪	古特提斯	古特提斯		
泥盆纪			古特提斯	古特提斯
志留纪				
奥陶纪				
寒武纪				
新元古代				原特提斯

图 9-6 对"特提斯"时代的不同理解

本段最为典型，并借用日本地质学家小林祯一 1941 年创建的名称"日本构造域（Nipponia）"，把亚洲边缘的环太平洋造山带称为"日本造山带（Nipponides）"。这一造山带有两个突出的特点，一是构造单元向太平洋方向变年轻，二是广泛发育了中生代-新生代的左行走滑断裂。他们在恢复亚洲侏罗纪古构造时，把日本南部拉到中国的福建附近，而那时蒙古-鄂霍次克大洋正在闭合。

环太平洋造山系在我国境内主要出露在东北的那丹哈达岭和东南沿海地区，记录了太平洋板块在中生代和新生代向欧亚板块下的俯冲，其中台湾岛记录了 25 Ma 以来欧亚板块向菲律宾海板块俯冲的历史。

9.2　中-新生代陆块聚合

中-新生代是亚洲大陆的聚合时期，也是我国大陆的聚合时期。在这一时期，华北克拉通和塔里木克拉通北面的古亚洲洋已经闭合，但陆块间的构造挤压仍然在继续，华北克拉通和塔里木克拉通南面的特提斯洋不断闭合，华北克拉通和扬子克拉通东面的太平洋板块向西俯冲消减，形成了亚洲大陆东缘的活动大陆边缘。中国地质学家黄汲清曾在 1977 年把我国的大地构造格局划分为三个构造域：古亚洲构造域、特提斯构造域和滨太平洋构造域。这三个构造域实际上就是古亚洲洋、特提斯洋和环太平洋构造活动影响的范围，记录了显生宙以来我国大地构造的演化历史。

9.2.1　特提斯洋的闭合

1. 古特提斯洋的闭合

劳亚大陆和冈瓦纳大陆在古生代末期联合形成了盘古大陆，在盘古大陆东侧有一个向东开口的三角形海湾状大洋，这就是古特提斯洋，其中漂浮着一系列大大小小的陆块。我国的华北克拉通、塔里木克拉通以及东北亚的一些陆块分布在劳亚大陆外的海域，而扬子克拉通、华夏古陆及印支地块等分布在冈瓦纳大陆外的海域。冈瓦纳大陆的北部陆缘的小陆块陆续从冈瓦纳大陆本体裂解出来，被称为基梅里大陆，其中包括羌塘地块、缅甸地块等。在最终碰撞前，这些大大小小的陆块彼此间仍远隔上千千米。

从二叠纪开始，古特提斯洋就开始向塔里木克拉通下俯冲消减，形成了众多的火山岛弧，这些岛弧最终和塔里木克拉通碰撞，形成了昆仑山造山带。基梅里大陆在三叠纪期间的向北漂移，其中的羌塘地块和昆仑山造山带发生碰撞，使那里的古特提斯洋闭合，形成了羌塘地块北侧的金沙江缝合带。

与此同时，扬子克拉通和华北克拉通发生了碰撞，形成了秦岭 – 大别山造山带，在碰撞前后陆陆续续地发生了高压 – 超高压变质作用，形成了蓝片岩、白片岩、榴辉岩等变质岩，其中残留的柯石英表明，这些洋壳和陆壳物质已经被俯冲到 90 km 或更深的地幔中。这一高压 – 超高压变质岩带向东延伸到朝鲜半岛，向西终止在松潘 – 甘孜地区，在那里形成了残余洋盆，堆积了巨厚的中 – 上三叠统浊积岩。对碎屑锆石的物源追踪表明，这些碎屑物主要来自东侧的秦岭 – 大别山造山带。

古特提斯洋向扬子克拉通西缘的俯冲先后形成了一系列火山岛弧，这些岛弧以及印支地块和缅甸地块等陆块最终和扬子克拉通发生碰撞，形成了哀牢山 – 松马缝合带和昌宁 – 孟连缝合带。其中，印支地块和扬子克拉通的碰撞形成了前陆盆地，称南盘江盆地，堆积了巨厚的中三叠统浊积岩，其中的碎屑锆石年龄主要分布在 330 ~ 250 Ma，结合古水流流向证据，表明这些浊积岩的物源来自哀牢山 – 松马缝合带。

2. 新特提斯洋的闭合

基梅里大陆从冈瓦纳大陆北缘裂解出来，在三叠纪至中侏罗世期间向北漂移，拼贴到劳亚大陆南缘，造成了古特提斯洋的逐步闭合。经拼贴扩大的劳亚大陆在新生代被称为"欧亚大陆"，其南侧是三叠纪至侏罗纪期间打开的新特提斯洋，其中也分布着一些小陆块，但规模和数量远不如古特提斯洋。这些小陆块向北漂移，逐渐拼贴到欧亚大陆南缘。随着冈瓦纳大陆的进一步裂解，非洲板块、阿拉伯板块、印度板块和澳大利亚板块以不同速度向北漂移，最终和欧亚大陆发生碰撞，导致新特提斯洋的消失，形成规模巨大的阿尔卑斯 – 喜马拉雅造山带。

我国境内的拉萨陆块就是新特提斯洋中的一个小陆块，它在白垩纪和羌塘陆块的碰撞形成了班公湖 – 怒江缝合带，而印度板块在古近纪和拉萨陆块的碰撞形成了雅鲁藏布江缝合带。

9.2.2　太平洋板块的俯冲

在地质文献中，包围着古生代冈瓦纳大陆和中生代盘古大陆外围的大洋盆地称为"泛大洋（Panthalassa）"。L. 布施曼（Lydian M. Boschman）和 D. 金斯卑尔根（Douwe J. J. van Hinsbergen）2016 年的研究表明，在大约 1.9 亿年前，盘古大陆外围的泛大洋中出现了一个转换断层 – 海沟（F-F-T）三联点，把泛大洋分解成三个大洋板块，分别是伊泽奈崎板块（IZA）、法拉隆板块（FAR）和菲尼克斯板块（PHO），统称"古太平洋"。约在 1.9 亿年时，古洋壳俯冲停止，转换断层（F-F-F）三联点开始扩张，从中生长出新洋壳。此后，三联点继续扩张，新生洋壳长大成太平洋板块（图 9-7）。

1. 古太平洋的俯冲

自侏罗纪开始，古太平洋中的伊泽奈崎板块向西北方向俯冲到欧亚板块东部边缘，形成了安第斯型活动陆缘，我国东部从东北到华南都发育了高地，形成了满蒙山系、华北高原、淮北高原、江汉高原和东南山地，是当时的"中国屋脊"，处于隆升和剥蚀状态，直到早白垩世才发生断裂下陷，使地势降低。古太平洋俯冲产生的构造线为北东 – 北北东方向，切割了古亚洲洋闭合及古特提斯洋闭合在

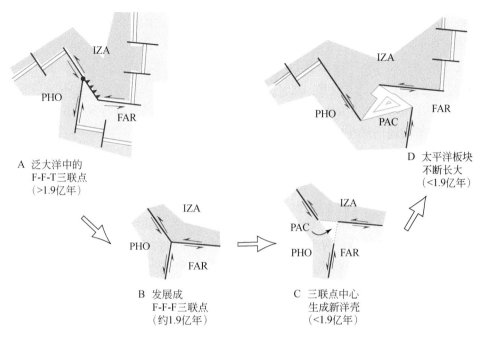

A　泛大洋中的
F-F-T三联点
（>1.9亿年）

B　发展成
F-F-F三联点
（约1.9亿年）

C　三联点中心
生成新洋壳
（<1.9亿年）

D　太平洋板块
不断长大
（<1.9亿年）

图 9-7　太平洋板块从泛大洋（古太平洋）的三联点中诞生

FAR- 法拉隆板块，IZA- 伊泽奈崎板块，PAC- 太平洋板块，PHO- 菲尼克斯板块

欧亚大陆东缘留下的东西向构造线。

在我国东北地区，古亚洲洋在三叠纪中期已经闭合。侏罗纪早期，在小兴安岭 – 张广才岭发育了形成于伸展构造环境的双峰式火山岩，在吉林省和黑龙江省东部和朝鲜半岛发育了岛弧型火山岩，这些火山岩都呈带状沿北东向展布，平行于东北亚陆缘。在那丹哈达岭东部发育了年龄老于 165 Ma 的饶河蛇绿岩，被年龄为 131 Ma 的花岗岩侵入。此时在我国东北发育了松辽盆地和海拉尔盆地等盆地群，从早侏罗世开始接受沉积，以白垩系沉积为主体。这些资料表明，古太平洋板块向欧亚大陆下的俯冲作用自侏罗纪早期就已经开始。

在我国的华北地区，受古太平洋板块俯冲的影响，华北克拉通发生了大规模的岩石圈减薄，岩石圈地幔性质发生了转变，并且伴有强烈的岩浆作用、构造活动和以金为主的巨量金属成矿作用，这一事件被称为"克拉通破坏"或"去克拉通化"。华北克拉通自 19 亿年前形成以后，一直是构造稳定的地质单元，但中生代以后失去了稳定性，在早白垩世进入破坏峰期。造成华北克拉通破坏的主要原因是古太平洋板块的俯冲，古太平洋板块在侏罗纪时以平俯冲的方式插到华北克拉通之下，俯冲带的回撤造成了华北克拉通岩石圈的减薄，并留出空间导致地幔上涌，引发了大规模岩浆活动，改造了华北克拉通地幔的化学性质。作为克拉通破坏的深部动力学过程在岩石圈浅部的构造响应，华北东部和辽宁半岛发育了变质核杂岩和一系列拉张型沉积盆地，其中的渤海湾盆地是从晚侏罗世开始断陷的，一直延续到早白垩世。此时郯庐断裂的构造活动表现为左行走滑。当然，对古太平洋板块俯冲带的位置、俯冲方式、古太平洋板块怎样导致克拉通破坏等一系列细节问题仍然在探讨中。

在我国的华南地区，古太平洋板块的俯冲导致福建、浙江、江西等地零星发育中晚侏罗世中酸性火山岩，并在白垩纪时发生了大规模的岩浆活动，在长江中下游和沿海地区，广泛发育了年龄为 145～85 Ma 的中基性火山岩，具有明显的弧岩浆岩地球化学特征。这一时期的火山岩带呈北东走向，受控于北东走向的政和-大埔断裂、长乐-南澳断裂等大型断裂带。同时，华南还发育了苏北盆地、江汉盆地等一系列拉张断陷盆地群，和东北盆地群、华北盆地群连成一体，构成了西部沉降带。

2. 太平洋的俯冲

太平洋板块在诞生后，地幔柱上涌和相邻板块间的相互作用造成了白垩纪末至古新纪初的板块重组，形成了相嵌结构。其间，来自特提斯洋、太平洋的小洋块及新生的洋壳在西南太平洋构成了菲律宾板块。新生代初期，在约 60 Ma 前，古太平洋伊泽奈崎板块和太平洋板块间的洋中脊俯冲到欧亚大陆东部边缘之下，太平洋板块开始俯冲，使安第斯型大陆边缘转变为西太平洋型活动大陆边缘。包括古台湾地块在内的菲律宾海板块从东亚大陆边缘裂解出去，成为大陆边缘的岛链。在约 50 Ma 前，太平洋板块的运动方向发生了重要变化，向欧亚大陆下的俯冲方向从北北西向转变为北西西向。这一逆时针转动对欧亚大陆东缘的构造应力场产生了明显影响，使之前郯庐断裂等北东走向断裂的左行走滑转变为右行走滑，并发生张裂，形成了一系列沉积盆地，主要有东海大陆架盆地和南海北部大陆坡盆地群，包括莺歌海盆地、珠江口盆地等。这些盆地的沉降和充填一直持续到新近纪，我国东部的中生代"中国屋脊"转变为新生代的东部沉降带。

东南亚地区是太平洋和特提斯洋的衔接地带，构造活动形式比较复杂。受南北向拉张应力场控制，我国南海在 34 Ma 前出现近东西向的洋中脊，南北向的张裂活动产生了新生洋壳。受印度-欧亚板块碰撞的影响，这一南北向扩张在 25 Ma 前转为北西-南东向。其后，受澳大利亚-欧亚板块斜向碰撞的影响，南海的扩张在 16 Ma 前中断，并向东俯冲到菲律宾海板块下，形成了马尼拉海沟。

在大约 12 Ma 前，古台湾地块和东亚大陆边缘发生碰撞，形成垦丁混杂岩，与此同时，菲律宾海板块内的俯冲带拱起了海岸山脉岛弧。在大约 7 Ma 前，古台湾地块的西侧和东亚大陆边缘重新拼合在一起，而其东侧的洋壳继续向海岸山脉岛弧下俯冲。在大约 3 Ma 前，海岸山脉岛弧和古台湾地块发生碰撞，形成利吉碰撞混杂岩，并最终形成台湾造山带。

9.3　古生代多岛洋的闭合

9.3.1　什么是"多岛洋"

1. 边缘海和"多岛洋"

边缘海是地理学术语，和英文 marginal sea 同义，又称陆缘海，指位于大陆和大洋边缘的海域，一侧以大陆为界，另一侧以半岛或岛弧与大洋分隔，但和大洋水流交换通畅。

关于边缘海的沉降机制，在板块构造理论诞生之前曾有不同的认识，有人认为是大陆地壳底部侵蚀减薄的结果，有人认为是地壳受到侧向挤压弯曲的结果，还有人认为是大陆地壳"海洋化"的结果，而魏格纳在 1929 年时提出，边缘海是大陆漂移在尾部留下的拉张区。板块构造理论确立后，D. 凯里格（D. E. Karig）于 1971 年把边缘海重新定义为火山岛弧链背后的一系列半封闭海盆，而火山岛弧链前缘是深海沟。凯里格以西太平洋边缘海为例，指出它们是大洋板块向大陆板块下俯冲造成的，并指出边缘海中有活动的和不活动的两类盆地。活动盆地的特征是前缘岛弧发生拉张，使陆壳变薄，进而生成洋壳，会形成弧间盆地或弧后盆地。当拉张停止后，这些弧间盆地就成为不活动的，岛弧会沉没成为残余弧。凯里格还特意指出，对现代的边缘海的研究可能有助于识别大陆造山带中的"化石"边缘海。凯里格的论文发表 20 年后，瑞士华裔地质学家许靖华在 1991 年发表论文指出，瑞士阿尔卑斯造山带的演化先后经历了环太平洋阶段和特提斯阶段。1994 年，他把凯里格定义的边缘海称为"多岛洋（archipelago）"，并以今天东南亚边缘海为原型，提出了造山带演化的"多岛洋模式"。

英文 archipelago 的地理学词义为"群岛"或"多岛的海区"。许靖华给这个词赋予了地质学内容，译为"多岛洋"。他指出，欧亚大陆的东南边缘并不在那里的大陆海岸线，而是在印度洋俯冲造成的班达 – 巽他岛弧南缘和西太平洋俯冲的马里亚纳海沟东缘。海沟标志着洋壳向大陆俯冲的位置，而岛弧是大洋岩石圈向大陆岩石圈下俯冲形成的，发育了岛弧岩浆岩，相对主大陆的位置被称为"岩浆前锋"或"前缘弧"。在前缘弧和大陆海岸线之间的海域就是"多岛洋"，是分布着众多岛弧和弧后盆地的边缘海（图9-8）。在今天的东南亚多岛洋中，有些弧后盆地仍在发生海底扩张，如马里亚纳海盆，有些已经停止扩张；如西菲律宾海盆，还有些正在遭受挤压作用；如苏拉威西海盆、苏禄海盆和南海海盆，另一些则已经完全塌陷闭合。位于这些盆地之间的是残余的岛弧，如苏拉威西海盆和苏禄海盆之间的苏禄海脊。这些残余弧的沉降使弧顶接受了碳酸盐岩沉积，沉积层序与稳定的被动陆缘沉积没有什么区别。他提出，多岛洋的弧后坍塌（back-arc collapse）和岛弧间碰撞会形成造山带，而很多大陆造山带都是多岛洋发生造山作用的产物。

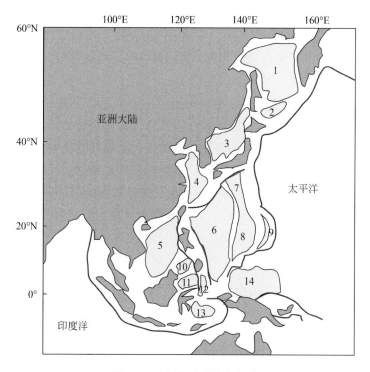

图 9-8　亚洲大陆外的多岛洋

红色线指示洋壳俯冲带，数字代表的边缘海海盆为：

1- 鄂霍次克海，2- 千岛海盆，3- 日本海，4- 中国东海和黄海，5- 南中国海，6- 西菲律宾海，7- 四国海盆，8- 帕里西－维拉海盆，9- 马里亚纳海沟，10- 苏禄海盆，11- 苏拉威西海盆，12- 马鲁古海，13- 班达海，14- 加罗林海

2. 多岛洋的构造演化阶段

在多岛洋形成的初始阶段，大洋地壳俯冲到大陆边缘会导致地幔对流，一方面引发岩浆活动，另一方面会从大陆边缘裂解下一个大陆地壳条带，形成岛弧。但这时岛弧并没有从主大陆分离，弧后盆地依然以大陆地壳为基底，只是陆壳的厚度被拉张减薄了。我国的东海就是一个在新近纪受太平洋俯冲形成的弧后盆地，太平洋的俯冲形成了琉球海沟和它西侧的琉球岛弧。在琉球岛弧和浙闽沿岸之间形成了弧后盆地，盆地内部分成东西两部分，西部是东海陆架盆地，东部是冲绳海槽盆地，东西两部分都以陆壳为基底，陆壳厚度自西向东减薄，西部东海陆架盆地的陆壳厚度为 27 km 左右，而东部冲绳海槽盆地减薄到 15 km 左右。

弧后盆地的进一步拉张会产生洋壳，并且逐步拉开形成小型洋盆。这时，活动大陆边缘进入了多岛洋演化的成熟阶段。在马里亚纳海沟东侧，太平洋板块俯冲到欧亚板块之下，形成了三个弧后盆地，从西向东为西菲律宾盆地、帕里西 – 维拉盆地和马里亚纳海沟。它们都是以洋壳为底的小型洋盆，被帕劳 – 九州脊和马里亚纳脊这两个海底高地分隔开。实际上，帕劳 – 九州脊和马里亚纳脊曾是一条以大陆地壳为基底的岛弧，洋壳的俯冲使它们裂解，并形成了弧后盆地。古近纪的弧后海底扩张作用先后形成了以洋壳为基底的西菲律宾盆地和帕里西 – 维拉盆地，新近纪的太平洋俯冲形成了马里亚纳前缘弧和海沟，而曾经的帕劳 – 九州脊和马里亚纳脊退化成为残余弧，沉没在海平面之下。需要指出的是，拉开的小洋盆的发展规模有大有小，存在的时间有长有短，例如，从冈瓦纳大陆北缘裂解出来基梅里陆块群形成的新特提斯洋就具有相当大的规模，从张裂形成到碰撞闭合经历了两亿多年。

多岛洋演化的第三个阶段以弧后盆地坍塌和岛弧间及岛弧 – 大陆间发生碰撞为特征，标志着多岛洋的整体消亡。古特提斯洋的闭合过程就是多岛洋整体消亡的过程。这一过程是长期的，并且很难指出第三阶段和第二阶段的分界时间点。对一个弧后盆地而言，可以很好地界定海底扩张、洋壳形成及最终闭合这三个阶段，但对多岛洋而言，老的岛弧会分裂出新生的弧后盆地，同时随着老弧后盆地的闭合，不再活动的岛弧会沉没到水下，成为残余弧。在一个多岛洋中往往分布着很多弧后盆地，因此，只能界定多岛洋的最初形成时间和最终闭合时间，很难去界定其中间演化阶段的时间点。

9.3.2　华南古生代多岛洋

扬子克拉通的周围分布着众多的造山带，北面是秦岭 – 大别山造山带，西北面是松潘－甘孜造山带，西面是三江造山带，东南面是华南造山带。秦岭－大别山造山带、松潘－甘孜造山带和三江造山带都是特提斯洋在中生代闭合时形成的，但对于华南造山带的构造性质和演化历史一直是争论的焦点。争论的起源来自两个古老的地质单位："华夏古陆"和"板溪群"。

"华夏古陆"的概念是美国地质学家 A. 葛利普 1924 年创立的。葛利普于1920 年来到中国，一直在北京大学任地质学教授。他提出，"华夏古陆"是一个前寒武纪存在的古陆块，在"古老结晶岩系"上覆盖着震旦系及更年轻的古生代地层，他的"华夏古陆"范围很大，包括朝鲜半岛、山东、下扬子和我国东南诸省，甚至包括日本和印度尼西亚等地（图 9-9）。1945 年，黄汲清把能见到古老变质岩的山东和朝鲜半岛的"华夏古陆"划归"中朝地台"，而把我国南方诸地的"华夏古陆"修正为"加里东褶皱带"。黄汲清的主要依据是，在那里的泥盆系沉积岩之下有一个区域性角度不整合面，不整合面之下的"古老结晶岩系"是前泥盆系变质岩系，因为其中含有志留纪的笔石化石。在其后的多年研究中，越来越多的化石和同位素年代学资料支持扬子克拉通南面是华南造山带的认识。在武夷山地区，发现了年龄为古元古代的变质岩，我国的南海诸岛发现了年龄为新元古代的变质岩。这些资料表明，在华南造山带中的确散布着一些古老的陆块，被称为"华夏地块""武夷地块""闽台地块""云开地块""海南地块"等，华南造山带的前身被解释为"华南洋""华南多岛洋"等，而华南造山带的形成时间也有晚元古代、古生代、中生代等不同的认识。

"板溪群"的前身是 1936 年王晓青等在湖南益阳板溪村命名的"板溪系"，这是一套浅变质岩，其中包括碎屑岩、泥质岩、凝灰岩、碳酸盐岩、碳质板岩及基性火山熔岩等，地层的时代被定为寒武纪。后来，"板溪群"的时代又经过多次厘定，有震旦纪、前震旦纪等不同认识。1959 年，第一届全国地层会议把"板溪系"改称"板溪群"，用以代表中国南方震旦系南沱砂岩之下的元古界地层。于是，"板溪群"一名在湖南、江西、广西等省区广泛应用，主要指扬子克拉通东南缘出露的中上元古界浅变质岩系。1958 年，湖南省地质局发现其内部存在着角度不整合面，就把不整合面之下的地层称为"冷家溪群"，而把不整合面之上的地层仍称为"板溪群"。在出版区域地质志时，《湖南省区域地质志》（1988年）沿用了"冷家溪群"和"板溪群"两分方案，《江西省区域地质志》（1984 年）则把老"板溪群"改称"双桥山群"，并以不整合面为界划分为上亚群和下亚群，《广西壮族自治区区域地质志》（1985 年）把老"板溪群"内不整合面上下的"上板溪群"和"下板溪群"分别命名为丹洲群和四堡群。在这些"板溪群"中不乏

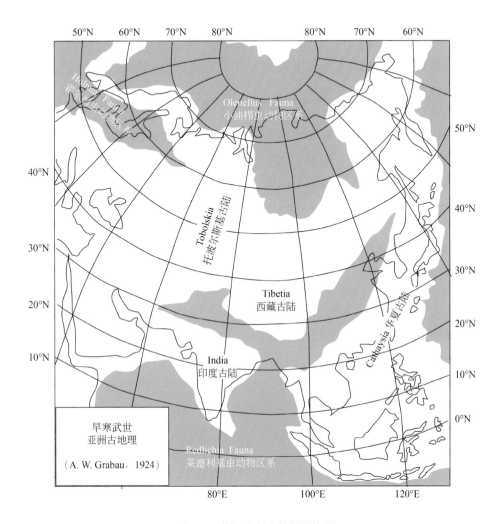

图 9-9　葛利普创立的华夏古陆

具枕状构造的玄武岩和曾被认为是"侵入体"超镁铁质岩，20 世纪 80 年代以来，它们被解释为肢解的蛇绿岩套或构造混杂岩。显然，在"板溪群"这间"仓库"里堆放了不同的货物，老"板溪群"早已经不是铁板一块，其中既有浅变质的地层，也有构造 – 岩石单位。因此，对"板溪群"的认知程度对正确认识华南造山带的演化历史至关重要。

　　在许靖华和孙枢等于 1998 年出版的《中国大地构造相图》中，用多岛洋模式解释了华南造山带的形成演化过程。他们提出，华南多岛洋位于扬子克拉通东南缘，从前寒武纪时就存在了。华南多岛洋在晚元古代时的前缘岛弧是"江南弧"，在它的弧后盆地中沉积了被称为"板溪群"的深海浊积岩。"闽粤弧"在晚元古代时从"江南弧"中裂解出来,成为新的前缘弧,弧的基底由前寒武纪变质岩组成。寒武纪至奥陶纪期间,在"闽粤弧"和"江南弧"间的弧后盆地中沉积了大量的深海浊积岩,称为"华南复理石"。华南多岛洋在志留纪末期全面闭合,形成了华南造山带,并和扬子克拉通结合在一起,形成了南方统一的"华南大陆"。在刚形成的华南大陆南面仍是深海环境,在广西南部的钦州-玉林一带,深水相泥盆系和志留系连续沉积,向北,滨浅海碎屑岩不整合超覆在褶皱变形的老地层上,超覆地层的底部具有明显的穿时性,在广西和湖南南部属下泥盆统,而在湖南中北部和江西北部等地变为中泥盆统或上泥盆统。晚古生代时,华南大陆逐渐向北漂移,远离了冈瓦纳大陆。三叠纪时,已经成为华南大陆一部分的扬子克拉通北缘和华北克拉通碰撞,形成了秦岭-大别山造山带,并在松潘-甘孜地区留下了残余洋盆,西缘和印支地块碰撞形成了南盘江前陆盆地。从侏罗纪开始,华南大陆的东缘受到古太平洋板块的俯冲,形成了大规模的岩浆活动,同时,形成了东南山地,并导致了华南大陆内部的陆内变形,在古老"江南弧"的北西侧形成褶皱-冲断带,南东侧发育了沉积盖层的叠加褶皱。

9.3.3 古亚洲洋的演化历史

中亚造山系是古亚洲洋的闭合造成的。古亚洲洋是指西伯利亚克拉通与塔里木克拉通-华北克拉通之间的古大洋,在我国主要沿准噶尔、天山、北山、内蒙古到东北地区长春-延吉一带展布。中亚造山系是世界上规模最大的加积楔造山带,又是古生代陆壳显著增生的地域,因而引起全球地质学家的关注,成为国际地球科学的研究前沿,涌现出丰富的研究成果,提出了众多的成因模型,歧见和争论自然难免。同样是以板块构造理论为指导,对古亚洲洋的诞生时间、闭合时间、演化过程和地球动力学背景等仍有不同的观点。随着野外地质调查的深入、地球化学和同位素年代学技术的进步,中亚造山系中发现了越来越多的蛇绿岩,其中既有洋壳张裂形成的大洋中脊型蛇绿岩,也有洋壳俯冲形成的大洋岛型和岛弧型蛇绿岩,形成和就位年代从新元古代到二叠纪。结合对古生物的研究资料和对与碰撞有关的岩浆岩的研究资料,越来越多的地质学家认为:①古亚洲洋从罗迪尼亚古陆解体后就存在了,闭合时间从石炭纪开始,西早东晚,在我国东北地区最终闭合时间为晚二叠世-中三叠世;②古生代期间,在西伯利亚克拉通边缘发育了多岛洋,形成了大量新生陆壳,以俯冲-增生杂岩和岛弧岩浆岩的形式扩大了亚洲大陆,而在我国的塔里木克拉通与华北克拉通边缘发育了安第斯型活动陆缘；③古亚洲洋的闭合没有导致西伯利亚克拉通和我国塔里木克拉通与华北克拉通的直接碰撞，发生碰撞的是克拉通边缘增生杂岩楔，形成了以多条蛇绿混杂岩带、多向挤压剪切、多个山弯构造为特色的增生型造山带。

1. 古亚洲洋的裂开与闭合

一般认为，古亚洲洋起源于罗迪尼亚古陆的裂解，在裂解出来的西伯利亚克拉通和另外一块克拉通大陆间的大洋被称为"古亚洲洋"。至于古亚洲洋张裂形成的最早年代，一直是研究的热点之一。西伯利亚克拉通南缘最古老的席状岩墙群、蛇绿岩套和斜长花岗岩的年代学数据表明，古亚洲洋的初始张裂发生在距今 970~850 Ma 前。

对于一些古老大洋的名称并没有被严格地限定过，它们间的关系也没有被严格地论证过。冈瓦纳大陆外围的大洋叫"泛大洋"，盘古大陆外围的大洋也叫"泛大洋"，而更早的罗迪尼亚古大陆外围的大洋叫"米罗维亚大洋"（Mirovia，意为"全球的"）或"泛罗迪尼亚大洋"，这里的"泛"字是"Pan-"的音译，意译为"全部的"或"包含一切的"。换句话说，在超大陆外的所有海域都是一个大洋，叫"超大洋"。当超大陆裂解出以洋壳为基底的新大洋后，这个新大洋只是基底比"超大洋"年轻，但海水是相通的。古太平洋和太平洋是这种关系，罗迪尼亚古陆外围的"泛罗迪尼亚大洋"和"古亚洲洋"也是这种关系。这样，就不难理解"古亚洲洋""原特提斯洋"以及冈瓦纳大陆外围"泛大洋"之间的关系了，它们的年代相近，水域相通，只是两侧与不同的陆块相邻。如果大洋中漂浮着一些陆块，在这些陆块之间的海域往往被称为"某某分支洋"，或者干脆起个新名字，例如，古亚洲洋中就有"南蒙古分支洋""土耳其斯坦分支洋"以及"乌拉尔洋"等。古生代古亚洲洋的一侧是西伯利亚克拉通，另一侧是塔里木克拉通和华北克拉通。当然，当时这些克拉通陆块是离散的，其间的距离曾经很遥远，而且，新元古代时跟西伯利亚克拉通裂解开的那块克拉通并不是最后和它发生碰撞的那块克拉通，因此，古亚洲洋的初始形状和宽度很难限定，只是当这些克拉通因漂移而相互接近后，古亚洲洋的宽度才越来越小，最终闭合。

关于古亚洲洋的闭合时代也是研究的热点之一。由于古亚洲洋中漂浮着众多的小陆块，新生出不少大洋岛和岛弧，它们之间的碰撞会留下地质学和年代学记录。这些地质学记录包括蛇绿混杂岩的就位、洋壳俯冲形成的高压－超高压变质岩、弧后盆地的沉积地层、陆壳重熔形成的花岗岩等，这些事件中最年轻的年代学数据无疑是最好的指示。最新的研究资料表明，古亚洲洋的不同部分闭合的时间不一样，在我国境内，西北地区古亚洲洋的闭合从石炭纪开始，延续到中二叠世，而东北地区古亚洲洋的最终闭合时间为晚二叠世－中三叠世。换句话说，古亚洲洋呈剪刀状闭合，西早东晚。

2. 古亚洲洋里的多岛洋

多岛洋是在大陆边缘发育的。西伯利亚克拉通在古亚洲洋的北侧，南缘长期发育多岛洋。古亚洲洋的向北俯冲先后形成了数条岛弧及弧后盆地，从北向南有贝加尔－穆亚岛弧、叶尼塞－北蒙古岛弧和图瓦－蒙古岛弧等。这些岛弧由岛弧火山岩和花岗岩及残留的陆壳基底组成，而弧后盆地留下的地质记录是蛇绿混杂岩和部分沉积物。图瓦－蒙古岛弧进入我国西北地区，和新疆阿尔泰岛弧相连。阿尔泰杂岩的变质年代为寒武纪至泥盆纪，地球化学性质属日本型岛弧。阿尔泰岛弧以南出露了一系列蛇绿混杂岩带，分布在额尔齐斯、西准噶尔、卡拉麦里、那拉提－中天山、西南天山等地。它们的形成时代多自寒武纪开始，延续到石炭纪。在这些蛇绿混杂岩带之间已经识别出一系列和它们走向大致平行的古生代岛弧，还识别出了洋内弧的存在，但都没有公认的统一名称。这些岛弧间的弧后盆地绝大部分都已经发生弧后坍塌，只有准噶尔盆地没有完全关闭，成为残余洋盆。图瓦－蒙古弧延伸到我国东北地区，和额尔古纳地块相连。额尔古纳地块南面经新林－喜桂图蛇绿混杂岩带和"兴安地块"相接。由于"兴安地块"内部已经识别出晚古生代蛇绿混杂岩和岛弧岩浆岩，因此，所谓的"兴安地块"实际是额尔古纳地块在新元古代至石炭纪持续向南增生的岛弧增生带。贺根山蛇绿混杂岩带出露在兴安岛弧增生带南侧，地球化学特征和年代学资料表明，贺根山蛇绿岩是在石炭纪形成和就位的。由于志留纪图瓦贝化石的广泛分布，以及二叠纪哲斯动物群没有越过贺根山蛇绿混杂岩带以南，因此，贺根山蛇绿混杂岩带以北的这些构造单元在古生代期间的地理位置都在古亚洲洋北部，位于西伯利亚克拉通南缘的多岛洋中。

索伦－西拉木伦蛇绿混杂岩带位于贺根山蛇绿混杂岩带以南，向西和西南天山混杂岩带相连，代表了古亚洲洋最终闭合的位置，被称为"南天山－索伦－西拉木伦缝合带"。这一认识得到古生物学资料的支持。古生物资料表明，志留纪腕足类图瓦贝化石、二叠纪哲斯腕足动物群化石和二叠纪安加拉植物群化石都分布在这一缝合带北侧，而二叠纪华夏植物群化石都分布在这一缝合带南侧。二叠纪放射虫化石已经在南天山、索伦山、西拉木伦河等地的蛇绿混杂岩带中被发现。

　　南天山－索伦－西拉木伦缝合带紧贴在塔里木克拉通和华北克拉通的北缘。与西伯利亚克拉通南缘形成鲜明对照的现象是，我国这两大克拉通的北缘在古亚洲洋闭合之前并没有发育多岛洋。在南天山缝合带以南的塔里木克拉通北缘，断续分布着一些晚古生代蛇绿岩露头，具有俯冲带上盘蛇绿岩的地球化学特征，但没有弧后盆地的记录，表明那时塔里木北缘具有安第斯型活动大陆边缘性质。华北克拉通北缘发育了白乃庙岩浆弧，晚石炭世－二叠纪花岗岩类侵入到华北北缘的太古宙—元古宙变质基底中。那里同样没有发现弧后盆地记录，因此也是古亚洲洋向南俯冲形成的安第斯型岩浆弧。

　　古亚洲洋中多岛洋分布的不对称性表明：①古亚洲洋的洋壳主要俯冲方向是"向北"，朝向西伯利亚克拉通大陆边缘，而塔里木克拉通和华北克拉通是跟随古亚洲洋的洋壳被动"向北"漂移的。在南侧的克拉通大陆前缘和北侧多岛洋前缘弧之间的海域宽度可能很大，但很"干净"，没有留下什么地质记录。这有点像印度大陆和欧亚大陆之间的新特提斯洋闭合，在欧亚大陆南缘发育了宽阔的多岛洋，形成了一系列岛弧，留下了一系列蛇绿岩带，而在印度大陆北侧则没有留下多岛洋记录。②古亚洲洋的闭合没有导致西伯利亚克拉通和我国塔里木克拉通与华北克拉通的直接碰撞，发生碰撞的是克拉通边缘增生杂岩楔。在古亚洲洋闭合过程中，西伯利亚克拉通、塔里木克拉通和华北克拉通都发生过旋转，中亚造山系在形成过程中也发生过强烈的挤压、剪切和大规模的旋转与位移，同一条蛇绿混杂岩带会被剪切错断成为多条，再经旋转位移就形成了多个山弯构造和多条蛇绿混杂岩带。这成为增生型造山带的构造特色。因此，前面所说的陆块、岛弧的运动方向都是按今天的地理方位而言的，并不代表它们当初构造活动时的地理方位。

9.4　小　　结

　　今天的中国位于亚洲东部，地势西高东低，分成四级阶梯，可以用白、黄、绿、蓝等不同颜色作为这四级阶梯的标志色。第一阶梯是"世界屋脊"，冰雪覆盖，以白色为标志色，第二阶梯是高原，以黄色为标志色，第三阶梯是平原，以绿色为标志色，第四阶梯是海域，以蓝色为标志色。

　　中国的大地构造格架由三块克拉通和三条造山系构成。三块克拉通分别是华北克拉通、扬子克拉通和塔里木克拉通，三造山系分别是特提斯造山系、环太平洋造山系和中亚造山系。它们形成了我国特提斯构造域、滨太平洋构造域和古亚洲构造域等三大构造域，记录了显生宙以来我国大地构造的演化历史，特提斯洋的闭合、太平洋的俯冲和古亚洲洋的闭合成为三条演化主线。

　　特提斯洋是盘古大陆东侧向东开口的海湾状大洋，北侧是劳亚大陆，南侧是冈瓦纳大陆。冈瓦纳大陆北缘在三叠纪时发生张裂，裂解出一条"基梅里大陆"。基梅里大陆以北的特提斯洋为"古特提斯洋"，以南为"新特提斯洋"。古特提斯洋从三叠纪开始闭合，先后形成了塔里木克拉通南面的昆仑山造山带，华北克拉通南面的秦岭－大别山造山带和扬子克拉通西面的哀牢山－松马缝合带和昌宁－孟连缝合带。随后新特提斯洋逐渐闭合，拉萨陆块在白垩纪和羌塘陆块的碰撞形成了班公湖－怒江缝合带，而印度板块在古近纪和拉萨陆块的碰撞形成了雅鲁藏布江缝合带。

　　太平洋的前身是盘古大陆外围的泛大洋，1.9亿年前出现的转换断层－海沟三联点，把泛大洋裂解成伊泽奈崎、法拉隆和菲尼克斯等三个板块，裂解后的泛大洋改称古太平洋，三联点处生长出了太平洋。古太平洋西北部的伊泽奈崎板块自侏罗纪开始俯冲到欧亚板块东部边缘，形成了安第斯型活动陆缘，造成了我国东部晚侏罗世时的满蒙山系、华北高原、淮北高原、江汉高原和东南山地等高地，成为当时的"中国屋脊"，直到早白垩世才发生断裂下陷，出现了一系列断陷盆地群，东北盆地群、华北盆地群和华南盆地群连成一体，构成了西部沉降带。受古太平洋板块俯冲的影响，我国东部发生了华北克拉通破坏的重大地质事件。新生代初期，随着伊泽奈崎板块的俯冲殆尽，太平洋板块开始俯冲，使先前欧亚大陆东缘的安第斯型活动陆缘转变为西太平洋型活动陆缘。在约50 Ma前，太平洋板块的运动方向从北北西向转变为北西西向。这一逆时针转动强烈改变了欧亚大陆东缘的构造应力场，使之前郯庐断裂等北东走向断裂的左行走滑转变为右行走滑，并发生张裂，形成了一系列沉积盆地，主要有东海大陆架盆地和南海北部大陆坡盆地群，包括莺歌海盆地、珠江口盆地等。这些盆地的沉降和充填一直持续到新近纪，我国东部的中生代"中国屋脊"转变为新生代的东部沉降带。

　　我国的东南海域是太平洋和特提斯洋的衔接地带，构造活动形式比较复杂。南海在34 Ma前出现近东西向洋中脊，形成新生洋壳。受澳大利亚－欧亚板块斜向碰撞的影响，南海的扩张在16 Ma前中断，并开始向东俯冲到菲律宾海板块下，形成了马尼拉海沟。台湾造山带就是在这一俯冲过程中形成。

　　多岛洋是分布着众多岛弧和弧后盆地的边缘海，因大洋板块向大陆板块边缘的俯冲而扩展，因大洋板块另一侧大陆板块的碰撞而闭合。多岛洋以西太平洋边缘海为原型，多岛洋造山模式以东南亚弧后盆地为原型。我国华南造山带和中亚造山带的形成可以用多岛洋造山模式去解释。

华南多岛洋位于扬子克拉通东南缘，晚元古代的前缘弧是"江南弧"，弧后盆地中沉积的深海浊积岩被称为"板溪群"。"闽粤弧"在晚元古代时从"江南弧"中裂解出来，成为新的前缘弧，弧后盆地中在寒武纪至奥陶纪期间沉积了大量的深海浊积岩，称为"华南复理石"。华南多岛洋在志留纪末期全面闭合，形成了华南造山带，和扬子克拉通结合在一起，形成了南方统一的"华南大陆"。晚古生代时，华南大陆逐渐向北漂移，远离冈瓦纳大陆，进入古特提斯洋发展阶段。三叠纪时和华北克拉通碰撞，形成了秦岭 – 大别山造山带，并在松潘 – 甘孜地区留下了残余洋盆，西缘和印支地块碰撞形成了南盘江前陆盆地。从侏罗纪开始，进入古太平洋发展阶段，华南大陆内部发生了陆内变形，在古老"江南弧"的北西侧形成褶皱 – 冲断带。

古亚洲洋是指西伯利亚克拉通与塔里木克拉通 – 华北克拉通之间的古大洋，它的闭合形成了规模宏大的中亚造山系，在我国主要出露在西北和东北地区。古亚洲洋从罗迪尼亚古陆解体后就存在了，闭合时间从石炭纪开始，西早东晚，在我国东北地区最终闭合时间为晚二叠世—中三叠世。古生代期间，在西伯利亚克拉通边缘发育了多岛洋，形成了大量新生陆壳，以俯冲 – 增生杂岩和岛弧岩浆岩的形式扩大了亚洲大陆，而在我国的塔里木克拉通与华北克拉通北缘只发育了安第斯型活动陆缘。古亚洲洋的闭合没有导致西伯利亚克拉通和我国塔里木克拉通与华北克拉通的直接碰撞，发生碰撞的是克拉通边缘增生杂岩楔，形成了以多条蛇绿混杂岩带、多向挤压剪切、多个山弯构造为特色的增生型造山带。

第 *10* 讲

地质学家与福尔摩斯

1980 年 7 月，第 26 届国际地质大会在法国巴黎举行，时任法国总统德斯坦到会祝贺，大力赞扬地质学家们是当代的福尔摩斯，是解决世界能源和矿产资源问题的"关键人物"。

为什么说地质学家们是当代的福尔摩斯？

10.1　福尔摩斯是谁

10.1.1　柯南道尔笔下的大侦探

歇洛克·福尔摩斯（Sherlock Holmes）是业余侦探小说家 A. 柯南道尔（Arthur Conan Doyle）笔下的探案高手。

柯南道尔于 1885 年在爱丁堡大学获得医学博士学位。他很喜欢读侦探小说，但总觉得书中那些大侦探们的破案过程中充满了太多的巧合。他在爱丁堡大学读研究生时，他的导师言传身教，教给他要对各种病人进行仔细的观察，对各种事物进行缜密的推理。这不仅培养了他的良好职业习惯，而且让他获得灵感，开始构思侦探故事。毕业后，他一边行医，一边不忘业余爱好，动手写侦探小说。《血字的研究》是他的第一篇作品，发表于 1887 年。这是大侦探福尔摩斯第一次出现在公众面前。从 1887 年到 1927 年，柯南道尔在 40 年时间里发表了 56 篇短篇侦探小说和 4 部中篇侦探小说，成功塑造了一个有血有肉的大侦探，使福尔摩斯成为世界上家喻户晓的人物，就连福尔摩斯"居住过"的伦敦贝克街 221 号 B 也成了福尔摩斯的粉丝们青睐的景点。

《血字的研究》介绍了福尔摩斯的知识结构，说福尔摩斯化学知识精深，解剖学知识准确，惊险文学知识广博，但植物学知识不全面，地质学知识"偏于实用，但也有限。但他一眼就能分辨出不同的土质"。显然，柯南道尔笔下的福尔摩斯掌握的地质学知识远不如化学。为什么柯南道尔不让福尔摩斯多懂点儿地质学？

《血字的研究》是柯南道尔在 19 世纪末发表的。19 世纪被誉为"科学的世纪"。自然科学的发展突飞猛进，物理学和化学都趋向至臻完善。物理学开始解释热力学的分子运动，化学引入定量分析方法，开始揭示原子结构。俄国化学家门捷列夫发表了元素周期表，德国化学家维勒和李比希创立了有机化学。相比之下，地质学还在缓慢地发展。"水成论"和"火成论"间的战火刚刚平息，在关于地球年龄的论战中，热力学家开尔文"地球年龄是 1 亿年"的观点占了上风，地质学家败下阵来，正处于郁闷时期。在这样的社会背景下，怎么能指望福尔摩斯去学习地质学？

10.1.2 福尔摩斯的思维

福尔摩斯手中有两件"法宝"：放大镜和烟斗。这是柯南道尔对福尔摩斯高超探案才能的一种隐喻，放大镜代表了明察秋毫的观察能力，烟斗代表了缜密的逻辑推理能力。用福尔摩斯自己的话说，"我在观察和推理两方面都具有特殊的才能"。

福尔摩斯可以从一个人的指甲、手茧、衣袖、靴子等细微处判断出他的职业。福尔摩斯和华生初次见面时就说，他是刚从阿富汗回来的军医，左肩受过伤。后来福尔摩斯才告诉华生，他脸色黝黑，但手腕的皮肤很白，可以推知他刚从热带回来，从他的医生风度和军人气概就能想到他是位军医，再从他左臂动作僵硬不难推断出他左肩受过伤。综合这几点，再联想到当时刚刚结束的英阿战争，"一个英国军医在热带地区历尽艰苦，并且肩部负过伤，这能在什么地方呢？自然只有在阿富汗了"。他的推测那么准确，着实让初次和他见面华生大吃一惊。福尔摩斯甚至"从一个人瞬息之间的表情，肌肉的每一牵动以及眼睛的每一转动，都可以推测出他内心深处的想法来"。

思维是人所特有的认识能力，是人的意识掌握客观事物的高级形式，通过一定的思维过程，可以达到对客观事物的具体认识。福尔摩斯的思维特点可以概括为两点："回溯推理"和"假说检验"。按照福尔摩斯的话说："大多数人都是这样的：如果你把一系列的事实对他们说明以后，他们就能把可能的结果告诉你，他们能够把这一系列事实在他们的脑子里联系起来，通过思考，就能得出个什么结果来了。但是，有少数的人，如果你把结果告诉他们，他们就能通过他们内在的意识，推断出所以产生这种结果的各个步骤是什么。这就是我说到'回溯推理'或者'分析的方法'时，我所指的那种能力。" 在《血字的研究》中，福尔摩斯通过对花园小路上足迹的观察，推知有两个夜间来客，一个身材高大，一个衣着入时。他走进屋内发现，死者穿着漂亮的靴子，脸上显露出紧张激动的表情，又闻到死者嘴唇的特殊气味，便推知凶手是那个大个子，死者是被迫服毒而死的。福尔摩斯认为："一个逻辑学家不需亲眼见到或者听说过大西洋或尼亚加拉瀑布，他能从一滴水上推测出它有可能存在，所以整个生活就是一条巨大的链条，只要见到其中的一环，整个链条的情况就可推想出来了。" 福尔摩斯在掌握证据之后会先做出假设，然后提出矛盾和问题，进一步深入调查，最后，通过推理，建立起整个逻辑链条。他自己说过，他就是"利用这种淘汰一切不合理的假设的办法，终于得到了这个结论"。

福尔摩斯虽然是一位杜撰的大侦探，但他的探案思想和方法却为侦探学开拓了新领域，发展成为法庭地质学（forensic geology）。法国有一位艾德蒙·罗卡（Edmond Locard）博士，读了法文版的《福尔摩斯探案集》以后深受启发，他认为，在真实探案中，土壤和岩石碎屑等地质材料应该作为证物。在他的多次建议下，法国国家警察局于 1910 年资助罗卡建立了一个实验室，进行土壤检测。这个实验室在 1912 年发展成为"里昂警察局犯罪现场勘查实验室"，并且系统建立了现代微量物证检验方法。罗卡本人也成为第一位法庭地质学家，人称"法证之父"。他还提出，"凡接触过，必会留下痕迹"。这就是今天被奉为"罗卡定律"的法庭地质学核心原理。继法国之后，美国和英国等国也都先后建立了公立或私立的犯罪侦查学实验室，把地质学证据列入常规侦探勘查规程。一些实验室还配备了高精度的显微镜和其他现代化实验设备。不过，尽管这些设备要比福尔摩斯私人实验室里那些"精致易碎的化验仪器"进步得多，还是应该尊福尔摩斯的实验室为"开山鼻祖"。

10.2　地质学家的思维

10.2.1　地质学家的观察工具

并非巧合的是，地质学家手里也有一把放大镜。当然，除了放大镜，还有一把地质锤和一块罗盘。地质学家的放大镜是用来在野外观察岩石和矿物的，放大倍数为 5~10 倍。用裸眼识别岩石和矿物是地质学家的基本功，使用放大镜是为了把更细小的矿物看得更清楚，要识别是什么矿物，还是要靠地质学家的基本功。地质锤除了用来凿取样品，还有敲开风化面，剥露出新鲜岩石的功能，也是为观察服务的。罗盘是用来观察测定地质体产状的。放大镜、地质锤和罗盘是地质学家进行地质观察的"三件宝"（图 10-1）。

图 10-1　地质学家的"三件宝"

　　地质学家在实验室里进行观察的"宝物"就更多了，按照观察目标的不同，可以分为两大类。

　　第一类观察目标是地质实体，包括岩石、矿物和地质体的结构、构造、产状与成分。这类工具有很多，是人类眼睛的延伸。例如，光学显微镜和电子显微镜可以把观察对象放大到需要的任何倍数，CT 仪可以透视岩石内部的结构，分析岩石的孔隙度，重力仪、电磁仪、地震仪等可以透视地下深处的地质结构，普通化学分析设备、X 荧光光谱仪、电子探针仪、激光拉曼光谱仪等可以分析岩石和矿物的元素化学成分，质谱仪可以分析岩石和矿物中放射性元素的含量，进而测定岩石和矿物的年龄（图 10-2）。

图 10-2　Cameca IMS-1280HR 型离子探针（中国科学院地质与地球物理研究所）

可以进行微区原位同位素和微量元素的精确分析，是人类眼睛的延伸第二类观察目标是地质过程。对地质过程的观察手段是模拟实验，这是人类寿命的延伸，因为地质过程通常都是缓慢的，即使是突然的火山爆发和瞬时的地震，也都有一个长期孕育的过程，而这种过程的自然完成所需要的时间大大超出了一个人的寿命（图 10-3）。在沉积学研究中，地质学家用水槽实验去模拟各种交错层理产生的过程，揭示出水动力条件和沉积物粒度间的关系。高温高压实验是地质学家在岩浆岩和变质岩研究中的模拟手段，揭示出岩浆岩的成因和结晶序列，揭示出变质矿物结晶的温度和压力条件。在构造地质学研究中，地质学家给不同的材料施加定向压力，模拟地质体构造变形的条件和变形机制。数值模拟技术的发展使地质学家可以模拟大型构造活动过程，如板块构造活动的轨迹、地幔柱的形成和运动轨迹、造山带的变形过程，等等。

图 10-3　自行研制的大型金管生烃动力学实验装置（中国科学院广州地球化学研究所）
可以模拟盆地深层高温高压条件下的生烃过程，是人类寿命的延伸

10.2.2　地质学家的思维方式

1. 回溯推理

地质学家看到的是岩石、矿物、化石、褶皱、断裂等各种地质实体和地质现象，研究的是它们的形成原因和形成过程。这决定了地质学家很多时候都在使用福尔摩斯所说的"回溯推理"。

地质过程是复杂的，一种过程往往会产生不同的地质现象，多种过程又往往会产生相同或相似的地质现象。例如，同是岩浆结晶，有时会形成流纹岩、安山岩或玄武岩，而有时会形成花岗岩、闪长岩或辉长岩。再如，同样形态的槽状交错层理，可以在河流沉积的砂岩中形成，可以在三角洲沉积的砂岩中形成，也可以在滨浅海沉积的砂岩中形成，还可以在沙漠的沙丘中形成。因此，地质学家在面对一个地质实体或一种地质现象进行回溯推理时，面对的是一大堆不确定因素，必须仔细观察，看清细节，抽丝剥茧，才能获得正确的结论。

2. 假说检验

地质学家获得正确结论的思维过程可以分解成"三部曲"：观察、假说和验证（图 10-4）。这和福尔摩斯探案一样，是在进行"假说检验"。

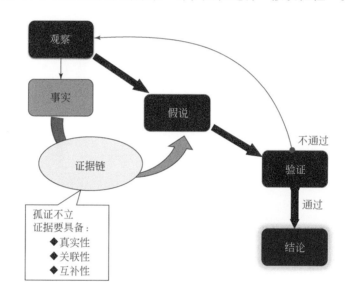

图 10-4　地质学研究的"三部曲"

"三部曲"中的"观察"是对地质现象进行仔细的观测，不漏过蛛丝马迹，揭示自然真相，"假说"是整理出知识的系统性，对现象间的规律进行推测性解释，"验证"是进一步观察，用新资料检验假说的信度与效度，如果检验通过，就可以把假说作为结论接受，如果检验没有通过，就需要对假说进行修正，甚至做出新的假说，然后用观察资料重新对修正的假说或新设的假说进行检验，把这一过程重复数次，直至假说被检验通过，最终给出结论。

需要指出的是，观察所得到的事实一定要形成证据链。"证据链"本是法律术语，这里把它借用过来。在犯罪侦查学中，证据链中的证人证言和痕迹物证必须形成有秩序的衔接，完整地证明犯罪过程。在地质学中，证据链中的"证人证言"就是"岩石说的话"，是留着岩石中的各种信息，这些信息同时又是"痕迹证物"，和犯罪侦查学要求的一样，证据链的构成必须满足三项要求：一是真实性，要有适合的证据；二是关联性，要能证明案件；三是互补性，证据间要相互印证。证据链中不能只有一条证据，"孤证不立"。只有一条证据的结论是不可信的，这在逻辑性上叫作弱命题。

10.3　地质学研究中的创新

10.3.1　小议"科技创新"

我国正在向世界科技强国的行列迈进，科技创新能力正在逐步提高。什么是科技创新？怎么样去衡量科技创新？这已经是很多人问过和答过的老问题了。这里只结合地质学研究做一点讨论。

在地质学中，科技创新主要表现为理论创新、技术创新和仪器创新。这些创新都带来了一定的社会价值，或是促进了社会进步，或是增加了社会财富。如果我们画一个坐标，把创新的科技含量作为纵坐标，把创新的社会价值作为横坐标，把科技创新点投影到这个坐标图里，可以很简明地看出创新的"程度"。这些创新大致可以投影到两个区，A 区的创新科技含量和社会价值都很大，B 区的创新略逊于 A 区（图 10-5）。

板块构造理论的诞生被誉为 20 世纪四大自然科学理论革命之一，无疑是最顶端的创新，科技含量极高，社会价值极大。魏格纳提出的"大陆漂移说"同样具有革命性，但内涵中科技含量有限，尤其是对漂移速率的估算和对漂移机制的解释难以令人信服，再加上被"地槽学说"抵制，并没有实现应有的社会价值。赫顿和莱伊尔创立的"将今论古"原理标志着科学地质学的建立，也为现代地质学奠定了思想基础，在地质学发展史上具有里程碑式的意义。19 世纪末物理学的大发展催生了同位素年代学定年方法，这一方法技术在 20 世纪的不断完善使地质学家更准确地把握地质过程的时间标尺，是地质学的重要进展。1829 年偏光显微镜的发明让地质学家眼睛的功能更加强大，看到了岩石的微观世界，并且带动了显微岩石学的迅速发展。1984 年 SiO_2 高压相矿物"柯石英（Coesite）"

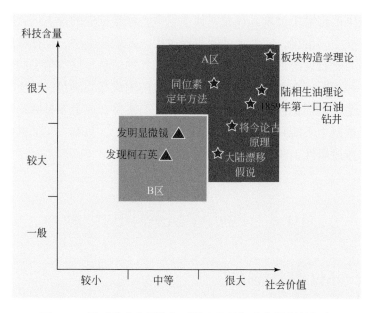

图 10-5　用"技术含量"和"社会价值"去衡量创新程度

在阿尔卑斯山的变质岩中被发现，带动了变质地质学的大发展。尽管这一矿物已经由美国科学家柯伊思（J. Coes）在 1953 年在实验室里合成过， 1960 年在美国亚利桑那州的巴林杰陨石坑被发现过，但只有 1984 年的发现表明，柯石英可以在区域变质作用中形成，地下 90 km 及更深处的地质体可以经过地球动力学过程折返到岩石圈浅部并被剥露。1859 年，美国在宾夕法尼亚州完成了第一口有经济意义的石油钻井，并在 19 世纪后期不断总结出石油勘探的新理论、新方法和新技术，如提出"生油层、储油层和盖层"是石油构造的 3 个基本要素，提出"背斜构造"是有利于的油藏构造，由此创立了石油地质学，无疑具有里程碑式的意义。

　　在石油勘探创新理论中，最值得一提的我们中国科学家提出的"陆相生油"理论。新中国成立后，我国地质学家从 1955 年起对松辽盆地进行石油地质勘探，经过 4 年的奋战，"松基三井"喷出如注的石油。当时正值 1959 年建国十周年大庆前夕， 于是命名为"大庆"油田。当《人民日报》宣布这一特大喜讯后，日本方面十分震惊。1931 年，日本帝国主义侵占我国东北，第二年建立了"伪满洲国"。他们曾派勘探队到松辽盆地找石油。我们很幸运，他们在盆地里忙活了 10 年，钻了一些石油探井，硬是连个油星也没见到。由于石油短缺，战争的能源难以维持，日本只好"南下"，向东南亚扩张，掠夺那里的石油资源。当时的美国在菲律宾拥有殖民地，并且依据那里的地利优势对日本进行经济制裁和资源禁运。于是，孤注一掷的日本于 1941 年偷袭珍珠港，向美国宣战。结果，日本战败，我们收复了被日本侵占的领土。据说，在听到松辽盆地下发现大油田的消息后，当年的日本勘探队长羞愤自杀，日本学者举办多场"反思会"，为没能找到松辽盆地大油田感到"遗憾"，甚至有言论说，"如果当初找到大油田，二战历史将重新改写"。

历史没有"如果"，他们也根本不用遗憾，因为他们的找油理论太落后。当时世界上流行"海相地层生油论"，而松辽盆地下是陆相地层。1913 年，美国石油公司曾组织了一个调查团到我国的陕西、甘肃、山东、河南、河北、东北等地进行石油地质调查，打了几口石油探井，没有任何收获。1922 年，美国地质学家发表论文，说"中国没有中、新生代海相沉积"，得出"中国陆相贫油"的结论，说"中国决不会生产大量石油"。我们中国地质学家并没有被"海相地层生油论"捆住。例如，潘钟祥从 1931 年起，一直在陕北和四川进行石油地质调查，后来赴美国攻读博士学位，1941 年，他在美国石油地质学家协会上宣读论文《中国陕北和四川白垩系陆相生油》，明确提出"陆相生油理论"。大庆油田的发现不仅使新中国从此甩掉了"贫油"的帽子，而且完全印证了"陆相生油理论"。

把"陆相生油理论"放在这一历史背景中，更凸显出科技创新的重要和我们中国科学家科技创新的能力。

10.3.2　科学革命的结构

历史的经验似乎表明，技术、方法、仪器的创新很容易被接受，并会迅速被效仿和推广，而理论的创新却往往会遇到阻力，创新性越强，越容易被反对，被批评。回想当年魏格纳提出"大陆漂移说"时就遭到了强烈的反对。那时地质学界正是"地槽学说"占统治地位的时期，"大陆漂移说"被群起而攻之，甚至以魏格纳是气象学家、不懂地质为理由，不允许他参加地质学会议。那时地质学界对魏格纳的主流评论是："魏格纳的归纳太轻率了，根本不考虑地质学的全部历史。""一个门外汉把他掌握的事实从一个学科移植到另一个学科，显然不会获得正确的结果。"当然，也有极少数人认为，这是"革命性"学说。1922 年，具有重要影响的 *Nature* 杂志发表了一篇没有署名的文章，介绍了"大陆漂移说"，并指出，如果魏格纳的理论被证实的话，将会发生一场与"哥白尼时代天文观念的变革"相似的"思想革命"。发人深省的是，以"日心说"为核心的天文学大革命历时 150 年才告成功，而以"板块构造理论"为核心的地球科学大革命的成功也用了 50 多年。人们不禁要问，科学革命为什么这么难？

1. 库恩的"范式"理论

1922 年出生的托马斯·库恩（Thomas Samuel Kuhn）是一位美国科学史家，他于 1962 年出版《科学革命的结构》一书，开创了科学哲学的新时代。他在书中提出了"范式理论"，从科学史的角度探讨了常规科学和科学革命的本质。

库恩指出，"常规科学"是指某一学科在获得的定律、理论、应用等成就后，会形成一整套公认范式，从而成为科学研究传统。库恩所说的"范式（paradigm）"就是这一传统科学研究中公认的模型或模式。库恩把一个学科基本理论发生的根本性改变叫作"范式转移"，他指出，这种"范式转移"就是"科学革命"，换句话说，革命是世界观的转变。库恩把科学发展历程分解为以下几个阶段：

（1）前科学时期：出现各种认识和观点，相互竞争；

（2）常规科学：经过竞争，逐步建立范式；

（3）危机：科学新发现使范式遇到致命的挑战；

（4）科学革命：与旧范式进行竞争，促进范式转移；

（5）新的常规科学：破除旧范式，建立起新范式。

哥白尼的"日心说"取代传统的"地心说"就是天文学中的科学革命，而地质学中的科学革命就是板块构造理论取代传统的"地槽学说"。

2. 地球科学大革命

（1）前科学时期：19 世纪的地质学界是"百花齐放、百家争鸣"的时期，地质学家们在对造山带的研究中提出了各种认识和观点，有固定论，有活动论，有垂直论，有水平论，相互竞争，各不相让。

（2）常规科学：1859 年，美国地质学家 J. 霍尔提出，褶皱山系是在地壳的巨大坳陷里生成的。1873 年，J. 丹纳把这种强烈下降并逐渐被沉积物充填的拗陷称为"地槽"。于是诞生了"地槽学说"。由于这种学说可以解释当时所研究的众多造山带的地层、结构、构造，得到了更多地质学家的赞同，经过不断完善，不但解释了造山带的形成，而且解释了造山带中岩石和地层的分布规律，建立起地质学范式，成为统治地质学界的常规科学。

（3）危机：阿尔卑斯造山带中越来越多的推覆构造的发现和修斯、阿尔冈对水平运动的强调使"地槽学说"这一常规科学遇到挑战。1915 年，魏格纳提出"大陆漂移说"，依据大西洋两岸在古生物学、地质学和古气候学资料的高度吻合性指出，欧洲、非洲和美洲以前是连在一起的，而现在被大西洋分开，是大陆漂移的结果。从本质上说，"地槽学说"属固定论，强调垂直运动，而"大陆漂移说"属于活动论，强调水平运动，这从根本上挑战了"地槽学说"的理念，必然会遇到质疑和挑战。魏格纳"大陆漂移说"对大陆漂移机制的解释成为自身的弱点，结果在挑战中败下阵来。不过，魏格纳指出的大西洋两岸在古生物学、地质学和古气候学资料的高度吻合性是不容忽视的，他缺乏的是大陆发生过漂移的直接证据和大陆漂移的合理机制。实际上，地槽学说也存在着难以弥补的弱点，例如，霍尔认为地槽具有狭长的形态和巨厚的沉积物，褶皱后在原地隆起，形成造山带。不过，现在地球表面缺乏地槽的现实对应物，对造山带的研究发现，所谓地槽沉积物并不都是巨厚的，也有很薄的，有些地槽中有火山岩，有些地槽中又缺乏火山岩。为了解释这些新发现，地槽学说划分出不少新的地槽"种类"，例如，正地槽、准地槽、优地槽、冒地槽、外地槽、内地槽、联合地槽、薄地槽、萌地槽，等等，地槽的分类越来越复杂，越来越难找到现代对应物。再如，地槽学说同样缺乏合理的形成机制，为什么会形成狭长的坳槽？为什么有些坳槽中沉积物巨厚，而另一些坳槽中沉积物很薄？为什么这些坳槽会原地隆起形成高山？这些问题都没有合理的答案。

（4）科学革命：魏格纳不是一个人在战斗，他在格陵兰遇难后，"大陆漂移说"的革命火种并没有熄灭。霍姆斯在 1928 年提出了地幔对流模式作为大陆漂移的机制。英国物理学家帕特里克·布莱克特（Patrick Blackett）等在 20 世纪 50 年代利用岩石磁学测定获得了一批古地磁数据，表明欧洲和美洲等大陆在 5 亿年以来曾发生过有序的漂移。赫斯对海底地貌进行了多年观测，在 1960 年提出"海底扩张"学说，指出大洋地壳从大洋中脊处生成，并且不断向两侧扩张。瓦因和马修斯观察到大洋中脊两侧磁异常条带的平行性和对称性，这些磁异常条带从大洋中脊向外年龄越来越老，具有和地磁年表一致的顺序，于是，他们在 1963 年提出"传送带"模型，支持赫斯的"海底扩张"学说。这一系列新的观测结果都表明，大陆的确在漂移，海底确实在扩张，地壳大规模水平运动和活动论的东风逐渐压倒了强调垂直运动和固定论的"地槽学说"西风。1965 年，伦敦皇家学会主办了一个以"大陆漂移"为主题的科学研讨会，板块构造理论首次面世。威尔逊于 1965 年发表论文，提出"板块"的概念，把板块的边界分为离散型、汇聚型和转换型三类，并且论述了"转换断层"的作用。1968 年，勒皮雄、摩根和麦肯齐等联袂发表论文《海底扩张和大陆漂移》，板块构造理论宣告诞生。

（5）新的常规科学："地槽学说"范式被破除了，地质学的各个分支学科在"板块构造理论"大旗下重新集结。在沉积学中，按照沉积盆地的基底类型和与板块边界的关系对沉积盆地重新分类，提出了各种新的分类方案。在岩石学中，把岩浆岩和变质岩的发育环境和板块构造边界联系起来，按照地球化学特征把岩浆岩划分为拉斑玄武岩系列、钙碱性系列和碱性系列等三个系列，按照变质压力和变质温度的比值把区域变质作用分为高压相系、中压相系和低压相系。在构造地质学中，把造山带的形成机制和板块的汇聚类型挂钩，划分为洋壳俯冲造成的"环太平洋型造山带"、陆-陆碰撞造成的"特提斯型造山带"，以及新提出的多岛洋和增生楔碰撞造成的"增生型造山带"。经过近 20年的努力，"板块构造理论"已经成为新范式，成为新的常规科学。

当然，这一新的常规科学同样会遇到新的挑战，将来还可能出现新的危机，到那时，不可避免地会发生新的科学革命，产生更加进步的范式。按照库恩的"范式"理论，这是历史发展的必然。

3. 科学革命和科学发现

什么是"科学革命"？库恩已经说得很清楚，"科学革命"就是"范式转移"，是一个学科的基本理论发生的根本性改变，是世界观的转变。什么是"科学发现"？在科学活动中，揭示出未知事物和现象，提出新理论都是科学发现。显然，并不是所有的重大科学发现都会引起科学革命。

试比较一下天文学大革命和地球科学大革命。这两个学科一开始都是"描述性"的自然学科，都是从观察现象中总结客观规律。

天文学的最初任务就是总结天体的运行规律，因此，借助物理学和数学工具就可以比较准确地表述这些运行规律。天文学的大革命并没有改变借助物理学和数学工具的现状，只是改变了根本假设，用"日心说"范式取代了"地心说"范式。这一大革命遇到的阻力主要来自当时的教会，是科学与神权的斗争。天文学大革命从哥白尼提出"日心说"开始，经过开普勒提出行星运动三大定律，到伽利略和牛顿创建新物理学，历时约 150 年终于完成。后来，天文学的研究扩展到研究天体的物理性质、化学组成、内部结构、能量来源及演化规律等，在许多学科都有新发现。20 世纪天文学的最重要进展是发现宇宙在膨胀，并提出宇宙起源的"大爆炸"学说。然而，这并没有从根本上改变天文学的范式，因此，只能姑且被称为重大"科学发现"。

相比之下，地质学很早就开始研究岩石和矿物的性质和成因，研究地球的物质组成、内部构造、运动规律和动力学机制。地球科学大革命的焦点是地球的运动规律与机制，是用"板块构造理论"范式取代了"地槽学说"范式。这一大革命遇到的阻力来自地质学界本身，是不同科学观点间的斗争。这一大革命从魏格纳提出"大陆漂移说"，经过赫斯等提出的"海底扩张说"，历时 50 年得以完成，但比天文学大革命晚了 400 多年。地球科学大革命的迟到表明，地球科学的研究对象是非常复杂的，不仅涉及到物质的运动，还涉及物质的状态变化，物质在分子和原子级别上的变化，以及能量的传递和转化，等等，要描述这样一种复杂的体系，不仅需要物理学和数学工具，还需要化学、生物学等不同学科的工具。地球科学大革命之后，仍然有不少新的科学发现，如提出"地幔柱"理论等。不过，正如"大爆炸"学说没有改变天文学的范式一样，"地幔柱"理论并没有改变地质学的范式，同样只能姑且被称为重大"科学发现"。

10.4　科学大数据

10.4.1　大数据时代

据说，20 世纪 90 年代时，美国一家沃尔玛公司分店经理发现，每逢周末，店里的啤酒和尿布销量都会同时增加。他们的调查表明，这些人习惯于晚上一边看球赛一边喝啤酒，而为了照看家中的幼儿，就使用一次性尿布。于是，沃尔玛公司决定，把啤酒和尿布摆放在紧邻的货架上，果然，这一做法大大提高了营业额。这是"大数据"促进销售的早期成功案例。

什么是"大数据"？大数据是在用户可接受的时间范围内使用普通设备难以获取、管理和处理的数据集。大数据具有容量（volume）大、种类（variety）多、成本（value）低和运算（velocity）快的"4V"特性。大数据已经对社会、科学、经济、人文的方方面面产生了冲击，并将导致决策科学化，形成新的产业形态，改变生活方式，因而受到广泛关注。

进入 21 世纪后，计算机技术和互联网的快速发展，文字、图片、音频、视频等各种数据大量涌现，社交网络、物联网、云计算被广泛应用，使得数据的存储量、规模及种类飞速增长。2008 年 9 月，*Nature* 出版了"大数据"专辑，2011 年 2 月，*Science* 推出"数据处理"专辑，表明大数据的影响已触及自然科学。2012 年 5 月，联合国发布大数据政务白皮书《大数据发展：挑战与机遇》，标志着大数据领域的研究计划已上升到国家战略层面。2013 年 7 月，国家主席习近平在中国科学院考察时指出，"大数据是工业社会的'自由'资源，谁掌握了数据，谁就掌握了主动权"。2015 年 8 月，国务院印发了《促进大数据发展行动纲要》。今天，大数据已经成为信息主权的一种表现形式，成为大国博弈的又一空间。

我们已经进入了大数据时代。

10.4.2　科学大数据与地质学

在海量空间数据广泛应用的背景下，1998 年国际上首次提出"数字地球"概念。数字地球是利用海量、多分辨率、多时相、多类型对地观测数据和社会经济数据及其分析算法和模型构建的虚拟地球。通俗地讲，数字地球就是把地球放进计算机里。数字地球有两个层面的含义：第一，数字地球是一个巨型的数据、信息系统，汇聚与表征了与地球和空间相关的数据与信息；第二，数字地球是一个数字化的虚拟地球系统，可以对复杂地质学过程与社会经济现象进行可重构的系统仿真与决策支持。

地质学从石器时代就已经诞生，经历了萌芽时期和奠基时期，在第一次工业革命中初步形成体系，直到 19 世纪的发展和 20 世纪的大革命，逐步形成了自己独特的综合分析方法，坚持细致观察和回溯推理，把地质作用、过程和结果紧紧联系起来通盘考虑，形成了现代地质学的知识体系。

地质学家的思维主要是回溯推理和假说检验，这是地质学中科学发现的范式。大数据使科学家有了新的科学发现途径，可以通过对海量数据中的关系和规律进行分析和挖掘，从而获得过去的科学方法所发现不了的新模式、新知识甚至新规律，这被称为"新型数据密集型科学发现范式"。不过，这一新"范式"还不足以取代地质学中科学发现的范式，充其量只能是一个重要的补充。因为首先，大数据的研究对象是数据，研究工具是计算机。对于地质学而言，数据的获得是第一步，因此，进行野外调查和观测仍是极为重要的工作环节，在实验室进行分析化验和测量同样是极为重要的工作环节。如果这些环节出了问题，得不到高质量的科学数据，后面的所有计算和数据处理都不会得出正确的结果，只能是让计算机吃进"垃圾"，吐出"垃圾"，用英语讲，是 "garbage-in and garbage-out"。其次，大数据的研究方法是查明数据间的相关关系，而不能给出因果关系。对于地质学而言，认识地质现象和形成过程与机制之间的成因关系是极为重要的任务，只谈 A 和 B 之间具有相关关系是不够的，揭示出二者间是不是具有明确的成因关系才解决问题。比如找矿，两千多年前的《管子》早有论述，"山上有赭者，其下有铁"，这是赭和铁之间的相关关系。地质学的研究揭示出二者间的成因关系，指出赭是赤铁矿和褐铁矿的土状集合体，是铁矿风化的产物，称为"铁帽"。浅部埋藏的铁矿可以通过铁帽去找，而深部埋藏的铁矿则需要运用现代化的物探和化探方法。显然，认识到"相关关系"是"只知其一不知其二"，从认识到"相关关系"走向认识到"成因关系"还有很长的路。

10.5　小　　结

　　尽管福尔摩斯是柯南道尔笔下的杜撰人物，他的探案思想和方法却为侦探学开拓了新领域，同时也是地质学家思维的写照。地质学家面对的是岩石、矿物、化石、褶皱、断裂等各种地质实体和地质现象，任务是揭示它们的形成原因和形成过程。这决定了地质学家很多时候都在使用福尔摩斯所说的"回溯推理"。地质学家获得正确结论的思维过程可以分解成观察、假说和验证"三部曲"，这和福尔摩斯探案一样，是在进行"假说检验"。

　　思维过程是一个从具体到抽象，再从抽象到具体的过程，其本质是在思维中再现客观事物的本质，达到对客观事物的具体认识。科技创新是正确思维的必然结果。地质学中的科技创新主要表现为理论创新、技术创新和仪器创新。科技创新的程度可以用科技含量的多少和带来社会价值的大小去衡量。

　　在科学活动中，揭示出未知事物和现象，提出新理论都是科学发现，但并不是所有的重大科学发现都会引起科学革命。科学革命是"范式转移"，是一个学科的基本理论发生的根本性改变，是世界观的转变。板块构造理论的创立就是地球科学领域的一场大革命。

　　科学发展已经进入大数据时代。大数据思维不同于传统思维的一个显著的特征是从海量数据出发，寻找数据之间的相关关系，发现数据的价值。大数据使科学家有了科学发现的新途径。不过，进入大数据时代的地质学仍然需要重视第一手资料的获得，仍然需要揭示地质过程和地质现象间的成因关系，不能让计算机吃进"垃圾"，吐出"垃圾"，也不能止步于只认识到相关关系，"只知其一，不知其二"。对于怎样运用科学大数据去发展地质学，仍然需要进行探索，把地球放进计算机里还有很长的路要走。

参考文献

贝尔纳 J D, 2015. 历史上的科学（卷一）：科学萌芽期, 伍况甫和彭家礼译, 北京：科学出版社.

博言, 2006. 发明简史. 北京：中央编译出版社.

卜建军, 何卫红, 张克信, 等, 2020. 古亚洲洋的演化：来自古生物地层学方面的证据. 地球科学, 45(3): 711-727.

陈虹, 刘吉颖, 汪俊, 2017. 从原料角度探讨中国磨制石器出现及发展的动因. 考古, (1):69-77.

陈克强, 2011. 地质图的产生、发展和使用. 自然杂志, 33(4): 220-230.

杜水生, 2003. 泥河湾盆地旧石器中晚期石制品原料初步分析. 人类学学报, 22(2): 121-130.

都城秋穗, 1979. 变质作用与变质带, 周云生译, 北京：地质出版社.

弗伯斯 R J, 狄克斯特霍伊斯 E J, 1985. 科学技术史, 刘珺珺等译, 北京：求实出版社.

杭州良渚遗址管理区管理委员会, 等, 2018. 良渚玉器. 北京：科学出版社.

侯泉林, 2018. 高等构造地质学 (1 ~ 4 卷). 北京：科学出版社.

胡健民, 2021. 地质图—认识地球从这里开始. 北京：科学出版社.

黄汲清, 1987. 中国及邻区特提斯海的演化. 北京：地质出版社.

黄汲清, 任纪舜, 姜春发, 等, 1977. 中国大地构造基本轮廓. 地质学报, (2): 117-135.

李三忠, 曹现志, 王光增, 等, 2019. 太平洋板块中 - 新生代构造演化及板块重建. 地质力学学报, 25 (5)：642-677. doi: 10.12090 /j. issn. 1006-6616. 2019. 25. 05. 060.

李思田, 解习农, 王华, 等, 2004. 沉积盆地分析基础与应用. 北京：高等教育出版社.

梅森 S F, 1977. 自然科学史, 上海外国自然科学哲学著作编译组, 上海：上海人民出版社.

内蒙古博物馆和内蒙古文物工作队, 1977. 呼和浩特东郊旧石器时代石器制作场发掘报告. 文物, 1977(5): 7-15.

奥尔德罗伊德 D R, 2006. 地球探赜索隐录, 杨静一译, 上海：上海世纪出版集团.

裴树文, 陈福友, 2013. 水洞沟与 "旧石器时代晚期革命". 化石, (2):15-18.

裴树文, 侯亚梅, 2001. 东谷坨遗址石制品原料利用浅析. 人类学学报, 20(4): 271-282.

裴文中, 吴汝康, 贾兰坡, 等, 1958. 山西襄汾县丁村旧石器时代遗址发掘报告. 北京：科学出版社.

全国地层委员会, 2015. 中国地层指南及中国地层指南说明书 (2014 年版). 北京：地质出版社.

舒良树, 2010. 普通地质学 (第 3 版). 北京：地质出版社.

宋青春, 邱维理, 张振青, 2005. 地质学基础 (第 4 版). 北京：高等教育出版社.

孙枢, 王成善, 2008. Gaia 理论与地球系统科学. 地质学报, 82: 1-8.

汪新文, 1999. 地球科学概论. 北京：地质出版社.

王根厚, 王训练, 余心起, 2008. 综合地质学. 北京：地质出版社.

王光旭, 2012. "奥陶纪" 一词名考. 地质论评, 58(3):451-452.

王向前, 李占扬, 陶富海, 1987. 山西襄汾大崮堆山史前石器制作场初步研究. 人类学学

报 ,6(2):87-95.

王晓阳 , 周振宇 , 黄运明 , 等 , 2018. 福建将乐县岩仔洞遗址 . 福建文博 , 2018(3): 25-27.

吴福元 , 万博 , 赵亮 , 等 , 2020. 特提斯地球动力学 . 岩石学报 , 36(6): 1627-1674.

吴国盛 , 2018. 科学的历程 (第 4 版). 长沙 : 湖南科学技术出版社 .

夏邦栋 , 1995. 普通地质学 (第 2 版). 北京 : 地质出版社 .

肖文交 , 宋东方 , Windley B F, 等 , 2019. 中亚增生造山过程与成矿作用研究进展 . 中国科学 : 地
球科学 , 49(10): 1512-1545, doi: 10.1360/SSTe-2019-0133.

辛格 C, 霍姆亚德 E J, 霍尔 A R, 2004. 技术史 (第 I 卷), 王前和孙希忠主译 , 上海 : 上海科技教
育出版社 .

许靖华 , 孙枢 , 王清晨 , 等 , 1998. 中国大地构造相图 (1 ： 4000000). 北京 : 科学出版社 .

张守信 , 1992. 理论地层学 – 现代地层学概念 . 北京 : 科学出版社 .

朱日祥 , 徐义刚 , 朱光 , 等 , 2012. 华北克拉通破坏 . 中国科学 : 地球科学 , 42(8): 1135-1159.

朱日祥 , 赵盼 , 赵亮 , 2021. 新特提斯洋演化与动力过程 . 中国科学 : 地球科学 , 51, doi: 10.1360/
SSTe-2021-0147

Boschman L M, van Hinsbergen D J J, 2016. On the enigmatic birth of the Pacific Plate within the
Panthalassa Ocean. Science Advances, 2(7): e1600022.

Byerlee J, 1978. Friction of rocks: Pure and Applied Geophysics, 116: 615-626.

Coondie K C, 2021. Earth as an Evolving Planetary System (4th Edition). Amsterdam: Elsevier.

Dahlstrom C D, 1970. Structure geology in the eastern margin of the Canadian Rocky Mountains.
Bulletin of Canadian Petroleum Geology, 18(3): 332-406.

Dziewonski A M, Anderson D L, 1981. Preliminary reference Earth model. Physics of the Earth and
Planetary Interiors, 25:297- 356.

Farmer G T, Cook J, 2013. Climate Change Science: A Modern Synthesis. New York: Springer.

Gehrels G, Kapp P, DeCelles P, et al., 2011. Detrital zircon geochronology of pre-Tertiary strata in the
Tibetan-Himalayan orogen. Tectonics, 30, TC5016, doi:10.1029/2011TC002868.

Grabau, A W., 1923-1924, Stratigraphy of China, Part I: Palaeozoic and Older. Beijing: the Geological
Survey, Ministry of Agriculture and Commerce.

Griggs D, Handin J, 1960. Observation on Fracture and a Hypothesis of Earthquakes. In: Griggs. D
Handin J (eds.), 1960. Rock Deformation. Geological Society of America Memoirs, 79: 347-364.

Hou Y, Yang S, Dong W, et al., 2013. Late Pleistocene representative sites in North China and their
indication of evolutionary human behavior. Quaternary International, 295 (2013) :183-190.

Hsu K J, 1968. Principles of melanges and their bearing on the Franciscan-Knoxville
paradox:Geological Society America Bulletin, 79:1063-1074.

Hsu K J, 1983. Actualistic catastrophism: address of the retiring President of the International
Association of Sedimentologists. Sedimentology, 30:3-9.

Hsu K J, 1990. Melanges and non-Smithian stratigraphy. Current Contents, 26 : 24.

Hsu K J, 1992. Is Gaia endothermic? Geological Magazine, 129(2): 129-141.

Hsu K J, 1994. Tectonic facies in an archipelago model of intra-plate orogenesis. GSA

Today,3044(12):289-293.

Jahn B M, Griffin W L, Windley B, 2000. Continental growth in the Phanerozoic: Evidence from Central Asia. Tectonophysics, 328: vii-x.

Jouzel J, Masson G, Delmotte V, et al., 2007. Orbital and millennial Antarctic climate variability over the past 800000 years. Science, 317: 793-796.

Karig, D. E, 1971. Origin, development of marginal basins in the Western Pacific. Journal of Geophysical Research, 76(11): 2542-2561.

Kay M, 1951. North American geosynclines. Geological Society of America,48:1-132.

Langereis C G, Krijgsman W, Muttoni G, et al.,2010. Magnetostratigraphy—concepts,definitions, and applications．Newsletter on Stratigraphy, 43(3): 207-233.

Lewis H C, 1887. On a diamantiferous peridotite and the genesis of the diamond. Geological Magazine, 4(1):22–24, http://dx.doi.org/ 10.1017/ S0016756800188399.

Li H, Lei L, Li D, et al., 2021. Characterizing the shape of Large Cutting Tools from the Baise Basin (South China) using a 3D geometric morphometric approach. Journal of Archaeological Science: Reports 36 (2021), 102820.

Liu J, Chen X, Fan W, et al., 2021. Dynamics of closure of the Proto-Tethys Ocean: A perspective from the Southeast Asian Tethys realm. Earth-Science Reviews, 222 (2021), 103829.

Lovelock J E, 1972. Gaia as seen through the atmosphere. Atmospheric Environment. 6 (8): 579-580.

Metcalfe I, 1994. Gondwanaland origin, dispersion, and accretion of East and Southeast Asia continual terranes. Journal of South American Earth Science, 7:333-347.

Oldroyd D, 2011, Arthur Holmes' paper of 1929 on convection currents within the Earth as a cause of continental drift. Episodes, 34(1):41-50.

Richards M A, Duncan R A, Courtillot V E, 1989. Flood basalts and hot spot tracks: plume heads and tails. Science, 246:103-107.

Royer D L, Berner R A, Montañez I P, et al., 2004. CO_2 as a primary driver of Phanerozoic climate. GSA Today, 14 (3): 4-10.

Seilacher A, 1967. Bathymetry of trace fossils. Marine Geology, 5:413-428.

Sen G, 2014. Petrology: Principles and Practice. New York: Springer.

Sengör A M C, 1979. Mid-Mesozoic closure of Permo-Triassic Tethys and its implications. Nature,279:390-593.

Sengör A M C, Natal' in B A, 1996. Turkic-type orogeny and its role in the making of the continental crust. Annu. Annual Review of Earth and Planetary Sciences, 24: 263-337.

Sibson R H, 1977. Fault rocks and fault mechanisms, Journal of the Geological Society, 133(3):191-213.

Smit K V, Shirey S B, 2019. Kimberlites: Earth's diamonds delivery system. Gems & Gemology, 55(2): 270-276.

Stocklin J, 1974. Possible ancient continental margins in Iran. In: Burk C A and Drake C L (ed.) The geology of continental margins. Berlin: Springer-Verlag, 837-887.

Strakhov N M, 1967. Principles of Lithogenesis (Vol. 1). Edinburgh:Oliver and Boyd.

Tegen I, Fung I, 1994, Modeling of mineral dust in the atmosphere: sources, transport, and optical thickness. Journal of Geophysical Research, 99(D11): 22897.

Wu X, Zhang C, Goldberg P, et al., 2012. Early pottery at 20000 years ago in Xianrendong Cave,China. Science, 336: 1696-1700.

Yang S, Hou Y, Pelegrin J, 2016. A Late Acheulean Culture on the Chinese Loess Plateau: The technoeconomic behavior of the Dingcun lithic industry. Quaternary International, 400 (2016) :73-85.

Zachos J, Pagani M, Sloan L, et al., 2001. Trends, rhythms, and aberrations in global climate 65 Ma to present. Science, 292: 686-693.

Zender C S, Miller R L R L, Tegen I, 2004, Quantifying mineral dust mass budgets: terminology, constraints, and current estimates. Eos (Washington D.C.), 85(48): 509-512.